掌 控 思 维

SNAPSHOTS OF THE MIND

Gary Klein
[美]加里·克莱因◎著

王杨◎译

中信出版集团 | 北京

图书在版编目（CIP）数据

掌控思维 /（美）加里·克莱因著；王杨译 .
北京：中信出版社，2025.1. -- ISBN 978-7-5217
-6833-6
Ⅰ. B804-1
中国国家版本馆 CIP 数据核字第 2024JF1814 号

Snapshots of the Mind by Gary Klein
Copyright © 2022 Massachusetts Institute of Technology
Simplified Chinese translation copyright © 2025 by CITIC Press Corporation
ALL RIGHTS RESERVED
本书仅限中国大陆地区发行销售

掌控思维
著者：　　[美]加里·克莱因
译者：　　王杨
出版发行：中信出版集团股份有限公司
　　　　　（北京市朝阳区东三环北路 27 号嘉铭中心　邮编　100020）
承印者：　三河市中晟雅豪印务有限公司

开本：787mm×1092mm 1/16　　印张：24　　字数：313 千字
版次：2025 年 1 月第 1 版　　　　印次：2025 年 1 月第 1 次印刷
京权图字：01-2024-6441　　　　　书号：ISBN 978-7-5217-6833-6
定价：79.00 元

版权所有·侵权必究
如有印刷、装订问题，本公司负责调换。
服务热线：400-600-8099
投稿邮箱：author@citicpub.com

献给雅各布、露丝、乔纳森、哈罗德和海伦

目 录

1 引 言
学会了解认知 | 003 |
无心成书书自成 | 008 |

2 认知维度
概述 | 015 |
认知维度 | 018 |
追寻力量之源 | 021 |
自然主义决策方法 | 023 |
心理模型矩阵 | 027 |
识别启动决策模型：批评与困惑 | 029 |
影子对手训练 | 032 |
汉诺塔问题：经典谜题中出人意料的教训 | 035 |
反思 | 039 |

3 理性主义的狂热梦想

概述 |043|
无可救药的非理性还是绝妙的创造力? |047|
能信任决策研究者吗? |049|
正面启发法 |052|
《点球成金》中的谬见 |055|
被数字糊弄 |060|
证真偏差的奇特案例 |063|
逃离固着 |072|
替代陷阱 |079|
代价高昂的错误? |082|
为赢而战 |084|
隐性决策 |086|

反思 |089|

4 自身更聪明的机器还是让我们更聪明的机器?

概述 |095|
发挥我们的优势 |098|
想象力的缺乏 |101|

脱轨 | 106 |

数据与洞察力 | 109 |

第二个奇点 | 115 |

超链接的发明 | 120 |

小数据 | 122 |

即兴国际象棋 | 127 |

AIQ：人工智能商数 | 130 |

反思 | 132 |

5 见不可见——专业知识

概述 | 137 |

跳蚤 | 140 |

从黑猩猩到冠军 | 143 |

向专业知识宣战 | 147 |

异常检测：留意意料之外 | 150 |

预料之中 | 152 |

缺失的部分 | 155 |

杠杆作用 | 158 |

专业知识的技能组合 | 160 |

怎样鉴别专家 | 163 |

变得愚蠢的艺术 | 167 |

反思 | 170 |

6 做出发现——思辨思维

概述 | 175 |

洞察力测试 | 180 |

批判性思维的第二波浪潮 | 183 |

不同形式的洞察力 | 187 |

科学研究中的洞察力 | 191 |

认知障碍 | 192 |

获得洞察力的流行建议 | 195 |

梦幻般的洞察力 | 197 |

取得发现的不同策略 | 200 |

洞察状态 | 202 |

摆脱困境 | 207 |

发现平台 | 210 |

反思 | 212 |

7 如何变更强——训练

概述 | 217 |

关于"教"的常见困惑 | 220 |

培训与评估 | 222 |

"教"被高估了吗? | 224 |

培训乃人生之必需　| 227 |
认知指导　| 232 |
通过洞察力来"教"　| 238 |
认知审计　| 245 |
设计认知方案　| 248 |
思维模式　| 250 |
如何驾驭好奇心　| 253 |
变得更聪明　| 256 |
放马过来！　| 261 |
改变海军陆战队的思维模式　| 263 |

反思　| 265 |

8 他人的想法——团队合作

概述　| 271 |
读心术的力量　| 276 |
换位思考学得会吗？　| 280 |
拍摄器材管理员　| 283 |
换一换！　| 285 |
不要像火星人一样做决定　| 287 |
减少困惑　| 290 |
如何化解纷争　| 292 |
疫情是黑天鹅事件吗？　| 295 |
洞察力与组织机构　| 298 |

　　　　反思　　| 300 |

9 掀起浪潮——改进工具、提升策略

　　　　概述　　| 305 |
　　　　自然主义决策工具　　| 308 |
　　　　何时该同你的直觉商量　　| 309 |
　　　　了解自己　　| 313 |
　　　　你在做白日梦吗？　　| 315 |
　　　　因果景观　　| 317 |
　　　　希拉里为何会输掉大选？　　| 324 |
　　　　想改变就够了吗？　　| 330 |
　　　　事前检讨法　　| 336 |
　　　　决策记分卡　　| 338 |
　　　　发现式管理　　| 341 |
　　　　提高组织机构运营效果的九大方法　　| 343 |
　　　　变政策为行动　　| 346 |
　　　　让改变发生的人　　| 349 |

　　　　反思　　| 353 |

后记　　| 357 |

致谢　　| 361 |

参考文献　　| 365 |

1 引 言

学会了解认知

我希望通过本书达成的最重要的目标是帮助读者更熟练地"了解"认知。我们在工作环境中发现认知的存在，看到认知就在身边，进而比那些对其视而不见的人获得更多优势，在与他人合作时更易成功，还可以为身处困局的人提供指导。

"认知"这个词听上去虽颇具学术意味，但在本书中我将它作为通用术语，以描述决策制定、问题发现及解决、困局理解、风险管理和不确定性掌控等的能力。这些能力正是本书要研究的。尽管认知与思考相关，但我们并不打算重述大多数心理学入门教科书中讲到的各种认知过程。相反，我们要研究的是对决策者有影响的各类认知，即在其生死攸关之时对决策结果产生重要影响的认知的各个层面。

本书旨在帮助各位读者"了解认知"，我的意思是让读者能更快地发现大多数人常忽略的特质，例如决策者的思维模式、个体心理模型中存在的缺陷（这些缺陷恰是错误选择产生的原因）、能够察觉他人发现不了的微妙迹象的能力。我不只想要各位读者更充分地理解认知的前述层面，还想要各位读者熟练地掌握它们，以便当事情发生时能运用它们，能基于它们做出决策，而不是对它们视而不见。了解认知的能力越强，你越会发现自己也能像专家一样，发现常人无法察觉的微妙之处。

下面这个案例来自地质学家彼得·卡姆斯特拉在澳大利亚一所研究生院做的一个项目，见图1.1。

图1.1　岩钓者在岩架上甩杆

身为加拿大人，彼得在开始此项目之前，从未听说过岩钓这一澳大利亚最危险的运动，那里每年都会有十多名岩钓者葬身大海。岩钓，即站在伸进海中的岩架或突出的礁石上钓鱼，由于此处海水极深，所以垂钓者有机会钓到更大的鱼。岩钓者无须在渔船上租位子，只需驱车至最热门的岩钓点，将鱼线抛进海浪中即可。麻烦也就在这儿——海浪。若一个怪浪冲上岩架，岩钓者便会被浪头打倒，跌进海里。

澳大利亚国家安全队对统计数据进行了研究，认定岩钓主要的危险来自重叠浪,也有可能是怪浪,于是对一些做法进行强制要求,如要求岩钓者穿救生衣,留意天气状况,注意当天海浪是否过高。在高风险区,如果被警察发现没穿救生衣,岩钓者就会面临罚款。然而,彼得察觉到国家安全队没有人调查过岩钓者究竟是怎么掉进海里的,似乎也没有人问过岩钓者他们认为的危险是什么,更没有人尝试找出新手和有经验的岩钓者之间的差距。

彼得决定以此作为自己的研究项目,并对岩钓者进行了52人次的采访。彼得的采访与传统意义上的采访不同,不是待在安静的办公室里,坐在办公桌旁,而是他所谓的"行进式采访"——出现在岩架上,他采访的人正在钓鱼。为了获得岩钓者的信任,彼得还买了渔具学习垂钓,常常凌晨四点就到岩钓点,等真正的岩钓者赶到时,彼得已经等在那儿了。

彼得发现,官方的分析往好了说是不够全面,往坏了说就是有误导性,因为它忽略了认知维度。举例来说,官方提供的建议是留意天气状况,注意当天海浪是否过高,但彼得了解到,有经验的岩钓者真正关注的是海浪的方向及风向,因为在防护充分的岩钓点,即使海浪冲过急湾,他们也是安全的。

此外,官方分析只指出,缺乏经验是溺亡的原因之一,彼得揭开了其中的真相:鱼线一旦缠在岩架上,新手往往会走到岩架边缘把它收回来,而不是明智地将其剪断。

更可怕的是,万一真的跌进海里,落水者往往会自然而然地游回岩架,爬上去。这样做大错特错!一旦落水,你定然不想再靠近布满湿滑藻类的岩架,也不想让海浪把你打到岩石上,把你拍晕,或将你卷入岩底吧。此时,你需要游离岩架,游到事先确定为安全上岸点附近的一处沙滩。

倘若真钓到了一条大鱼，你又该如何将它拖上岸？新手多半会站在岩架边，想办法把大鱼从水里拉上来，结果他们很可能会因为鱼的挣扎而失去平衡，容易被冲上岩架的海浪所伤。相较之下，经验丰富的岩钓者则会向同伴求助。若是孤身一人，他们则会等待海浪将大鱼冲上岩架，这意味着他们会观察海浪，寻找可用的浪头，而对会带来危险的海浪保持警惕。

必须穿救生衣的规定惹恼了经验丰富的岩钓者，因为救生衣穿起来很不舒服。更让他们恼火的是，一旦被发现没穿救生衣，他们就要被罚款。经验丰富的岩钓者也承认，对不会游泳的人来说，穿救生衣不失为一个好办法。但如果你蠢到被浪卷走后又游回岩架，那么救生衣也救不了你。救生衣的设计理念是基于附近有生活服务及应急服务的地区，而不是岩钓者爱去的远离城市的岩架。经验丰富的岩钓者觉得救生衣还不如防滑岩石鞋有用（官方报道中甚至根本没提到防滑岩石鞋）。

彼得发现，岩钓者溺亡的真正原因与官方文件中所列的原因大为不同，官方文件依据的是统计分析，而不是实地观察和亲身采访。彼得找到了一套比官方建议更有效的岩钓安全措施。

彼得抓住了在高风险活动中确保安全的认知维度：预见问题（留意附近可游到的沙滩），管理风险（剪断缠住的鱼线而不是试图将其收回），弄清形势（根据海浪的方向及风向判断特定地点是否安全），做出艰难的决定（在被海浪冲走后抑制住游回岩架的冲动），预测机会（等待"贴心"的海浪将你钓到的鱼冲到岩架上），管理关注力（仔细观察海浪模式，在寻找于己有利的海浪的同时，防止恶浪靠近）。

彼得既没有关注那些不安全的行为，也没有提出像强制要求穿救生衣这样的解决方案来纠正此类行为，他的注意力集中在认知维度上——岩钓者在遭遇危险时做出了哪些决定，以及他们是如何做出这些决定的。为了保证安全，经验丰富的岩钓者要学会监控哪些信号和海浪模式，岩钓新手在决策过程中的哪些认知缺陷导致他们最终丧命，这些都是彼得关注的。

我会在本书中介绍更多此类案例，以帮助各位读者注意并弄明白只有专家才能发现的东西。人们不能仅凭从书本上读到或听旁人说起认知的重要性，就学会了解认知。了解认知并不是通过学习和记忆，而是一种需要我们通过反复练习才能获得的技能，就像其他技能一样。

了解认知为何如此重要？因为人们常常会忽略一项任务、一项政策或一个系统当中的认知挑战。人们认为自己要做的就是确立机制，剩下的则会迎刃而解。可事实并非如此。如果你能学会预测认知挑战，那么当引入干预措施时，你定能取得更大的成功。

本书虽不能给你理想的训练与反馈，但它可以提供大量的案例。我料想你读到最后，会和之前不一样，你会注意平时忽略的事，提出之前没有想过的问题。你会对认知维度越来越敏感。

部分读者已经对认知有一定的了解，我想帮他们加深对它的理解。还有一些读者还不了解（或不太了解）认知，我想帮他们开始熟悉它。读者会发现，一旦开始了解认知，这种能力就会不断地自我强化，每一次发现都会为下一次铺平道路。

然而，我并不想把话说得太满。我遇到过不少不认同了解认知这一理念的人，就像色盲的人辨不清颜色，嗅觉不好的人闻不出味道一样。有些人声称已掌握认知维度的所有内容，但没过几周，就需要别人解释给他们听。所以，不是每个人都能理解专业认知领域的几个主要方面——思维模式、心理模型、知觉敏感度。

大多数人确实为这些发现和启示欣喜不已，因为他们在剖析艰难的决定如何做出、复杂的事件如何理清、关键的线索如何发现以及如何在理解的过程中获得力量和信心。我希望这就是各位读者在阅读本书时能得到的收获。

这就引出了一个问题——我是如何着手撰写本书的。

无心成书书自成

在我的上一本书《洞察力的秘密》（2013）英文版出版后，我便向友人及同事宣布，这实际上是我的最后一本书。当时我并未打算再写一本。

后来，我的大女儿德沃拉动摇了我的决心。2013 年我的这本书出版后，《今日心理学》杂志的编辑邀请我创建一个博客，从那之后，我每月都要发表一篇文章，到 2022 年为止已经写了一百多篇。起初，博客上的文章都是围绕"获得洞察力"这一主题的，但没过多久我的写作范围便开始扩大，但凡当时感兴趣的我都写进了文章中。

2020 年，大女儿德沃拉对我说，我博客上的几篇文章还可以（她这么说已经是很高的评价了），让我考虑收录几篇最好的做成集子发表。作为听话的好爸爸，我联系了麻省理工学院出版社熟识的编辑菲尔·劳克林，问他是否对这样一本合集感兴趣，几个月后，我签下一本书的出版合同——就是各位读者手上拿到的这本。

你瞧，没动笔，书已成。我所做的就是收录之前写过的文章。这个过程当时听起来很简单，也让我保留了一些自尊，因为对自己说过的不再写书并未食言。

不过这个简单的计划并没持续多久。当开始组织文章时，我才发现这是个绝佳的机会，可以帮助读者获得检测自己及他人行为认知方面的技能。我可以让读者对认知维度敏感起来。

此外，在准备本书的过程中，我们也正在经历一个重要的时期。认知维度背后的力量之一是我们获得、运用和传播专业知识的能力。不幸的是，专业知识的价值正受到希望促进人工智能和机器学习的社会舆论的攻击，这些舆论认为大众甚至专家内心都充满了偏见。这些攻击持续的时间越长，就越会成为根深蒂固的常识，我们人类的思辨力及洞察力就越难以被重视。因此，我迫切地希望读者了解认知及其背后的专业知识。本书是我邀请各位读者一同赞美人类认知能力来源的机会。

以上是本书筹备的过程，其间出现许多变化。我最终的目标不再是简单的文集，而是重新安排所选文章，并进行修改（这亦是在所难免），以达到我预期的效果。

关于哪些文章可收录在本书中，我依据三个标准。首先，我选择了我发表在《今日心理学》上读者反响最强烈的文章（以页面浏览量来计），这些基本都是点击量过万的文章，有些是一万，有些是两万，还有一篇点击量超过五万。其次，我还挑选了一些我认为读者会感兴趣的文章。在我看来，一篇文章要被本书收录，至少得有一个想法或一个案例让读者觉得阅读的时间花得值。这意味着我删掉了一些内容太过空洞的流行文章，加了几篇自己觉得读者爱看的文章，虽然这些文章当时发在博客上未引发大量关注。最后，我选择文章的第三个标准是，所选文章应有助于增强读者了解认知的能力——不论以何种方式，文章必须对认知维度做详细的诠释。

此外，我对收录的文章进行了修订。收录了以前发表过的文章和资料的书中通常存在不少重复性的内容，因为每篇文章都是独立写成的，许多文章都提供了相同的背景知识。因此，为了使本书更具可读性，我决定对书中收录的文章进行修订，删去重复、多余的内容，尤其是同一部分的几篇文章。我对个别文章重新拟了题目，以使读者能更清楚地了解其价值。我还对一些内容进行了适当的更新。例如，发表于2017年6月的一篇文章提到，麻省理工学院出版社将为我的处女作《如何作出正确决策》（1998）做二十周年纪念版本。现在，我将这句话改为，二十周年纪念版已上市。

《今日心理学》有意缩短博客文章篇幅，而且篇幅已经越来越短了。目前博客上最长的文章也仅有一千字。以前，我还能和编辑软磨硬泡多写点儿，可后来编辑对字数限制的要求越来越严。限制字数的一个好处是，这通常可以提高文章质量——我不得不删去无关的内容，使文章重点突出。而限制字数的一大坏处是，故事和案例加不进去。所以在对本书的文章进行修订时，我又添加了一些故事，我实在舍不得放弃它们。

全书分为九部分。第一部分是"引言"。第二部分标题是"认知维度"，阐述了本书的中心和主题。第三部分的标题是"理性主义的狂热梦想"。这一部分的几篇文章将认知方法与机械方法进行了对比，后者认为困难的任务可被分解为步骤和程序，思考可被分析代替。第四部分讲述了理性主义的狂热梦想中最强有力的演变，即相信人工智能将很快接管决策制定。这一部分的标题是"自身更聪明的机器还是让我们更聪明的机器？"。此部分围绕信息技术对战专业知识展开讨论。正如各位读者所想，我支持的是，扩展我们专业知识的机器。专业知识是第五部分的主题，其标题是"见不可见——专业知识"。这部分介绍了专家感知常人忽略的要素及关系的方式。我们不仅需要了解专业知识的运用，还需要了解何为思辨，因此，第六部分的标题就是"做出发现——思辨思维"。

如何帮助人们更快地获得专业知识并增加洞察？第七部分的标题

是"如何变更强——训练",这部分解答了以上问题,并对认知维度的训练方法进行了研究。当然,我们不能只考虑自己,还必须考虑如何与团队成员协作,如何挫败对手。第八部分标题是"他人的想法——团队合作",将我们的视角从个人拓展到团队甚至整个组织。

第九部分是本书的最后一部分,这部分的标题是"掀起浪潮——改进工具、提升策略",其中有几篇文章提出了采取行动的策略。因此,本书从理论开始,沿着认知这一中心主题,最后以运用认知维度的实际方法和技术手段结束。

列出这九大部分很容易,决定哪篇文章该放在哪一部分则难得多,因为不少文章都跨越几个领域。例如,发表于 2015 年 7 月 29 日的《通过洞察力来"教"》一文既可归入第五部分或第六部分,又可归入第七部分或第九部分。我尽力将每篇文章放入适合的部分,但我确信各位读者仍会对我的判断产生疑问。

现在各位读者已对本书的诞生过程及其所涵盖的主题有所了解了。在阅读文章的过程中,各位读者或许会心生疑窦,因为我的方法是提出我所能维护的最极端的主张。我并非有意离经叛道。恰恰相反,我认为只有采取强硬的立场才会有新的进展,而不是尽力自保和与世无争,有时我会越界,甚至会越各位读者的界。由此我也并不指望各位读者在所有问题上都同意我的观点。即便如此,我还是希望能与你们在绝大多数问题上,或者至少在很多问题上达成一致,然后各位会发现不同意见是有益的、发人深省的,你们可能平时接收不到多少不同意见。

最重要的是,我认为各位读者能从本书中获得一系列关于认知维度的发现和见解,拓展你们的视角,丰富你们的认识。

2 认知维度

概述

当我采访他人时，我最想了解的是采访对象如此优秀的原因。若受访者阅历丰富，那么最有效的采访策略之一是请他们讲讲遇到过的棘手案例，再谈谈他们是如何做出艰难的抉择的。我发现大多数受访者讲的要么是他们具体做了些什么，要么是本该做却未能实现之事。

我想知道的却不止于此。我想了解的是决策背后的理由，行动背后的原因。我想透过表面深入了解受访者注意到的事，那些他们事后希望自己当时能观察得更仔细的事。我还想了解受访者解读特定事件的方式，以及解读方式如何随着他们对事件了解的深入而变化。

这就涉及认知维度，它存在于表象之下，隐藏在一眼就能看到的、一下就能记住的行为举止的背后。大多数人不愿主动提供此类信息，甚至让他们在事后回忆这些信息都不容易。

本书第二部分以同名文章《认知维度》开头，为的是让读者更深入地了解何为认知维度，明白认知维度是如何发挥作用的。

认知维度虽可被当作标准的实验任务在实验室中进行研究，但你会发现，将其置于现实世界，即杂乱、无序、说不清道不明的真实环境中探究、琢磨才最有价值。研究给我带来的兴奋部分便源于此。

当我们在现实世界中探究认知维度时，我们重视的是决策者展现出的优势及能力，这正是他们的力量之源。本书第二部分的第二篇文章《追寻力量之源》对如何适应这力量之源及如何更为深入地对其进行研究给出了建议。

此类研究需要专门的方法和策略，我们也为此组建了研究团队，就研究方法和研究发现中获得的经验教训进行交流。第三篇文章《自然主义决策方法》对从事该研究的研究者们进行了介绍。

自然主义决策研究者试图理解人为何会犯错或工作环境为何使人做出错误的决定，而同样令研究团队人员感兴趣的是，专家卓越的原因是什么，专家所拥有的认知能力的来源又在何处。

认知能力的主要来源之一是获取经验时形成的心理模型，这里的经验既可在完成一项任务时获得，也可在身处特定环境时领悟到。本书第二部分的第四篇文章《心理模型矩阵》聚焦于心理模型的不同层面，列举了大多数对心理模型的典型描述的局限性。

我们认为，当我们需要快速或在高风险状况下做出决策时，心理模型会对我们做决策的方式产生影响，但影响是如何产生的呢？我的第一本书《如何作出正确决策》讲的就是识别启动决策（RPD）模型。自 1986 年首次发表以来，这一决策模型已经过多年的实践检验，是站得住脚的，这让人多少有些意外。然而，此模型在应用过程中造成的困惑和渐渐出现的错误却也不可避免。本书第二部分的第五篇文章《识别启动决策模型：批评与困惑》试图纠正前述问题。

鉴于识别启动决策模型提供了制定决策的绝佳方法，那怎样才能培训出更好的决策者呢？自从设计了这个模型，我便一直在寻找训练决策制定能力的方法，直到 2010 年才终于找到可用于识别启动决策模型的培训策略——"影子对手训练"。由于本书第六部分讲的是构建更卓越的思维模式及其他培训方面的问题，因此介绍"影子对手训练"的这篇文章本应放在第六部分，但我还是决定将它放在第二部分，作为这部分的第六篇文章，因为这篇文章与识别启动决策模型那篇在内容上关联性较强。

第二部分以研究汉诺塔问题的文章收尾。自然主义决策研究者一般不做汉诺塔问题这类心理学实验研究，我在第二部分的第七篇文章中解释了我们为何要完成这个项目，以回应学界的质疑。而最有意思的是，我为何要将这个项目写进书中。答案是，汉诺塔问题这个项目不仅充分说明了什么是认知维度，还通过实例证明即使是经过半个多世纪反复研究的课题，当今的学者仍能从中有所发现。

此外，本书结尾处还有后记。我将第二部分的第七篇文章发表在自己创建的《今日心理学》的博客上，之后便在社交媒体上收到一位计算机领域专家的尖锐批评："实际上，关于汉诺塔问题，该知道的我们都知道了。克莱因认为他有了一些发现，而这只不过是每个计算机专业的学生在首次接触到递归概念时都会了解的简单事实而已。"

这则评论使我情绪低落。我的第一反应是自己被揭穿了，我的"骗子综合征"情绪被全面激活。我怕自己的文献检索不够充分。这也是我一直以来担心的问题，我涉足多个领域，加之研究的课题也较多，我的研究中遗落一些关键问题在所难免。

但随着调查的深入，我发现这位专家的批评站不住脚，这也是科学研究中常有的事。计算机领域和人工智能领域对汉诺塔问题的研究，我是知道的，递归策略我也了解。但我在文章中指出的是其他问题，比如人们在解决难题时所面临的艰难抉择，还有更重要的——人们心理模型中的缺陷。据我所知，这些问题是以往的研究资料都未曾涉及的。我们发现，人们在寻求难题的正解时抱怨"感觉不对"，是因为不知道该如何搭建"临时塔"。随后我便意识到，对我提出批评的这位计算机领域的专家只知道难题背后的算法，却未曾留意人们做决策的方式及当事人混乱不清的心理模型。他说的是计算机解决问题的方法（这方法或许并没错），却并未试图了解人类是如何解决问题的。尽管我博客上的这篇文章对认知维度进行了强调，他却并未注意到。从某种程度上来说，他算得上计算机科学家和人工智能专家的代表，他负责开发供人们未来使用的各类先进系统，这正是令人担忧的地方。这件事本身就是个案例，解释了我如此迫切地筹备本书的原因。

认知维度

探寻专家行为的依据

一家大公司曾请我的团队使用我们一直在开发的"影子对手训练"法开展为期一年的认知技能训练演示项目。而我们该为这个演示项目设计哪些内容呢？这家公司的业务涉及各类军事活动。然而，该公司不想对此项目保密，这排除了我们的首选方案。

该公司认为，我们应当把培训的重点放在系统集成工程专业上。这建议的确有道理，只是我对系统集成一无所知，我团队的成员对这个领域也不了解。多年来，我和我的团队已经习惯于踏入一个个全新的专业领域。可是，我们还是觉得系统集成有些棘手，因为这一领域看起来技术化程度很高，了解它需要相当的工程学方面的经验，它涉及的操作复杂程度远远超过我们之前做过的任何项目。我们尽管有些拿不准，但还是决定试一试。

我们进行了为期一周的深度认知访谈，发现这家公司已有一套专业的系统集成培训方案，且此方案还附有一本厚厚的手册，详细说明了系统集成培训的阶段和步骤。我们翻了翻手册，内容很全面，涵盖了系统集成培训过程的每个部分。我们如果在开始这个项目前就觉得没有把握的话，此时就更没信心了。

面对如此详尽的培训方案，我们还能补充些什么呢？

接下来，我们一遍遍地翻看手册，终于发现手册中缺的是什么：

哪些决定是难以做出的？

是什么让局面变得复杂？

会出现哪些问题？

系统工程师会在哪些方面感到困惑？

刚入职的系统工程师会犯哪类错？

如何从错误中恢复？

刚入职的系统工程师的思维模式如何随着经验的积累而改变？

系统工程项目中做哪些取舍最为艰难？

有经验的工程师在管理风险方面学到了什么策略？

经验丰富的系统工程师发现和理解的哪些东西是他们经验不足的同事所忽略的？

前述问题手册中均未涉及。这些问题正是非常重要的认知挑战的例子，却往往为常人所忽略。

在进行了八次深入的认知访谈后，我们于周末确定了一组包括十五项认知训练要求的方案，包括一些关键思维模式的转变。这十五项认知训练要求包括对难以避免的问题的判断、在目标之间做出权衡、管理风险，以及采纳其他团队成员的意见。在接受认知训练后，系统工程师的思维模式转变的表现之一是，随着项目的推进，他们可以对最初的目标进行调整。太多的工程师认为他们必须锁定最初的目标，即使这些目标变得不切实际，即使令人激动的机会已然出现。此外，我们还大致描绘了几个认知训练的场景。

在我们开始访谈前，该公司负责人，即我们的赞助商已明确表示，他希望在项目结束时对我们的培训计划进行严格评估。周五下午，在为期一周的访谈结束之际，我们向他和他的团队展示了我们已经确定的几项认知培训任务，并询问他选择哪一项进行培训和评估。我们解释说，我们需要针对其中一两项任务进行培训，以便得到合理的评估结果。这位赞助商打断了我们，说道："我希望培训方案能涵盖所有的任务。你们单子上列的，我们都要。"我们对此表示拒绝，因为这种不系统的方法只能使我们无法完成他想要的细致的评估。赞助商便说让我们将评估放在一边，尽可能地设计出最全面的培训方案。

我们最终与该公司合作，共同制订了六套培训方案，并对其中的三套进行了测试。结果表明，我们设计的认知培训方案有可能取代他们目前使用的一些由培训师指导的昂贵的培训项目。

此后，关于我们团队在这个项目上的完成度，我既惊讶于我自己的态度变化，也对赞助商的态度变化感到震惊。赞助商有理由为关于如何进行系统集成操作的手册感到自豪，因为它涵盖了所有的流程及步骤。可每个人都清楚手册中缺的是什么——认知维度。前文所列的问题说明了手册在认知层面的不足，但你不要以为只列出这些问题就够了。

深入了解认知维度需要经验的积累和思维模式的转变，从相信复杂任务可以按步骤完成，转变为可洞察细微之处，即你能够洞察到环境影响你执行步骤的方式、你如何执行这些步骤，以及如何在必要时调整这些步骤产生的影响。认知维度是一种以好奇心为中心的思维模式，它会产生一个接一个的问题，渴望获取更多支撑专业知识的隐性知识。

认知维度使人类得以用不同于机器的方式进行思考。有时我们比不过机器，有时我们又比机器强，但无论是为了设计出更好的机器还是支持系统，或者是制定培训项目，认知维度都有助于我们了解人类究竟是如何思考的。

——2019年4月6日

追寻力量之源

经验带来的知识和能力

1998年，我出版了《如何作出正确决策》一书，打算以此书反驳人类多么有偏见、多么冲动、多么自负这些宣传论调。在关于偏见和非理性的争论中，我们并没有意识到人类做事多有技巧、专业知识运用得多好、在时间压力和不确定性情况下做出艰难抉择时多有效率。《如何作出正确决策》中的这一积极信息引起了不少人的共鸣。

然而，在1998年看来是如此片面的对人类决策能力的批评，在过去的二十年里仍旧存在，今天甚至可能更加尖锐。大众媒体已经开始关注偏见和非理性这两大主题，这就是《如何作出正确决策》中的观点仍未过时的原因。麻省理工学院出版社于2017年9月推出了《如何作出正确决策》二十周年纪念版，并附有全新的引言。

在这本书的1998年版的最后，我附上了一张书中前面几章所讨论的力量之源的有趣的路线图。我画了一张草图，书中用的是艺术家戴维·斯威尼根据我的草图创作的版本，如图2.1所示。

2016年，我的妻子海伦问我，如果有哪儿要改的话，我想改变这张图的什么地方。当我看周年纪念版的校样时，我发现这张图竟保存得如此完好，颇感惊讶。

图中所有词条似乎都与自然主义决策的制定相关（Klein, 2008）。

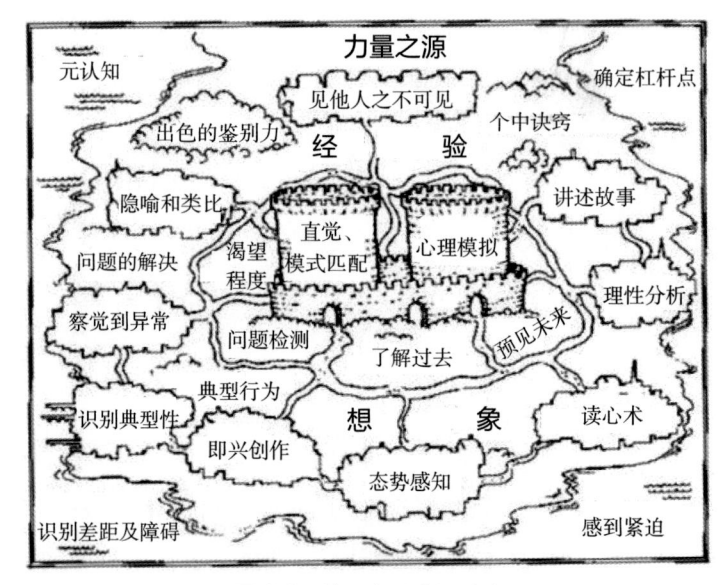

图 2.1　追寻力量之源 1.0

资料来源：加里·克莱因，《如何作出正确决策》（麻省理工学院出版社，1998 年）。

我想再加上几条，如意义构建、好奇心和预见性思维。还要加上思辨思维这一条，它比图中"想象"这一词条所指的意义更深。我会弱化路线图对"直觉、模式匹配"和"心理模拟"的强调。这几个词条出现在 1998 年版的书中这幅路线图的中心，因为它们合起来构成了识别启动决策模型，这正是《如何作出正确决策》这本书提到的重要发现。

不过，这些修订都无关紧要。图中对力量之源的描绘不仅在 1998 年极有意义，而且在今天看来仍有价值。

然而，回过头来再看 1998 年版的这幅路线图，我发现自己正在区分人们掌握的知识类型及他们的经验赋予他们的能力。1998 年版的这幅图没有做这样的区分，我认为进行区分很重要。

所以，我对路线图做了更新，下面是《如何作出正确决策》二十周年纪念版中平面艺术家迈克尔·弗莱什曼绘制的最新版本的路线图

（见图2.2）。力量之源来自六种类型的知识：读心术（从本质上讲，就是让我们站在他人的角度去理解他人）、感知辨别、完成任务所需的步骤策略、模式识别、事物运作的心理模型，以及我们拥有的思维模式。

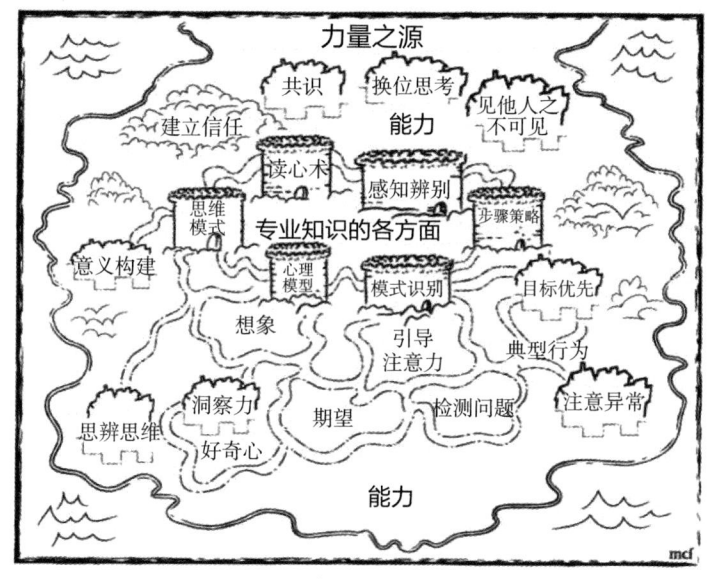

图 2.2 追寻力量之源 2.0

这几类知识衍生出了各种能力，而这些能力正是我们用来应对复杂、不明朗的情况的力量之源。

——2017 年 6 月 8 日

自然主义决策方法

通过研究自然环境中的认知，我们能学到什么？

何谓自然主义决策？

自然主义决策是始于 20 世纪 80 年代的研究传统，研究各行各业的从业者实际上是如何做决定的，比如消防员、军事指挥官、护士、工程设计师、飞行员和石化单位经理。自然主义决策考察他们在工作过程中所做的各种决定，以及如何利用自己的经验来应对挑战，如时间压力、不确定性、不明确的目标、高风险、组织约束和团队协作要求等带来的挑战。因此，自然主义决策方法与使用预先设定任务的判断和决策范式形成对比，这些任务是针对受控的实验室条件下对测试一无所知的受试者设计的（见图2.3）。

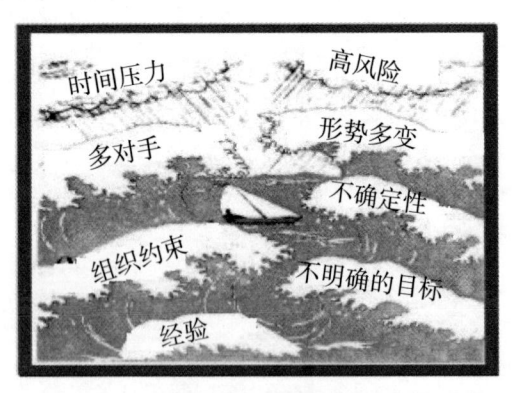

图2.3 决策的条件

自然主义决策是如何出现的？

20世纪80年代末，在陆军研究所基础研究小组工作的朱迪思·奥拉萨努召集了一批研究人员，利用认知人种论的方法研究自然环境下的决策制定。奥拉萨努和其中一位研究人员加里·克莱因于1989年召开了一个小型研讨会，将研究小组成员召集在一起分享了相关想法。这个研讨会的成果之一便是编辑出版了《行动中的决策制定》（1993）一书。从那时起，大约每两年就会有十几个自然主义决策会议在美国和欧洲轮流举行。许多会议成果已编印成册。此外，认知工程与决策制定技术小组于1995年成立，每年为自然主义决策研究人员提供思想交流的机会，并迅速发展为美国人因工程学会内人数最多的技术小组之一。

自然主义决策取得了哪些成就？

许多人受到自然主义决策方法及其揭示的可能性的激励。也有人怀疑，离开精心设计的实验，我们可能一无所获。评估自然主义决策研究的方法是看它给我们带来了哪些发现。下面是新近发表的几篇文章的摘要。

我们过去相信，做出最优决定的唯一方法是列出几个选项，然后选出其中最好的。自然主义决策研究发现，有经验的决策者只对模式进行识别，而不去比较选项。他们通过想象事情会如何发展来对选项进行评估。

我们过去认为，专业知识的获取取决于学习规则和学习步骤。自然主义决策研究表明，专业知识的获取主要依赖隐性知识。

我们过去认为，项目必须始于对目标的清晰描述。自然主义决策研究人员发现，富有挑战性的项目往往包含了棘手、难解的问题和无法预先确定的目标。目标在人们追求的过程中才逐渐变得清晰。

我们过去认为，人们通过对数据收集到的信息的完善，再到知识的积累，最后直至对全盘的了解来理解事件。自然主义决策研究表明，有经验的决策者利用他们的心理模型首先对数据进行判定。随着对事情本质的不断发现，数据的不同方面也被揭示出来。

我们过去认为，心理定式常将我们困在过去曾经有效的策略中，而洞察力是通过克服心理定式产生的。自然主义决策研究发现，通过发现矛盾、洞悉异常以及注意到二者间的联系，也可生成洞察力。

我们过去认为，只要收集更多的信息，就可减少不确定性。自然主义决策研究发现，当收集的信息太多时，信息的作用似乎会受影响，而不确定性是由于数据框架不稳定造成的，不仅是由于数据的缺乏。

我们过去认为，可以通过促进批判性思维的实践来提高思维能力，比如列出假设。自然主义决策研究指出，有缺陷的假设通常是无意识的，因此永远无法被列出。

自然主义决策将会走向何方？

从前文可见，我们这些自然主义决策研究人员已经扩大了调查范围。我们感兴趣的不只是决策，我们还学习其他认知过程，如态势感知、意义构建、问题检测及预见性思维。我们用自然主义探究法来探索一系列宏观认知现象（与在受控实验室条件下研究的微观认知现象相对）。

除了试图了解复杂环境下思维的方方面面，自然主义决策研究人员还在寻求提高思维能力的方法，包括制定出更好的决策、更完善的意义构建、更快更准的问题检测。与关注人类的局限性并试图减少偏见的行为决策论支持者相反，自然主义决策研究人员试图理解人类的能力。

虽然减少错误很重要，但优秀的思维能力不仅仅在于消除错误，还包括发现和成就。思维能力取决于决策者的实力。与试图嘲讽专家的研究方法不同，自然主义决策研究者对专家格外看重，无论是消防员、医生、飞行员还是军事指挥官。因此，自然主义决策研究者正在寻找方法，使普通人更快、更有效地赶上专家。

——2016 年 2 月 1 日

心理模型矩阵

心理模型常被忽略的重要方面

心理模型的简单定义是对事物如何运作的描述。不同类型的系统、机构、组织，甚至社会交往中的礼仪，都有各自不同的心理模型。心理模型为我们绘制出了一幅蓝图，告诉我们策略或相互作用是如何产生相应结果的。心理模型让我们描述一个系统的形式，解释它的功能，并预测它未来的状态（Rouse & Morris，1986）。

但或许我们给出的定义太过简单。或许这个定义忽略了我们所说的心理模型中一些最重要的特征。这正是我和同事约瑟夫·博德斯、罗恩·贝苏伊在完成由"经营者能力提升中心"赞助的现场研究后得出的结论（Borders, Klein & Besuijen, 2019）。博客上的这篇文章是我们三人继续合作的成果。

我们对一家石油化工厂八名合格的控制室操作员进行了观察及采访，当时他们正处理分离乙烯和乙烷的蒸馏装置的高保真训练模拟器上的异常情况。其中几位操作员有十年以上的工作经验，但大多数操作员的工作经验都不到三年，还有一位上岗才六个月；他们在控制台上的平均工作年限为四年半。这个工种对操作员要求很高，没有哪两名操作员处理故障的方法是相同的。我们对操作员在以下几个方面的行为及其背后的心理模型做了总结：

第一，系统是如何运作的。不出所料，我们发现操作员依赖一套关于系统如何运作的理念。有时这些理念受到了操作员不理解的方式的限制，有时这些理念本身就有缺陷，但总的来说，理念是准确的，操作员通常能够找出引起自己困惑的原因。

第二，系统是如何失效的。我们还发现，操作员知道导致系统失效的是系统本身的局限性和脆弱性。这些"消极"的理念是操作员心理模型中非常重要的一个方面，使操作员萌生了可能出错的想法。

能够考虑到系统的局限性并对系统故障加以预测，显然对故障排除很重要。这也是系统设计的一个重要方面——想象一个系统可能会出什么问题，而不仅仅是考虑它应该如何工作。太多的设计师只专注于交付一个满足需求的系统，而没有停下来想想系统可能在什么情况下崩溃，比如一架商用客机在什么情况下可能会坠毁。穆莫等研究者（2000）发现，核电站的监测人员工作时不能只靠原理图，他们必须在嘈杂的环境中评估核电站的运转状况，必须对刚出现的问题保持警惕，比如阀门卡住或传感器失灵。

第三，变通方案。操作员对如何克服系统的局限性及系统故障有自己的变通方案。而这些变通方案对他们从困惑中调整过来非常重要。知道如何执行变通方案对于意外情况的应对显然是有价值的。操作员的经验越丰富，他们维持系统运转的方法就越复杂。

第四，困惑。最后，心理模型的概念应包括人的局限性。比如，系统用户感到困惑的方式。

举例来说，有人可能会这样给我们指路：穿过两个街区，向左转。但如果一个人的心理模型对路线和我们的方向感有更强的判断力，那么他或许会猜到我们可能在哪里迷路或走错，那么他就会对路线给出稍详细的注解，比如：穿过两个街区后左转，进入一条狭窄的道路，这里没有路标，看起来像一条车道，在远处的拐角有一家小古董店。此处的心理模型与我们自身的局限性和潜在的问题有关，而与系统的局限性和故障无关。人们能够预见到别人可能会遇到何种困惑并做出适当的调整，这着实令人钦佩。

表2.1说明了这个心理模型矩阵的内容。

表 2.1 心理模型矩阵

	能力	局限性
系统	系统如何运转：系统各部分、连接、因果关系、过程控制逻辑	系统出现故障的原因：常见故障和局限性（如边界条件）
用户	维护系统运转：检测异常、评估系统的反应能力、执行替代方案、适应变化	用户感到困惑的原因：人人都有可能犯的几类错误

资料来源：改编自约瑟夫·博德斯的表格。

心理模型最初是一套关于系统如何运转的理念。它并非有误，但不完整。这个最初的概念忽略了经验的作用，它正是专家的心理模型的基础。

——2021 年 2 月 5 日

识别启动决策模型：批评与困惑

识别启动决策模型的六大挑战

该放弃识别启动决策模型了吗？该模型起初没人注意（Klein, Calderwood & Clinton-Cirocco，1986）。直到我出版了《如何作出正确决策》（Klein，1998）一书，识别启动决策模型才进入人们的视野。这已经是二十多年前的事了，过了这么久，这个模型也该过时了。

然而，识别启动决策模型一直在发展，并作为人们实际做决定的方式得到了普遍认可。我对识别启动决策模型的经久不衰及其赢得的赞誉感到欣慰，同时也不觉惊讶。希望这篇文章不会引起读者的强烈反感。

本文的目的仅是对这二十年来该模型中无伤大雅的意义含混及造成误解之处给予纠正。

定义

识别启动决策模型解释了战地指挥官如何能在几秒钟内做出正确决策。当时的研究人员认为，有效的决策是先生成一组选项，然后在评估层面对其进行比较。但如果你时间不够，或者不确定情况使你无法详细地评估，你又该怎么办？识别启动决策模型显示了经验丰富的决策者如何能在最短的时间内做出正确决策（见图2.4）。

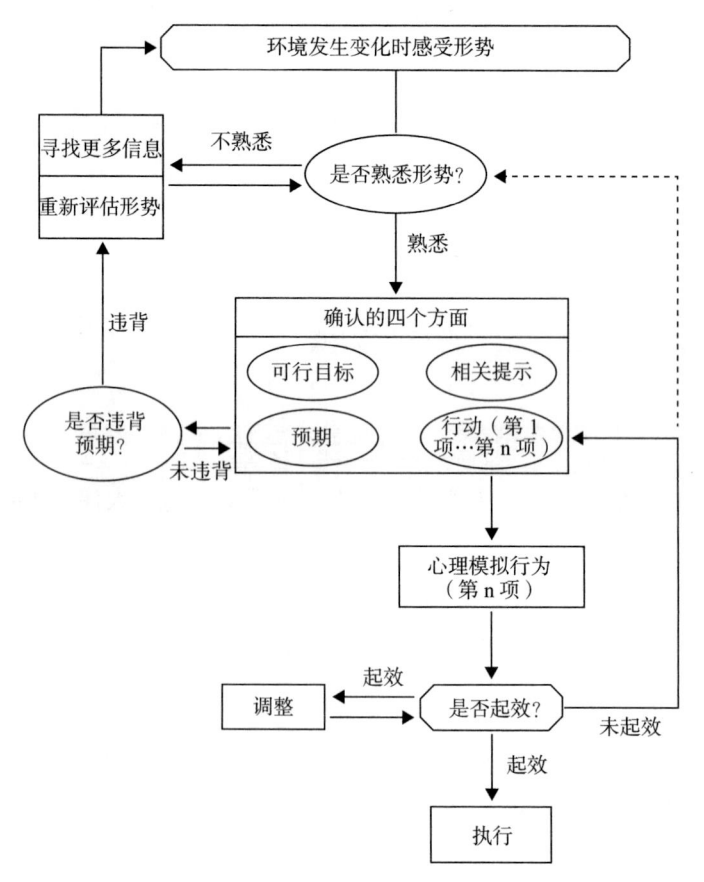

图2.4　识别启动决策模型

识别启动决策模型包含两个过程：首先是模式匹配过程，将当前情况与过去遇到的情况相匹配，确定合理的行动方针；然后是评估过程，用心理模拟来想象该选项将如何发挥作用，看它是否有效。这样一来，人们无须生成其他行动方案，也无须再做任何比较便可快速做出决定。

对识别启动决策模型的误解

1. 识别启动决策模型是一种直觉模型，而不是分析模型。不幸的是，许多人认为它是分析模型，他们忽略了识别启动决策模型有两个组成部分的事实：一个是快速的、无意识的、直观的模式匹配，一个是缓慢的、有目的的、有意识的心理模拟。这两部分充分地反映了丹尼尔·卡尼曼阐述的"系统1"和"系统2"的相关内容（Kahneman, 2011）。

2. 识别启动决策模型的计算机模拟很容易生成。只有忽略心理模拟部分，只处理模式匹配部分，这个模拟才容易生成。即便如此，人工智能模拟通常依赖强化学习，在先前成功的基础上对联系进行加强或削弱。然而，人不能只是削弱联系。我们要找出是哪儿出了问题，以建立更强大的心理模型。

3. 识别启动决策模型只在时间紧迫的条件下适用。一开始，我也以为是这样，但后来我发现人们甚至在时间宽裕之时也会使用识别启动决策策略。

4. 识别启动决策模型是不科学的——它不可测试，也不可被证伪。关于这一点，我通过研究毫无经验的决策者测试了这个模型。可以想见，他们使用识别启动决策策略的时间还不到规定时间的一半。我还研究了经验丰富的国际象棋选手（Klein et al., 1995）。如果这些棋手做出的第一个选择是随机的，那么识别启动决策模型就会被证伪。研究结果证明，识别启动决策模型是科学的。正如该模型所预测的，经验丰富的棋手做出的第一个选择是高质量的。

此外，重复进行的几次研究都证实了识别启动决策模型的科学性。

5. 识别启动决策模型的证据基础极为薄弱。一些决策研究人员抱怨，在受控条件下进行的研究并不多。一位资助政府研究的赞助商曾经说过，她永远不会资助田野调查研究。有人提醒她，达尔文做的主要也是田野调查研究，她答道，"那我也不会资助他"。

而我们的田野调查研究已经显示了其在揭示决策制定有效性方面的价值，比如经验的作用。识别启动决策模型描述了人们对十年及二十年的经验是如何加以运用的。进行受控研究、引入不熟悉的任务、提供大量的经验，这都是不切实际的。值得注意的是，依赖于受控实验室条件的决策研究人员并未意识到大量经验对做出有效决策的重要性。

6. 识别启动决策模型没有用。识别启动决策模型刚发布时，我还担心它是否有用，但业界很清楚，识别启动决策模型将他们从试图应用不适合复杂、模糊情况的理性选择技术中解脱出来。识别启动决策模型提出了进行有效决策的各种训练方法。

吉格伦泽（2019）还曾提到，"在《如何作出正确决策》出版二十周年之际，此书将继续为当前的决策研究提供相关的方向和问题纠正"。

——2021 年 3 月 17 日

影子对手训练

从专家的角度看世界

我们该如何提高决策能力？我在和同事们自 1986 年发表了识别

启动决策模型的研究成果后，一直在问自己这个问题，却始终找不到答案，倍感沮丧。一晃二十多年过去了。

2008年，我的好运来了。当时我在纽约参加一个会议，几位纽约消防局的消防员问能不能和我一起吃午饭。其中一位是消防队长尼尔·欣策。午餐吃得很愉快，我们互换了联系方式，并没指望今后会有什么合作。

可没过多久，2010年我受邀为西雅图消防局举办一场为期两天的决策研讨会。我决定请欣策帮我准备材料，陪我去西雅图。在我们完成了研讨会的总体设计后，欣策问，他是否可以占用我一点儿时间，也许就半小时，让他试着用刚完成的硕士论文来做个练习。我完全不明白这个练习该如何做，但还是同意让他试试。

"影子对手训练"就源于他要做的这个练习。

在这个练习中，欣策设计了一个具有挑战性的培训方案，在培训的整个过程中穿插着一系列有多项选择的决策点。参与研讨会的消防队员必须对每个决策点的选项进行排序，并写下那么排序的原因，然后欣策会告诉他们专家组选的是什么，以及为什么这么选。他发现，经过这种训练后，确切地说，在进行了三次练习并对专家的反馈进行反思后，与没有接受专家反馈的对照组相比，学员和专家之间的选择结果匹配度提高了约18%。

因为欣策在组织练习，所以我可以坐下来观察这些参与者。我发现这个练习很受欢迎——每个人都参与进来，每个人都希望自己的排序与专家的一致。我还意识到欣策的方法看起来像是一种提高决策能力的方法，这正是我一直寻找的方法。此外，欣策在没有邀请专家组参与的情况下，就得到了专家组的答案。他向专家组展示了训练方案，记录了专家的选择及其理由，并对选择及其理由进行了综合，这样一来便不再需要专家了。这一点很重要，因为培训的瓶颈之一是不能随时得到专家的帮助，而欣策已经突破了这个瓶颈。他得到了专家的回答，所以不再需要专家的参与了。

在接下来的几年里，我和我的团队在使用并修改欣策的训练方法时，对设计相应的培训方案需耗费的精力及费用感到担心。我的同事（也是我的女儿）德沃拉·克莱因提出了流线型训练法。她没有设计培训方案，而是准备了一些观点，让受训者和专家指出他们同意的是哪些观点，不接受的又是观点的哪些方面。我们称其为"影子对手训练精简版"，并与欣策开发的"情境版"进行对比。我们将不同类型的训练材料添加到这个精简版中，例如金融领域的一张电子表格，或是医院的一份生命体征表。我们将受训者在这些训练场景中注意到的内容与专家注意到的内容进行对比。

我们还设计了"影子对手训练"的第三种版本，即名为"专家之眼"的训练方法，还申请了专利。这种方法是给受训者放一段视频，让他们点击自己认为值得注意或与任务相关的任何内容。受训者要记录下他们做出如此点击的原因，然后他们会再看专家点击了什么内容以及选择的原因。这种方法与"情境版"和"影子对手训练精简版"相同，只不过用视频代替了方案脚本或带有语句及图表的单页。通过这种开放的形式，受训者真正学会了从专家的角度看世界。

我们后来开发了"影子对手训练"软件，它在新冠疫情期间派上了用场，使我们能够在不需要面对面交流的情况下进行在线培训。该软件可在台式电脑、笔记本电脑和平板电脑上运行，我们正在考虑推出智能手机版的"专家之眼"。目前我们正在使用"影子对手训练"软件，对俄亥俄州的儿童保护服务工作者和加利福尼亚州的执法人员进行培训。

无论哪种版本,"影子对手训练"已经显示出它在督促人们跟上进度及加快决策方面的有效性(Klein & Borders,2016)。我们仍在对其未来的新应用类型进行探索。

——2021年2月22日

汉诺塔问题:经典谜题中出人意料的教训

认知分析对自身力量的证明

汉诺塔问题正是我的自然主义决策研究团队所避免的人为设计的、基于实验室的任务类型。汉诺塔问题不需要专业知识,不需要背景,也没有不确定性。

然而,几十年前,我做了一项关于人们如何解决汉诺塔问题的小研究。这篇文章是我第一次讲这件事。

我为何要做这项研究呢?因为贪念。

我曾作为分包商参与了一个较大的项目,为铁路工程师及其他一些专业人员开发一套认知测试,以检测如饮酒、药物使用或睡眠不足等损伤迹象(O'Donnell, Moise & Schmidt, 2004)。可在项目开始进行后,项目经理就将其引向了与我预期完全不同的方向,我的公司几乎完全参与不进去。然而,项目经理仍然有履行财务合同的义务,继续让我们留在项目中。但我们还能为项目做些什么呢?

项目经理决定将汉诺塔问题作为认知测试的一部分,并突然想到我或许可以做一个认知任务分析,看看人们是如何完成任务的。他拒绝了我的其他建议,所以我要么研究汉诺塔问题,要么和2.5万美元说拜拜。

带着重重疑虑,我决定试一试。

可接下这个任务后，我遇到了个大问题。我没有打算围绕这样一个人为设计的任务进行相关采访，也找不到任何愿意完成这项任务的公司员工。因此，我将注意力转向了公司正在进行的其他项目。

后来，在认知测试项目即将结束之时，项目经理提醒我提交汉诺塔问题的分析结果，可我甚至还未开始。所幸我的公司当时刚雇用了一位研究助理——安德鲁·米尔斯。我把安德鲁叫到办公室，告诉他我有一个完美的训练项目，可以帮他快点儿完成认知采访：在我的帮助下，他可以利用汉诺塔问题完成认知采访。

安德鲁爽快地答应了。

当然，我们见面后，安德鲁便将我的这个安排告诉了公司的其他人，他们告诉安德鲁，"加里终于找到愿意听话的傻瓜了"。结果，当安德鲁开始这个项目时，他的兴奋感明显降低了。

对于不熟悉汉诺塔问题的读者，注意图 2.5 中的三根柱子。你的任务是把所有甜甜圈形状的圆盘从最左边的柱子，我们称之为 A 柱，移动到最右边的柱子，C 柱。一次移动一个圆盘，必须保持大圆盘在下，小圆盘在上。这项任务不容易，且 A 柱上的圆盘越多，任务的难度就越大。

在此，建议读者在继续阅读这篇文章之前，自己尝试解一下这个谜题，这样你就明白它的原理了，看看你能不能完成有五六个圆盘的

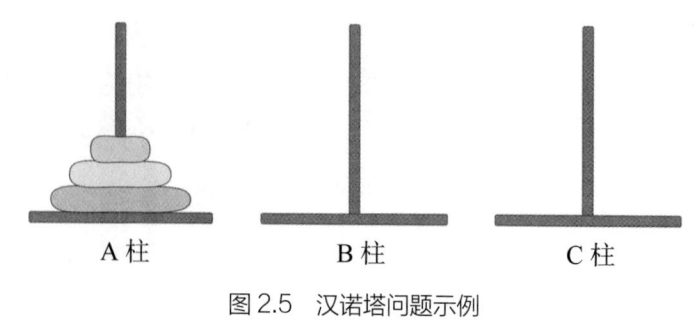

图 2.5　汉诺塔问题示例

任务。

安德鲁和我商定，将对公司的七个人进行采访，一次一个人。他会看着他们做任务，让对方大声说出来，这样就知道他们想做什么了。如果不确定对方是如何做决定的，他会提问。

安德鲁以为每个人都会以同样的方式解题，和他自己的方法一致。令他惊讶的是，没有哪两个人的解题策略是相同的。有些人的策略要优于其他人。有人只能完成有四五个圆盘的汉诺塔任务，而有些人可以完成有七八个的，甚至九个的。

七轮采访已结束，是时候复盘一下安德鲁采访记录中的发现了。

我们的第一个发现是，参与者纠结的主要决定是一组圆盘中最上面的那个该移到哪里。一旦这个圆盘移到合适的位置，剩下的就会自然而然地跟着移动，此时就搭建出了我们所说的"临时塔"。接下来参与者就面临与之前同样的抉择——将临时塔最顶端的圆盘移到哪里。

我们的第二个发现是，为了解决这个谜题，参与者必须搭建临时塔，部分临时塔要搭在其他柱子上。同样地，这个案例中的参与者依赖用心理模拟来解题，即"如果我把这个圆盘移到那儿，那么接下来的这个圆盘就会移到那儿……"，诸如此类。这种心理模拟策略却并非真正意义上的发现，因为在这个游戏中我们可以依据自己的经验做出同样多的假设。赫伯特·西蒙（1975）将这些临时塔称为"金字塔"，并将这种方法命名为目标递归策略。

第三个发现其实不能算作发现，因为它在文献中已经广为人知，即该策略最大的难题是，在进行心理模拟时记下圆盘的移动轨迹。这种策略会消耗工作记忆，并将能够处理大量圆盘的人和只能处理少量圆盘的人区分开来。科托夫斯基、海斯和西蒙（1985）对不同版本的汉诺塔问题的记忆需求进行了专门的分析。

我们的第四个发现是，即使参与者成功地解开了谜题，他们也常常觉得自己没做对。解决这个难题的唯一方法是在不同的柱子上搭建临时塔，但参与者会说："这不对。我把塔搭错了地方，这不是我想将所有圆盘搭上去的那根柱子。"由此可见，参与者对如何搭建这些临时塔并没有很好的心理模型。我们还注意到，即使解谜成功，也并不意味着参与者真正明白自己在做什么。

我们的第五个发现是，用一个简单的策略几乎可以消除所有的纠结之处。先考虑最底下的圆盘，而不是最上面的！这才是汉诺塔问题的解题思路。如果所有的圆盘都在最左端的 A 柱上，而你要将它们全部移到最右端的 C 柱上，那么你要将最底下的圆盘，即最大的那个，移到 C 柱上。这是再明白不过的了。

要完成这一步，你就需要在 B 柱上搭一座临时塔，将第二大的圆盘移到底部。而要完成这一步，你就需要在 C 柱上以第三大圆盘为底搭一座临时塔。其他步骤依此类推。参与者仍需进行分析，但记忆负担大大减轻，错误也没那么多了。

各位读者可以登录关于汉诺塔问题的网站，试着用这个自下而上的策略解一解这个谜题。

我们从这个项目中得出的结论是，我们能通过研究任务的认知挑战获得以下问题的答案：人们面临的关键决定是什么，是什么让任务变得困难，以及人们心理模型中的弱点是什么。我们还有了意外的收获，即自下而上的解题策略。

据我们所知，之前没人报道过这些发现。

如果一个认知视角可以以为一个存在了一个多世纪的谜题带来如此多的发现，那么想象一下，它将为新任务和新需求带来多大的回报。

——2021 年 3 月 8 日

反思

现在，各位读者已了解本书的主要观点。本书其余部分围绕这些观点在一些主题上进行了深化，所以让我们来盘点一下到目前为止的主要收获。

最重要的主题是认知维度——隐藏在表象之下的思考。人们很容易关注行为维度，即人们采取的易于观察的行动，或步骤维度，即人们应该遵循的规则及步骤。认知维度是不可见的。它影响我们的行为，影响我们遵循步骤、修改步骤甚至放弃步骤的方式。认知维度不仅与专业知识有关，还与很多为专家所注意却为常人所忽略的方式有关。

与此相关的另一个主题是我们了解认知的能力，不仅要从智力层面上理解，还要在认知发挥作用时发现它的各个方面。本书的目标之一便是帮助各位读者培养了解认知的技能。本书第一部分为读者提供了岩钓者的案例，第二部分提供了其他案例，如系统集成项目和汉诺塔问题。像这样的案例使了解认知的理念更加具体，也使认知挑战的概念更加生动。

认知维度以我们专业知识背后的力量来源为依托。第二部分向各位读者展示了如何追寻这些力量的来源，如模式识别、换位思考、好奇心、思辨思维及意义构建。第二部分还详尽地探讨了这些力量之源，我们构建的心理模型，以及我们快速做出决定的能力。

而在大多数大学的心理学课程中，甚至是认知心理学的课程中，你都不会见到前述这些力量之源。你也很少能在关于认知的媒体报道中读到它们。这些报道往往充斥着我们思维能力的弱点、缺陷和偏见。本书讲的正是人类思维的优势，这也正是我们的力量之源。研究这些优势，有助于了解人们实际上如何进行思考，了解人们究竟如何做决定，尤其是在复杂不明的环境中。这就是自然主义决策研究者的观点。

有时自然主义决策研究人员也使用受控的实验室研究，但在大多数情况下，他们调查的是现实环境和现实世界的决策者。这意味着为了获得更广泛的理解要放弃精确度，自然主义决策研究人员接受了这种权衡的结果。然而，我们知道这会让我们那些以实验室研究为中心的同事感到不舒服，还可能会让一些读者感到不舒服。但在严格受控的环境中，用人为设计的任务和对任务毫不知情的受试者来研究复杂的现象，则会让我们这些自然主义决策研究人员感到不舒服。不知道这对以实验室研究为中心的同事和一部分读者来说，算不算得上某种安慰。

因为各位读者现在领略了自然主义决策的观点和它所做出的取舍，所以你们便已经准备好更好地理解本书的其余部分，它将涉及专业知识及认知的方方面面。各位读者可能还在考虑自然主义决策观点的内涵——它所运用的各类方法及策略，如"影子对手训练"。

然而，在熟悉力量之源与了解认知之前仍然存在一个障碍。各位读者早就接触过不同的观点，如与力量之源背道而驰的启发-偏差理论，还有第一部分和第二部分中提到的自然主义决策方法。你可能会想，既然所有证据都表明我们是有缺陷的思考者，那么面对这些证据，我们如此推崇认知维度又有何意义。因此，我们不妨在第三部分直面这一困惑。

3

理性主义的狂热梦想

概述

第三部分的标题来自德沃拉·克莱因、戴维·伍兹、肖娜·佩里和我在2018年发表的一篇文章。该文章探讨了一种信念,即相信复杂的决策可遵照计划、步骤、算法、自动化、一览表等分析方法,以及标准,如最佳实践来处理。坚持这种信念的人认为,理性行为的唯一标准是遵照这些方法及标准。我们认为,相信这些方法和标准足以帮助人们在情况不明的环境中、在信息不完整的情况下、在多重背景或多种因素并行的情势下执行复杂的任务,做出决定,完全是种错觉。那些有朝一日要以这些方法和标准取代专业知识的人似乎为"理性主义的狂热梦想"所困。

我们认为,随着这股狂热愈演愈烈,遵守规则的压力也在增加。理性主义的狂热梦想是一种过度的简化,对诸多领域的研究者、从业者包括管理者产生了影响。这种狂热的表现是,人们强烈要求只依靠步骤、原则、规则、算法和标准行事。理性主义方法的主要问题之一是其太过脆弱,受规则约束的组织在面对意外事件时往往难以适应,因为它们常会严格遵守不再适用的标准和技巧。简言之,组织对完成任务的认知挑战视而不见。我们认为，组织因适应性而构建，这种适应性以计划为基础，而不仅仅局限于遵守计划。

因为这种理性主义的狂热梦想在不少研究者心中根深蒂固，所以正视它尤为重要。我会在第三部分的文章中解释这一点。

请注意，我并不是说计划、步骤、算法、一览表和标准统统无用。它们显然在许多情况下都大有价值。我的观点是，它们不够充分，你无法在复杂不明的情况下将专业知识步骤化。然而，即使有了这样的免责声明，我估计我也会因提倡不理性的研究方法而受到攻击，但我并没有。我估计，对一些人来说，任何指出分析方法局限性的尝试都会被视作危险信号，并引发愤怒。我们可以把这种愤怒的存在及其强烈程度视为狂热追随理性主义根深蒂固的标志，那些追随者无法容忍任何分歧，亦拒绝接受任何反驳。

启发-偏差理论（Heuristics and Biases，HB）的研究圈子是理性主义的狂热梦想最直言不讳及最有影响力的倡导群体之一。尽管我对启发-偏差理论研究圈子的许多成员都很钦佩，但我对该群体的假设及主张仍存有强烈的疑虑。我在1989年发表的文章《决策偏差真能解释一切？》中证明了：如果一个决策者选了一个选项，结果很糟，那么你可以用一个决策偏差来解释；但如果他选了相反的选项，结果也很糟，那么你还可以用另一个决策偏差来解释。如果决策偏差可以解释一切，那么它们什么也解释不了。因此，偏差导致决策出现错误的说法毫无意义。

更糟糕的是，启发-偏差理论的研究似乎专注于减少错误，而忽视了追求远大成就的重要性。该理论不重视专业知识，认为专业知识根本不存在。第三部分的几篇文章对启发-偏差理论研究圈子的此类倾向进行了批评，并提出了关于所谓偏见的种种问题。

由于自然主义决策研究人员对启发-偏差理论的许多立场提出了疑问，启发-偏差理论研究圈子和判断决策研究圈子中的一些研究人员得出如下结论：自然主义决策只不过是对启发-偏差理论和判断决策理论研究的一种回应。这一结论很能说明问题，因为它忽略了自然主义决策研究人员的主要目标，即找到使熟练做出决策成为可能的力量之源，这才是这项研究积极的一面。此结论忽略了诸如识别启动决策模型这类理论的发展，该模型解释了人们实际上如何做出决策，这正是启发-偏差理论和判断决策理论的研究人员即便在实验室里做了几十年实验也从未有过的发现。

第三部分的第一篇文章《无可救药的非理性还是绝妙的创造力？》对比了人类有关认知的积极观点和消极观点。这也是我于2013年5月开始为《今日心理学》写博客时发的第一篇文章。从某种意义上来说，它既是我在《今日心理学》的博客的所有文章的基础，也是本书的基础。

第三部分的第二篇文章《能信任决策研究者吗？》，拓展了我2013年5月最开始写博客时的一些主题，并列出了传统决策研究者通常会列出的八个存在争议的假设，即他们持有的八种偏见。这些偏见可以帮助我们对传统决策研究者的研究发现和启发-偏差理论研究圈子的主张进行评估。

启发-偏差理论的研究人员已经展示了认知启发会导致糟糕表现的方式，可我认为在大多数情况下，这些认知启发亦颇有价值。第三篇文章《正面启发法》介绍了一些业界研究最多的"启发法和偏差"的好处。

在《点球成金》一书中，迈克尔·刘易斯举了个生动的例子来说明这种无可救药的非理性观点，这正是启发-偏差理论研究人员的偏见之一。刘易斯记录了棒球球探的无知。然而，我不同意他的观点。第三部分的第四篇文章《〈点球成金〉中的谬见》就指出了他的分析大错特错。

虽然刘易斯希望我们相信实实在在的数字，而不要凭借主观印象判断事情，但这些数字又有多大意义呢？我们知道不能完全相信主观印象，但第三部分的第五篇文章《被数字糊弄》解释了为什么对数字也应持怀疑态度。

接下来，第三部分的第六篇文章《证真偏差的奇特案例》，是对或许最为有名且引用度最高的决策偏差的批评。这篇文章解释了为什么是时候放弃"证真偏差"这一概念了，因为它确实会导致一些问题的出现。所幸有一个更好的方法来思考前述问题：固着错误。第七篇文章《逃离固着》解释了固着错误是如何产生的，更重要的是，这篇文章还提供了减少此类错误的办法。

第八篇文章《替代陷阱》详细阐述了对证真偏差的批评，并通过几个例子说明，决策研究人员声称自己在研究一个复杂而有趣的现象，随后却几乎像变戏法一样（思维上的变戏法），用一个更简单、更简化的公式取而代之。

理性主义的狂热梦想的心态主要是为了减少错误。一览表、步骤、最佳实践，这些都是减少我们犯错误的机会的方法。我们可以在电视转播的体育赛事中看到这种对错误的过度关注。

解说员会抓住任何一个失误，把它作为球队输球的原因，并指责造成失误的球员。第三部分的第九篇文章《代价高昂的错误？》中举了个例子：在一场橄榄球比赛中，四分卫在这场势均力敌的比赛接近尾声时进行了一次"代价极高"的拦截。不过，仔细观察就会发现，他犯的这个错误并没有造成太大影响。

这个例子似乎有些微不足道，但对体育赛事中错误的炒作可能会影响运动员的职业生涯甚至其个人生活，因而职业选手往往不敢犯错。在与投资经理共事的过程中，我发现他们经常谈论下跌风险——购买的股票赔钱的风险。但我发现，他们应该也意识到需要担心上涨风险，即未能购买一只随后会升值的股票的风险。第三部分的第十篇文章《为赢而战》解释了为什么我们不该过于谨慎。生活不仅仅是避免犯错。

　　第三部分的最后一篇文章《隐性决策》，讨论了决策的一个大麻烦：即使我们决心做出完美决策，极力避免错误，但最艰难的决定可能会由抛硬币来定夺。我们最终选定的也有可能是从未仔细分析过的折中方案。深思熟虑也只能帮我们到这儿了。

无可救药的非理性还是绝妙的创造力？

<u>对偏见心生警惕的同时，也应对洞察力心存感激</u>

　　洞察力往往很神奇，会在没有任何预兆的情况下突然出现在我们的脑海中。新的想法会出人意料地产生。与受控的逻辑思维相反，洞察力不遵循任何经理性论证的正式规则。

　　洞察力的这种偶发性令人兴奋，但这也使它不那么可靠，难以信赖。理性推理和批判性思维的支持者倾向于以怀疑的眼光看待洞察力，将其视为偏见的潜在来源。

　　启发-偏差理论的研究始于四十年前。当时，丹尼尔·卡尼曼和阿莫斯·特沃斯基只是想证明人们使用启发法（简单策略）来做出判断和决定，而不是依靠完美的逻辑行事（Tversky & Kahneman，1974）。经济学家曾假设人是理性的，并依赖于完美的推理策略做决定，但卡尼曼和特沃斯基证明事实并非如此。人们用启发法做决定，并且用得还很不错。

然而，启发-偏差理论研究领域慢慢变成了有趣案例的收集箱，目的就是证明人类是非理性的。诸如《可预测的非理性》（Ariely & Jones，2008）、《盲点》（Van Hecke，2009）、《三思而后行》（Mauboussin，2012）、《摇摆》（Brafman & Brafman，2008）和《日常的非理性》（Dawes，2001）等书已经在这条不归路上走得太远了。我们用启发法进行决策，是因为启发法通常是有用的。虽然启发法并不完美，但在一个复杂而不确定的世界里，启发法亦能帮我们做出决策。

如果只是用完美的推理策略进行判断，我们就会变成木头。在实验室之外，完美推理策略所需的条件通常难以具备。无论是贝叶斯统计还是各种形式的演绎推理，在自然情境下都是不可靠和不实用的。这就是为什么我们必须依靠经验和所获得的启发法。

不幸的是，太多从事传统启发-偏差理论研究的人员仍在继续传播这样的信息：因为我们使用启发法，所以我们有缺陷。就连专家也被质疑。由此传达的信息是，不要相信我们能做出什么重要判断。这个信息令人倍感沮丧。

启发-偏差理论研究中缺少的是对人类睿智的认可，对我们善于利用经验的肯定，以及对我们可以培养洞察力的支持。

马丁·塞利格曼和米哈里·契克森米哈赖（2000）引领了积极心理学的发展，建议心理治疗师和其他心理治疗领域从业者寻找提升幸福感的方法，而不是仅仅试图减少抑郁、焦虑或神经症带来的痛苦。我同样认为我们需要积极的认知心理学，并对人们用来理解复杂多变情况的力量之源表示赞赏。我们不可轻视洞察力。提高决策能力有赖于错误的减少，但同时也有赖于洞察力的提升。即使我们能消除所有的错误，我们也有可能没有想出任何新鲜的点子或无法拥有任何创新的想法。

我认为，洞察力是对启发-偏差理论世界观的一种补充。它并非出自细致的分析推理，而是出人意料地出现在我们的脑海中。诚然，我们需要对错误的判断保持警惕，同时也应为我们的洞察力喝彩。

——2013 年 5 月 21 日

能信任决策研究者吗？

启发-偏差理论研究者的八个偏见

这篇文章反映了心理学领域最具影响力的运动之一——大约半个世纪前由丹尼尔·卡尼曼和阿莫斯·特沃斯基提出的启发-偏差理论机制（Kahneman & Tversky，1972；Tversky & Kahneman，1971，1974）。

启发-偏差理论的研究者对该领域的重要成就、重大发现及反直觉的实证进行夸耀，由此催生了行为经济学，并在某种程度上推动人们做出了明智的选择。

我无意诋毁启发-偏差理论机制，只是在此对启发-偏差理论研究者的倾向和意愿加以描述。不是错误，而是倾向，就像我们描述行为的偏好或正义的偏向一样。这就是我在这篇文章中对偏见的定义。

任何群体的行为都是与态度、偏好及反应联系在一起的。这些倾向往往是自发的，因而群体的成员都未曾注意到。我认为偏见、倾向和反应皆是启发-偏差理论研究圈子的组成部分，其地位不亚于正式的原理和研究本身。

本文好比一面镜子，不仅可帮助启发-偏差理论研究圈子外的人与圈子内的人沟通协调，还可帮助圈子内的人了解自己。

以下列出了启发-偏差理论研究学术圈存在的八种偏见。

1. 消灭错误。我们显然都只是希望减少错误,而不是彻底消灭错误,在这一点上并无异议。然而,这种偏见也有不利的一面。减少错误有必要,但并非必须,我们要有所发现。对错误的过度关注可能会潜在地减少提高洞察力的机会。采取行动以减少错误,但又不能太过,以免影响到整体表现,这需要在不断调整中达到平衡。由于过于关注错误,启发-偏差理论的研究人员往往为引起错误的原因之一——启发法的使用所困扰。

2. 对启发法进行否定。启发-偏差理论的研究者已经有力地证明了人们使用启发法进行决策。研究人员设置了使用启发法导致次优决策结果的条件,还证明了人们无论如何都会使用启发法。启发法并不完美,它毕竟不是算法。启发法开启了犯错之门。然而,启发-偏差理论的研究者并没有通过成本效益分析来判定我们使用启发法的得与失。启发-偏差理论的研究者没有验证启发法的价值。没有启发法,没人能在复杂的环境中正常生活。就连特沃斯基和卡尼曼(1974)也指出,"一般来说,启发法很有用,但有时也会导致严重的系统性错误"。然而,启发-偏差理论的研究者只看到了启发法的缺点,他们就此得出结论,人们因为依赖启发法,所以必然会表现出认知劣势。

3. 寻找认知能力的缺陷。这种对认知能力存疑的心态并没错,在这一心态的驱使下,启发-偏差理论的研究者列出了一长串认知的局限性。然而,启发-偏差理论的研究人员通常对认知能力的优势漠不关心,他们在这一点上往往态度悲观。启发-偏差理论的研究者并没有对我们在时间压力和不确定性情况下做出艰难决定的能力表示过赞赏,而是将基于启发法产生的直觉给我们带来麻烦的方式进行了分类。

4. 不要相信直觉判断。什么时候能相信直觉?启发-偏差理论的研究者会说"永远都别信",这一点我同意,因为直觉并非绝对正确。但在大多数情况下,直觉确实很有用,也是我们可凭借的最好的判断标准。即使我们不该完全相信直觉,至少应该听从直觉,因为它是我们的经验的反映。卡尼曼和克莱因(2009)列出了培养敏锐直觉的条件:足够稳定的环境和获得及时、准确反馈的机会。尽管如此,启发-偏差理论学术圈的多数(即使不是绝大多数)研究者仍然对直觉有着根深蒂固的反感,哪怕是专家的直觉。

5. 不信专家,也不信专业知识。专家并非绝对正确,有时也会落入启发-偏差理论研究人员在实验中设置的陷阱。但在很多领域,专家的表现仍然令人称赞。埃里克森等研究者(2018)记录了已经被证实的各种专业知识。让我忧心的是,启发-偏差理论的研究人员乐于见到专家受挫的事例。他们兴冲冲地引用了保罗·米尔(Paul Meehl,1954)和其他专家得出的结论,表明专家的判断不及统计数据,却忽略了统计数据是基于专家确定的因素而得出的这一事实。统计方法的最大优点是在使用这些因素时保持的一致性。那么,一致性有多重要?

6. 将一致性做到极致。启发-偏差理论的研究者对此怀有执念,一致性的确算是优点。干扰会带来随机变化,降低判断的准确性。但一致性真的比准确性还重要吗?此外,些许变化,些许不一致,可以帮助个人和团队探索替代方案,不至于死板僵化。生物进化得益于变异,个体及团队的变化会促进适应性。

7. 仰仗理性分析。启发-偏差理论的研究者非常重视逻辑论证,遵循演绎逻辑这样的原则,运用贝叶斯统计这样的分析方法。这些原则及方法固然有权威性,但并不适用于我们要做的大多数判断和决定。对模糊性和复杂性而言,这些原则及方法并不合适(Lopes,1991)。既然演绎逻辑和贝叶斯统计这样的原则及方法如此重要,我们就有理由认为那些有计划地违反它们的人定会付出代价。但实际上，在现实生活中，它们的违反者比那些理性分析原则的忠实拥趸更成功（Berg & Gigerenzer，2010）。

8.依赖步骤和一览表。启发-偏差理论的研究者也同样重视步骤指南和一览表，部分原因是这些研究工具具有一致性，并且可以通过经验验证。步骤指南和一览表的效用不可否认。但正如我将在第五部分《从黑猩猩到冠军》一文中指出的那样，一些管理者因受启发-偏差理论研究者的影响，试图用理性分析、步骤和一览表来取代专业知识。这些管理者构想了一个无须由人做决定的工作场所。然而，没有几个复杂的任务可以简化为一览表中的具体步骤。将专家排除在外的不切实际的想法忽略了完成大多数工作所需的隐性知识。

这八种偏见中的每一种都有其合理性，都有自身的优点。但若是强行运用，则会适得其反。我钦佩启发-偏差理论研究者提出了如此大胆的观点，也钦佩他们做出了认为自己可以捍卫的如此极端的声明。与尽量避免做出夸张的断言、提出可能不正确的主张相比，我更喜欢他们的这种立场。对于启发-偏差理论研究者在这一领域所做的尝试和取得的成就，我在此表示感谢。透过自然主义视角来看待启发-偏差理论研究者笃信的极端观点及其坚持的偏见，我们其他人可以找到一个更合理、更公正的立场。

——2016年10月10日

正面启发法

思辨思维策略

20世纪70年代早期，丹尼尔·卡尼曼和阿莫斯·特沃斯基对人们使用的启发法的特征进行了界定——可用性、代表性、定向性及调整性，甚至还从小样本中推导出了结论。在此之前，像卡尔·东克尔、艾伦·纽厄尔和赫伯特·西蒙这样的思想大家已经讨论过启发法的重要性，但卡尼曼和特沃斯基实际上确定的是我们普通人常用的专门的启发法。因此，卡尼曼和特沃斯基理应赢得荣誉，获得奖励。

然而，从他们的研究成果中衍生出来的启发-偏差理论却走上了一条不归路。启发-偏差理论的研究者将启发等同于偏见。"偏见"一词可指偏好，也可指倾向，但对该词的主要理解是，有偏见的判断是不合逻辑、不合理的。这种意义的合并有一定道理，因为卡尼曼和特沃斯基等研究者使用的研究方法是为了证明，即使在使用启发法得出的判断不准确时，人们还会使用它。因此，这些研究证明了启发法是如何误导我们的，但不能表明没有启发法我们会过得更好。没错，在经研究人员设计的某些条件下，启发法给我们带来了阻碍。但在大多数其他情况下，启发法的价值不可估量。

我认为启发-偏差理论的研究者一直在使用一种不恰当的标准：通过与概率论和贝叶斯统计等正式分析方法的比较，来评估启发法的准确性。贝叶斯统计在20世纪80年代才崭露头角，概率论则是在200多年前由拉普拉斯提出的。为什么指望我们日常使用的启发法能与贝叶斯统计和概率论这些形式主义理论相匹配呢？

利希滕斯坦等研究人员的研究（1978）表明，实验的参与者，尤其是大学生，对不同死亡原因的发生频率持有不准确的观点。参与者往往高估了龙卷风、洪水、谋杀及重大事故这些骇人听闻的造成死亡的原因。这些原因可能会得到媒体的关注，却低估了媒体不怎么关注的"无声杀手"，如哮喘、结核病、中风和糖尿病。这样看来，参与者的判断是不够准确的，但他们如何得知实际数据呢？难道他们应该仔细研究档案材料并把发现牢记于心吗？只因与媒体的报道一致而指责参与者存有偏见，这意味着什么？我同意利希滕斯坦等研究人员的观点，不准确的观念会影响公共政策，导致资金被低效地分配给发生概率低但影响力大的事件。我的问题是，只因参与者使用了合理但有局限性的判断策略，就给他们贴上"偏见"的标签，我看不出这对我们有何好处。

认为人类天生非理性的论断毫无道理。该论断基于一个不恰当的标准。当然，我们应该在适当的时候使用更权威的分析和统计方法（尽管这些方法的应用并不如其支持者所说的那般简便、直接）。我们的确不该不假思索地相信凭借直觉和启发法做出的判断。然而，比起风险评估，需要我们进行决策和意义构建的还有很多。

幸运的是，我觉得还有一个更适合对启发法进行评估的标准：思辨思维。人们通常没条件在清晰、丰富的数据支持下做出判定。我们通常只能努力从片段中构建论点。我们该做的是推测而不是分析。

这才是卡尼曼和特沃斯基的启发法的用武之地。它是我们用来进行推测的认知工具。我们以小样本为基础，实现推测的量变。我们依托的是记忆中的先例，使用的是具有代表性的估值。我们找到一个支点，由此展开后续的种种推测。这就是我所说的正面启发法，它是我们在这个模棱两可的世界前行所仰仗的方法。启发法给不了我们完美的答案，但可以在给不了我们完美答案的世界中给我们帮助。

启发法不是让我们丧失理性的偏见。正面启发法是促使我们适应世界、迈向成功的力量。

我们可以将其他判断研究人员发现的另外的启发法也添加到这套正面启发法中。错觉相关性指的是我们倾向于发现不存在的关系，但这种启发法积极的一面是，无须等全部的数据集齐，我们便可迅速发现联系、看清模式。卡尼曼后来描述的模拟启发法对找出问题、想象结果极有价值，它构成了我所研究的识别启动决策的核心部分。情感启发法让我们利用情绪反应来快速判断风险及利益。

卡尼曼似乎对正面启发法的观点持矛盾态度。卡尼曼向我解释说，他与特沃斯基的研究将启发法视为思维捷径，并专注于各种启发法所引发的问题。卡尼曼和特沃斯基还认为启发法是人们不由自主、下意识使用的工具，而不是人们有意使用的思维工具。的确，早期的研究者，如赫伯特·西蒙和乔治·波利亚，都曾将启发法视为人们有意使用的思维工具，但卡尼曼和特沃斯基不这么看。我的看法是，我不在乎人们是有意还是无意使用正面启发法，重要的是，它如何帮我们在困惑迷茫之时做出决策。

试想一下，如果研究人员在卡尼曼和特沃斯基早期发现的基础上，采取不同的轨迹研究正面启发法，以使我们能够运用思辨思维，又将会发生什么。研究人员可将启发法视作力量的来源，而不是偏见和错误的来源，对启发法进行评估时，应以其辅助我们进行推测的程度为标准，而不是以其与统计分析的吻合度为依据。

——2017年4月8日

《点球成金》中的谬见

畅销书的误导性信息

迈克尔·刘易斯的《点球成金》一书讲述了美国职业棒球大联盟的奥克兰运动家队如何不再过分依赖球探来判断球员的天赋，而是转向统计分析来评判球员能力的故事。《点球成金》表达了刘易斯最喜爱的一个主题：所谓的专家根本不知道什么才是真正重要的，更糟糕的是，他们对自己的判断极度自信，他们没有自知之明。《点球成金》还表达了刘易斯最喜爱的另一个主题：聪明的局外人完胜所谓的专家（参见他的另一本书《大空头》）。《点球成金》于2003年出版，至今仍是畅销书。它被改编成电影，由布拉德·皮特饰演奥克兰运动家队的总经理比利·比恩。

刘易斯是一位才华横溢的作家，不会让枯燥的事实妨碍娱乐。他对事件的描述是合理的，但并不完全准确。威尔·布朗德在2012年发表的文章《〈点球成金〉有多真实？》讨论了这个观点。然而，我真正担心的并非这些不准确之处。

我真正担心的是《点球成金》传达的核心信息。它所呈现的谬见似乎正在站稳脚跟。这样的情况不仅出现在普通公众中，而且出现在精于判断和决策的专业团队中，其成员经常引用《点球成金》来支持他们的专业建议。

这篇文章描述了《点球成金》中最让我忧虑的三个谬见。我需要解释一下，这篇文章绝不是对迈克尔·刘易斯的攻击。他的大部分书我都读过，每一本我都非常喜欢。我还与他共进过几次午餐，刘易斯睿智又有魅力。我是他的超级粉丝。

《点球成金》中的谬见对于故事的讲述来说是必要的——若是讲述得平淡无奇，那么这部作品不会成为畅销书。

然而，我居然在专业期刊上看到有文章引用《点球成金》的例子，这样我觉得就有必要郑重提醒了。

以下是我想加以仔细研究的书中的三个谬见：

首先，棒球球探不知道谁是真正技术精湛的球员。

其次，棒球球探表面上看似有专业知识，其实是绣花枕头。

最后，棒球球探对数据过敏。

下面就让我们来好好分析分析这三个谬见。

第一个谬见：棒球球探不知道谁是真正技术精湛的球员。他们靠的是选人的偏见，包括荒谬的面相之说。"一些球探居然相信，通过一个年轻人的面相，不仅可以看出他的性格，还能看出他在职业棒球上的未来。球探们有个说法，'长了张好脸'。"

即使我们接受《点球成金》第一个谬见的说法，即统计分析优于球探的判断，也并不意味着球探的判断完全无用。记住，在棒球领域大量使用数据进行判断之前，球队能得到的判断只来自球探。如果这种判断没用，这就意味着球探在识别有才华的年轻球员方面并不比看台上的球迷更专业。但没有人做过这样的研究。

我们能举出相反的例子。1988年，一位球探听说巴拿马有一位没有接受过训练的游击手顶替了一位状态欠佳的先发投手，而且表现不错。球探看着这位游击手投球，对他流畅的动作和出色的运动能力极为欣赏。尽管这位游击手的体重只有155磅，投球时速也只有85~87英里，球探还是让洋基队以2 500美元签下了他。[①] 他就是马里亚诺·里韦拉。

但这只是轶事，不是严谨的数据分析，而且我们也没有什么数据可用。据我所知，还的确没有人将专业球探的判断和对照组进行比较，以对球探的专业度进行分析。这也不难，我们播放击球员击球的视频片段，或投手投球的视频片段给对照组的测试参与者看，只展示动作，不展示结果。有些视频片段展示的是即将被释放的小型棒球联盟的运动员，而另一些视频片段的主角是那些已经成名的棒球运动员，还有一些视频片段的主角是日本职业联盟及相关的小型联盟的运动员，这

---

① 1磅=0.453 6千克，1英里≈1.609千米。——译者注

样一来，测试参与者就认不出哪些是已经成名的运动员了。

棒球球探在分辨哪些是成名的大联盟球员，哪些是小联盟垫底的球员方面，会比对照组的测试参与者判断得更准吗？也许二者不分上下。我觉得球探的表现会更出色。

为什么对《点球成金》交口称赞的决策研究人员对书中的第一个谬见深信不疑？我认为正是因为这个说法符合他们的先入之见，他们觉得没有必要对这些先入之见加以测试，而这正是《点球成金》对球探的批评。

第二个谬见：棒球球探表面上看似有专业知识，其实是绣花枕头。

按照第一个谬见的说法，如果球探确有专业知识，那这些专业知识可能包括什么？其中一种可能是球探对运动能力及运动力学的欣赏能力。

回到马里亚诺·里韦拉的事例上来，看里韦拉打球的球探能够欣赏到他动作的流畅。同样地，球探也会对某个击球员流畅的击球大加赞赏。统计数据根本无法捕捉到这些微妙之处。但我们却能在实际比赛中看到，电视上的棒球评论员经常评论投手的动作。他们还会用回放来展示一个击球员是如何"击出制胜球"的，以此证明自己的专业实力。

再来看看其他运动。夏季奥运会跳水比赛中，有经验的赛事评论员提醒我们，当跳水运动员旋转幅度太大而无法干净利落地入水时，溅起的水花更大。当然，在慢动作回放中，我们也看到了问题所在，而评论员却在比赛进行时就注意到了。这当然应算作专业技能，只有在观看运动员无数的现场比赛后方能获得。

尽管棒球球探或许具备专业技能，但他们判断人才的能力可能仍然比不过统计分析。虽然这与本文的主题无关，但应将球探的判断与数据分析师而不是对照组的判断进行比较，然后再来思考、检验这一对比结果。

想必数据分析师使用的是最新的统计数据，因此将数据分析师与《点球成金》嘲讽的球探进行比较毫无意义。雇用水平最高的球探是公平的，这些球探由严格的审查程序选出，再经当前最先进的方法培训，以获得专业技能。泰洛克和加德纳在《超预测》（2015）一书中，展示了如何培养预测世界大事的专业能力。培养棒球球探的预测能力应该也不难，让我们对《点球成金》进行一下测试。

第三个谬见：棒球球探对数据过敏。刘易斯在《点球成金》中写道："比利一直在提醒保罗，当你试图向玩棒球的人解释概率论时，你只会把他们给弄糊涂。"

这个说法倒是很有趣，还有真凭实据做支撑。但是刘易斯自己都在书中写了棒球球探是如何使用统计数据的。只是他们的数据有问题，他们用的是当时传统的统计数据。球探们兴致勃勃地研究着击球手的打击率和投手的自责分率。球探们并没有被数字吓跑。他们恰恰是对这些误导性的统计数据过于依赖，而不是毫不理会。

《点球成金》引用了比尔·詹姆斯20世纪七八十年代的研究成果，该成果展示了当时刚兴起的数据可用来做些什么。20世纪90年代初，我开始玩《梦幻棒球》这款游戏，甚至在读《点球成金》之前，我就已经一口气读了比尔·詹姆斯好几本书的摘要，当时立刻就被统计分析对棒球的影响力深深吸引了。因此，本文并不是在批评统计方法。相反，我的这篇文章解释了为什么我们或许该重新考虑对棒球球探的不屑。

《点球成金》已经成为我们不该相信专家的典型例子，也是"与专家之战"的主要作品。这场战争的目标是贬低各个领域的专家，并建议用算法、一览表及数据分析来取代专家。这种建议虽有时有用，却过于鲁莽，往往适得其反。

当然，真正的问题不是球探与分析师的较量，而是如何设计统计工具和计算工具，让球探和其他决策者更成功。但如果我们相信《点球成金》中的谬见，就会在迷途上越走越远。

——2017 年 1 月 8 日

被数字糊弄

不该在不了解他人意图的情况下评价他的表现

在这个数据分析的时代，凭借强大的方法和计算能力，有时我们会觉得只需要打开分析引擎，接下来坐等发现即可。这些发现统统可归因于数字运算。事实果真如此吗？

通常情况下，一个故事所描述的内容要比数据所承载的更多。数据会误导我们，而释放数据分析工具来消化数据，可能会让我们被数字糊弄。

这就是为什么我们要用直觉和换位思考来了解数字背后的意义。只有了解决策者的意图，才能理解他们的决定。

请看下面三个案例。

案例 1：棒球

在 2019 年 10 月 3 日美国棒球联盟分区赛的第一场比赛中，洛杉矶道奇队的先发球员是二十五岁的左撇子投手沃克·比勒。他 2019 年的战绩很好，14 胜 4 负。然而，他临近这场比赛的几次赛场表现都不尽如人意。在之前的十六局中，他丢了八分，还让对方九名击球手上垒。对于那些不关注棒球的人来说，这些数据太过平庸，不是一个你看好的投手在季后赛上该有的令人安心的表现。一些专业评论人士质疑比勒能否胜任这份工作。但数据具有误导性，比勒在第一场比赛中表现出色。

当事后被问及此事，比勒解释道，道奇队很早就锁定了分区赛中的领先位置，他决定利用最后的出场机会调整自己的投球，试试不同的投法。比勒并不特别在意这一年的赛绩。相反，他想为淘汰赛磨炼自己的技术。所以最后那十六局没有任何意义。你如果不了解他的意图，只盯着数据，就会像那些愚蠢的评论员一样得出错误的结论。

案例 2：赛艇

我的小女儿丽贝卡参加了大学的赛艇队。赛艇队冬季没在纽约市周围的开阔水域比赛，而是将比赛移至室内的划船机上进行。

在一次室内比赛中，丽贝卡所在的赛艇队对战另一所大学的赛艇队，丽贝卡很快发现了对方的明星队员，一个比丽贝卡高很多的年轻女孩（在赛艇比赛中，身高很重要）。我在《街灯与阴影》（2009）一书中讲了这件事。关键是丽贝卡意识到想要击败对手并不容易，所以她改变了策略。赛程为 2 000 米的比赛的典型策略是在最后 200 米冲刺。丽贝卡预计她这位个头更高的对手会在最后发力超过她，所以丽贝卡决定在还剩 500 米时开始加速，并保存足够的体力来完成冲刺。

比赛开始了，对手遥遥领先。丽贝卡觉得，如果对手在整个比赛中都能保持这样的速度，那自己几乎没有机会赶上她，不值得尝试。但丽贝卡预感到对手在开始 500 米后会减速，所以只是保持了让自己舒服的速度。果然，对手慢了下来，到中途，也就是 1 000 米时，丽贝卡已将两人间的距离大大缩小。此时，丽贝卡设想了接下来的比赛——根据两人划船的速度，她会在1 500米后开始发力，取得绝对领先位置并就此保持住。丽贝卡非常肯定自己会赢得比赛。

队友们没有注意到丽贝卡的策略和意图，在赛程过半时，队友们大声鼓励丽贝卡别放弃，说她有机会得第二名。丽贝卡记得，她当时觉得很有意思，因为她本人是体育馆里唯一一个相信自己能在比赛中获胜的人。没人知道她打算在最后500米开始发力。谁都不知道丽贝卡还保留着完成自己计划的实力。因此，如果不知道丽贝卡的意图，你就无法预测接下来发生的事——正如丽贝卡所愿，她轻松赢得胜利。没错，丽贝卡说得对，她的对手在最后冲刺上比她实力更强。丽贝卡如果依照传统策略，等到最后200米才开始冲刺，定会输掉比赛。

案例3：直升机导航

多年前，我和同事做了个研究项目，以陆军直升机小队为研究对象，研究他们在执行任务时如何进行协调。我们当时有机会观察直升机小队的模拟训练。两人一组，共有十架直升机在复杂的航线上航行，在模拟的山丘周围机动，躲避模拟导弹。我被安排在模拟控制室，可以通过一组监视器观察飞行员的行为。我的两名同事则待在等候室里，以便在飞行员待命时对他们进行采访。我清楚地记得，其中一架直升机有两位女飞行员，模拟控制室的男士对她们完成任务并未抱任何期望。果然，在完成前几项任务后，两名女飞行员似乎迷了路。她们没有在飞过第一组山后向西转，而是一直往前飞，直至到达第二组山时才意识到选错了路，只得在绕过这些山峰后再向西转。我在模拟控制室听到的评论也很不客气。

当两名女飞行员最终追回了她们浪费的时间，并以完美的整体表现结束比赛时，观察员们无不感到惊讶。

接下来该轮到我吃惊了。我向同事们说起了这支直升机小队，以及她们是如何迷路的，同事们却告诉我："哦，不，她们根本没迷路。这正是她们的计划。她们看地图上显示有模拟敌军防空炮台，然后决定绕过第二组山，这样就可以躲过炮台，而且还能飞得更快，不用一直躲避导弹。"

我因为不知道两名女飞行员的意图（模拟控制室的其他人也不知道），所以很容易得出错误的结论。

前述所有案例都说明了理解决策者的意图有多重要。否则，仅仅依靠数据，我们就会得出错误结论，就会被数字糊弄。

——2019 年 10 月 4 日

证真偏差的奇特案例

证真偏差的概念已过保质期

证真偏差是指人类倾向于寻找可证实自己想法的数据，而不是寻找可能挑战这些想法的数据。当我们最初的想法出现错误时，这种偏见会降低判断的准确性，因为等我们弄清事实之时，为时已晚。

为了验证证真偏差，派因斯（2006）举了一个假想案例（我对此稍加改动）。一位加班的急诊科医生在凌晨 2 点 45 分接待了一个病人——一个五十一岁的男子，他最近几周来过几次，说自己背疼。医院工作人员怀疑这名男子是为了买止痛药而来找医生拿处方。这位急诊科医生也认为病人是出于这个原因才一次次来医院，便给他做了简单的检查，并确认病人的生命体征都很好，检查结果和医生想的一样。这位医生给他开了新的止痛药，然后就让病人回家了。因为医生只想找到他想要的结果，所以忽略了病人需要立即动手术这个不易察觉的情况。

证真偏差的概念似乎基于以下三点：

第一，六十年前便有确凿的证据表明，人们在决策过程中容易产生证真偏差。

第二，证真偏差显然是一种判断功能失调的倾向。

第三，我们要用消除偏见的方法来克服证真偏差。

本文的目的是仔细研究这些说法，并解释为何它们每一个都是错误的。

说法 1：有确凿的证据表明，人们在决策过程中容易产生证真偏差。

证真偏差最早由彼得·沃森（Peter Wason，1960）提出，他在一个实验中要求参与者猜出由三个数构成的一组数的排列规则。参与者被告知"2、4、6"这组数符合这一规则。参与者可写出自己的一组数，并得到关于自己的这组数是否符合规则的反馈。当收集到充足的证据，参与者便要公布他们对规则的猜想。

沃森发现，参与者只测试了积极的例子，即符合他们所想的规则的几组数。实际上，真正的规则是任意三个按升序排列的数字，比如2、3、47。然而，考虑到一开始给出的是2、4、6这三个数，许多参与者给出的数列中的三个数全是偶数，呈现出公差为2的等差数列。参与者并没有尝试可能证明他们所想的规则是错误的数列（例如，6、4、5），他们只是试图证实自己的想法。

这一例子至少具有普适性。我们再回过头来看沃森的原始数据，可以发现一个完全不同的版本。沃森关于数列规则（如，2、4、6）的数据表明，二十九名参与者中有六人在第一次试验中就准确地猜出了规则，这六人中有几个人确实对自己的结论进行了证伪。

这项研究的大多数参与者似乎对这项任务不屑一顾，因为它看起来太过简单。但在得到第一个猜测是错误的反馈后，参与者意识到正确答案只有一个，即正确的规则只有一个，他们必须做更多的分析。在剩下的二十三名参与者中，几乎有一半人立即做出了判断，有十人在第二轮测试中猜对了，其中许多人还使用了反向探查（证伪）的方法。

因此，文献中给出的结论是具有误导性的。沃森这项研究给人的印象是，该研究是证真偏差的典型案例，参与者表现出了确认效应。但当我们看数据时却发现，大多数参与者并没有掉进证真偏差的陷阱。二十九名参与者中只有十三人未能在前两轮测试中解决问题。（到第五轮测试时，二十九人中有二十三人都找到了答案。）

测试的结论应该是，大多数参与者确实会去验证自己的想法。然而，沃森却选择突出负面结果。他的论文摘要指出："结果表明，那些（共十三名）得到了两个或两个以上错误答案的受试者，不能或不愿意验证他们的假设。"沃森在未完成任务的受试者中发现了证真偏差，而在大多数成功完成任务的受试者中没有发现。

自那时起，一些研究已经得出相关结论，向关于证真偏差的普遍看法发起了挑战。这些研究表明，只要有可能，大多数人实际上会进行周密的思考，也更喜欢真正的判断性测试（Kunda，1999；Trope & Bassok，1982；Devine et al.，1990）。

在我组织的认知采访中，我发现有人竟试图篡改自己的想法。一名消防指挥在对一栋四层公寓楼的火灾做出反应时，发现火灾发生在公寓楼里的洗衣房通道内，看来起火不久。他认为自己和消防队员在火势有可能蔓延至整个通道之前就会赶到，所以命令立即从上方对火势进行控制，于是将消防队员派到二楼和三楼。

但他也担心自己有可能判断错误，所以便绕着大楼转了一圈。当他注意到有烟从顶楼的屋檐冒出来时，意识到自己确实错了。大火一定已经烧到四楼了，浓烟弥漫了整个大厅，从屋檐下飘出。他立即告诉队员停止灭火，转而对楼内住户进行搜救。所有的居民都成功获救，大楼却严重受损。

说法1的一个难题是，在我们添加了事件背景后，证真偏差往往会消失。在第二项研究中，沃森（1968）通过四张卡片问题来展示证真偏差（见图3.1）。

图中有四张卡片，每张卡片都是一面有数字，另一面有颜色。我们能看见的这几面分别是数字3、数字8、浅灰色和黑色。参与者被问道："如果要验证一张卡片的一面是偶数，另一面是浅灰色，你应该翻哪两张卡片？"（这与沃森最初设定的任务略有不同，见图3.1的上半部分。）

大多数人会选择翻卡片2和卡片3。卡片2显示的是数字"8"，证明该测试有效，因为如果卡片2的反面不是浅灰色，该说法即被推翻。但如果翻的是卡片3，看到的是"浅灰色"，则证明该测试无效，因为只有数字为偶数的卡片的反面才是浅灰色，这与该说法不符。选择卡片3证明了证真偏差。

然而，格里格斯和考克斯在四张卡片任务基础上添加了一些事件背景，他们把这个任务放在一个酒吧里完成，酒吧老板打算遵守有关限制未成年人饮酒的规定（Griggs，Cox，1982）。现在问题变成了："如果你在酒吧里喝酒，那么你一定年满十九岁[1]，你应该翻哪两张卡片来测试这个说法？"格里格斯和考克斯发现，73%的参与者这时都选择了"16"和"啤酒"这两张卡片，这意味着沃森版本中出现的

---

[1] 当时格里格斯和考克斯在佛罗里达做研究，当地规定十九岁是法定饮酒年龄。

证真偏差效应基本消失了（见图 3.1 的下半部分）。

因此，关于证真偏差的第一个说法似乎是没有根据的。

如果要验证一张卡片的一面是偶数，另一面是浅灰色，你应该翻哪两张卡片？

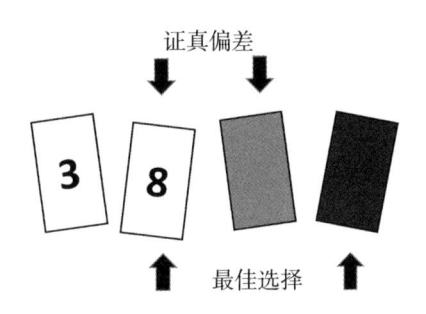

如果在一个酒吧里，未满十九岁的你喝的是软饮料而不是酒，你应该翻哪两张卡片来验证？

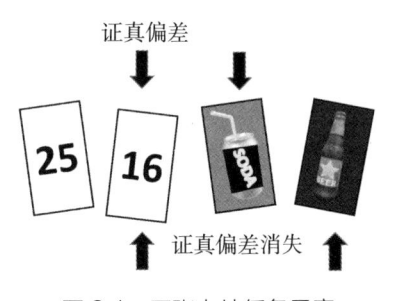

图 3.1　四张卡片任务示意

说法 2：证真偏差显然是一种判断功能失调的倾向。

证真偏差的支持者会强辩，这种偏差仍然会阻碍正确决策的制定。

他们断言，即使数据并不支持人们会成为证真偏差的牺牲品这一说法，为了保险起见，我们仍然应该警告决策者不要倾向于相信他们先前已有的想法。

但是，阻止决策者去验证他们先前已有的想法，这种策略是行不通的，因为反复验证往往很有意义。克莱曼和哈解释说，在高度不确定的情况下，正向测试比反向探查（证伪）提供的信息更多。克莱曼和哈提到"正向检验策略"有明显的好处（Klayman，Ha，1987）。

由于这项研究结果的出现，判断和决策领域的许多研究人员重新考虑了他们的观点，即证真偏差是一种偏见，应予以克服。证真偏差似乎正在科研领域失去影响力，尽管它在大众媒体上获得了关注。

不妨这样想：我们当然得用我们最初的想法和思想体系来指导我们的探索和求知，不然我们如何搜索信息。有时我们会被巧妙设计的研究欺骗。有时，当最初的想法出错时，我们也会欺骗自己。运用来自经验的原初的想法并不完美。然而，在模棱两可和不确定的情况下，是否有更好的处理方法尚未可知。

此处似乎有一个分类错误，人们参考了沃森关于数列和四张卡片的原始数据（即使这些数据是有问题的），然后扩展了证真偏差的概念，将各种半相关甚至不相关的问题都囊括在内，这通常也是马后炮了。也就是说，如果有人犯了错误，那么研究人员就会去证真偏差那儿找原因。正如戴维·伍兹观察到的："对证真偏差的关注导致了后见之明偏误的出现。"

基于前述所有原因，"证真偏差是判断功能失调的倾向"这一说法似乎没有依据。我们可以充分地利用经验来确定一个可能真实的初始假设，然后用这个假设来指导我们搜索更多的数据。

如果不使用经验，我们该如何搜索数据？我们当然不会进行随机搜索，因为这种策略似乎效率太低。我认为我们不会试图寻找可以推翻自己最初假设的数据，因为这种策略不会帮助我们理解令人困惑的情况。就连科学家也不会老想着证明他们的假设是错误的，所以没有理由将这种策略定为所有人的理想选择。

证真偏差的支持者们似乎忽略了产生假设所历经的重要而困难的过程，尤其是在模棱两可和不断变化的情势下。这些条件都对克莱曼和哈研究的正向检验策略有利。

说法3：我们要用消除偏见的方法来克服证真偏差。

例如，利林菲尔德等研究人员断言，"对抗极端的证真偏差的研究应该是心理学领域的首要任务"（Lilienfeld et al., 2009）。许多甚至大部分决策研究人员仍然鼓励我们尽力去消除决策者的偏见。

不幸的是，我们已尝试多次，但无丝毫进展。对人类进行重塑的种种努力都以失败而告终。利林菲尔德等研究人员认为："心理学家在对证真偏差进行分类方面取得的进展更大，而不是找到纠正或防止认知偏见的方法。"阿克斯得出结论，心理教育方法本身"毫无价值可言"（Arkes, 1981）。为数不多的成功都微不足道，而且大多数的失败可能都未被报道。一位在启发-偏差理论研究领域非常有影响力的研究者对我坦言，消除偏见的努力根本不起作用。

试想，尽管有证据表明消除偏见的努力是徒劳的，但人们还是制定出了一种有效的消除偏见的策略。那么我们该如何使用这种策略呢？它会在没有收集所有相关信息的情况下阻止我们形成初始假设吗？它会在面对模棱两可的情况时阻止我们进行推测吗？它会要求我们在寻找佐证之前找到伪证吗？甚至连这一说法的支持者也承认，确认倾向具有适应性。那么，消除偏见的方法怎样使我们知道何时该采取确认策略，何时又该对其进行控制呢？

还可以更戏剧化一些，使用"确认手术"这一技术来切除产生确认的大脑区域，有多少决策研究人员会报名去做这个手术？毕竟，我尚未发现任何证据表明，消除确认倾向可以提高决策质量或者使人们更成功、更高效。据我所知，尚无数据表明伪造策略有价值。确认手术程序或许可以消除证真偏差，但会让病人一直寻找证据来否定他们脑海中可能出现的任何念头。手术结果更像是噩梦，并非治愈。

可能仍有人认为，在某些情况下，为避免证真偏差，我们需要对假设进行鉴别。例如，建议医生进行鉴别判断，找出可能的病因。虽说这个做法无可厚非，但没必要非得消除人们的偏见。

基于前述原因，我认为说法3关于消除偏见的主张实在没必要。

结论

这给我们留下了什么？菲施霍夫和贝斯-马洛姆（Fischhoff, Beyth-Marom, 1983）抱怨了此类概念、意义的延伸："尤其是证真偏差，成了一个包罗一切的概念，包括信息搜索和解释中的偏见。由于其意义过多且相互矛盾，这个术语最好被淘汰。"

这让我百感交集。我同意菲施霍夫和贝斯-马洛姆的观点，多年来，证真偏差的概念已被延伸或扩展，超出了沃森最初界定的范围。因此，今天它可应用于以下领域：

- 搜索：只为确认证据而搜索（沃森最初的定义）；
- 偏好：只倾向于支持我们想法的证据；
- 回忆：只记住与我们看法一致的信息；
- 解释：以支持我们观点的方式来解释证据；

- 作伪：用错误的观点对特定情形下发生之事产生误解；
- 测试：忽略检验我们想法的机会；
- 丢弃：为不符合我们想法的数据进行辩解。

我认为这种对证真偏差意义的扩展是一种有益的演进，特别是最后三个方面，即作伪、测试和丢弃。这些都是我反复看到的问题。随着这一术语意义的不断扩展，研究人员可能会如愿以偿地找到对抗证真偏差和提高判断能力的方法。

尽管如此，我对此仍持怀疑态度。我不认为这种意义的扩展取得了效果，因为偏见的概念本就弊大于利。若认为偏见真有影响，你可能会试图阻止人们在一开始就进行推断，即使快速做出推断对于指导探索来说极为重要。你可能会试图阻止人们寻找确凿的证据，即使正向检验策略确实有用。纠正偏见的整个方向似乎出现了偏差。消除偏见的方法通常是通过抑制我们推测和探索的倾向来消除错误，而不是赞赏我们明确意义构建方向，并试图减少偶尔出现错误的能力。

幸运的是，似乎有一个更好的方法来解决由我们最初的想法引起的问题，例如，这些想法无法被检验，它们与数据分析的结果不一致，等等。这个方法就是"固着"概念。这个概念与我们知道的自然主义决策是相符的，而证真偏差不是。与证真偏差不同，固着没有类似的这篇文章中讨论的不合理的说法，它直接触达"无法修正认知偏差"这个问题的核心。

最重要的是，固着这个概念提供了一种新颖的策略，以克服由我们最初的想法引起的问题，例如它们无法被检验的问题，并能够解释数据分析的结果与这些想法不一致的原因。

下一篇文章将讨论固着，并对该策略进行描述。

——2019年5月5日

逃离固着

利用好奇心减少判断错误[1]

判断错误在各种情况下都会出现，后果常常很严重。究竟由何引起？美国医学研究所在报告《提升医疗诊断质量》（Balogh et al., 2015）中提出了一些常见的误诊诱因：工作量，时间压力，缺乏专业知识，疲劳，沟通障碍。

该报告还列出了一个认知问题——直接转向最初的错误假设，并坚持这个判断。这就是我在这篇文章中要解决的问题——使我们陷入困境的错误。

为何我们有时会为错误判断所困？

这种使我们陷入困境的错误常被归咎为证真偏差：我们急于得出一个结论，接下来我们便寻找证据来支持该结论，而不是对它进行检验。然而，正如我在上一篇文章中所解释的那样，对证真偏差的解读存在明显的缺陷。[史密斯（Smith，2018）对证真偏差提出了类似的担忧。]

幸而有一种更好的解释来描述使我们陷入困境的错误：固着。

固着是指我们为最初的理由所困。通常，最初的理由刚开始是正确的，后来却不再正确，可事后我们才发现对这个理由坚持得太久了。

---

[1] 本文的主要观点来自与美国美斯达医疗集团负责质量和安全的副总裁特里·费尔班克斯近年来的合作。特里和我组织了一个关于判断错误的研讨会，2020 年我有机会在一个由"经营者能力提升中心"赞助的项目中，与约瑟夫·博德斯和罗恩·贝苏伊合作，举办了一个改进版的研讨会。

但"固着之误"[①]不只是指对我们最初的理由坚持了太长时间。当我们忽视任何与我们最初判断相左的异常之处，而不是对这些异常之处加以考虑并对我们的想法进行修正时，固着就变得复杂起来了。德·凯泽和伍兹对固着的运作方式进行了推测（De Keyser，Woods，1990）。菲尔托维奇（Feltovich et al.，2001）等研究人员将这些策略称为"知识盾牌"，即我们用来转移相反数据的工具。

钦和布鲁尔（Chinn & Brewer，1993）列出了知识盾牌运作的六种基本方式。凭借知识盾牌，我们可以对与我们想法不一致的异常数据做出如下反应：(1) 我们可以忽略数据；(2) 我们可以通过发现数据收集或分析方式中的一些缺陷或不足来否定数据，甚至推测该数据反映的是随机事件；(3) 我们可以确定这些数据并不真正适用于我们感兴趣的现象；(4) 我们可以将目前的数据放在一边，期待未来事态的发展将显示为什么数据异常不算是个问题；(5) 我们可以找到一种方法来解释数据，从而使我们还能坚持原先的想法；(6) 我们可以美化自己的想法，欺骗自己，以为我们已将数据考虑在内。钦和布鲁尔发现，前述每一种反应不仅在大学生身上都能看到，在知名科学家身上亦是如此。钦和布鲁尔还列出了第七种反应——我们可以接受数据，改变或放弃最初的想法。

克莱因等研究人员（2007）提出的意义构建模型描述了对数据做出反应的两种途径，这些数据让我们对构建情境的方式产生了疑问。一方面，我们可以尝试保留我们一直在使用的体系，采用钦和布鲁尔

---

① "固着之误"一词有时用于描述如下情况：一个人将注意力集中在一个表演上便会忽略其他表演，专注于一个问题就容易忽略其他问题（例如，飞行员努力让起落架就位，就容易忽略燃油不足的迹象）。本文只考虑在判断已经出现问题时的固着现象，比如医生试图确定是什么导致病人症状的产生，或石化工厂的操作员试图理解为什么反应堆内的温度下降得如此之快。

3　理性主义的狂热梦想

描述的六种策略；另一方面，我们可以接受异常情况（钦和布鲁尔列出的第七种反应），并重新构建情境。这两种途径都有价值。如果我们对异常情况反应过度，即使这些异常只是最基本的干扰信息，我们也可以一次次地重新构建情境以应对每一个异常。我们可能永远找不到原因，这种情况被称为"流浪"。如果我们对异常反应不足，并一直维持原有的体系，这种表现便是固着。

有些人可能会说，固着并不是错误，它只是保留原初体系的极端情况而已。

尽力保持我们最初的体系是一种有益的倾向。每当我们遇到一些可能的异常情况时，对所有情况进行重新思考是不现实的。固着似乎是一种错误，因为事后看来，在知道正确的判断结果后，可以确定我们在维持最初的想法方面走得太远了。

但从另一方面来说，固着确实是种错误，因为当我们遇到不该被忽视或错过的相反证据时，我们并未试图验证我们的判断。很难说什么时候我们想要维持最初体系的努力变成了固着，但我想我们大都同意，异常现象会于某时频现，且造成严重影响，任何有理智的人对此不应再忽视。

咱们来看看第二次世界大战中的约瑟夫·斯大林。1939年，苏联同德国签订了《苏德互不侵犯条约》。斯大林相信这个条约至少在短期内是有效的，尽管他接连得到各种情报，表明希特勒正计划对苏联发动突然袭击。斯大林用他的知识盾牌推翻了所有证据。他不仅对其中的大部分证据视而不见，还将其他报道斥为有意制造他与德国盟友不和的谣言。他甚至下令处决了一些线人，因为怀疑他们是试图误导他的秘密特工。他一直在为证据辩解，直到1940年法西斯德国秘密制订对苏联的进攻计划，即巴巴罗萨计划。结果，苏联毫无准备。

1941年，德国人迅速占领了苏联的大片区域，缴获了武器，杀死并俘虏了许多士兵，几乎攻陷了莫斯科。即使在当时，根据已知的情况，我们也可以得出结论，斯大林执着于一个固有的看法。

固着的概念描述了尽管存在有力的相反证据，我们何以继续坚持最初的判断。我们使用各类策略来保护自己，如此便不必考虑相反证据的影响。

固着和证真偏差似乎都在解释同一件事，那二者究竟有何不同？

有缺陷的思考者还是有效的思考者？

证真偏差的概念认为，我们需要改变我们的思维方式；而固着的概念则认为，我们的思维没有问题，只是我们有时过于执着地维持自己的想法。

证真偏差存在于一个思想体系，该体系认为人是有缺陷的思考者，为各种各样的偏见所困，理性思维受到了干扰。然而，试图通过消除偏见来消除证真偏差的尝试却一再失败。我们不能这么做，也不应该这么做，因为我们不想失去启发法在寻找确凿证据方面所带来的好处。当我们给这种启发式倾向贴上"偏见"这一标签时，我们就阻止了人们从一开始就进行的推测。迅速做出推测对于指导我们的探索是有价值的，特别是当我们在涉及环境影响的含混复杂、不断变化的条件下面临棘手的问题时。纠正偏见这一概念让人觉得思考的目的似乎是避免犯错，而不是鼓励我们保持好奇心去探索、去发现。以上都是避免使用"有缺陷的思考者"这一提法的原因。

相较之下，固着也存在于一个思想体系，该体系将人视为有洞察力的有效思考者。我们天生倾向于快速推测，而且这些推测往往都正确。有时我们会出错，有时则是情况发生了变化，导致最初的判断被后来的事件推翻，然后我们通常会自然而然地形成新观念（Fugelsang et al.，2004；Klein et al.，2005）。但有时新观念形成得并不顺利，也不够快。我们陷入困境，然后就需要帮助来摆脱困境。有关固着的研究并不是试图改变我们的思维方式，相反，它是为了帮助我们在固着发生时逃离它。

那么我们能做什么呢？让我们从一些似乎没有多大帮助的稀松平常的建议开始吧。

有问题的建议

有人建议我们应保持开放的心态，切莫固守最初的假设，我却不太喜欢这个建议。我们生来就不习惯保持开放的心态。所谓开放的心态本质上是被动消极，而并非思辨探究。

另一个平淡无奇的建议是识别我们做出的所有假设，找出其中有漏洞或错误的假设。但在我研究的案例中，让我们陷入麻烦的假设通常是在无意识的情况下做出的，因此不大可能事先列出。

一些研究人员鼓励决策者在有机会彻底分析数据之前不要形成直觉、做出推测，但这种策略似乎会导致分析瘫痪。先思考再行动的想法听起来很安全，但忽略了很多学习和发现正是在行动中产生的。

前述建议中的每一条都有一个共同点——其目的都是减少犯错的机会。我不相信它们真的会减少犯错，也没发现有任何证据表明这些建议有效。这些建议有可能会让事情变糟，而不是变好，因为它们会减少获得洞察力的机会。

下面是我认为有价值的一些建议，同时我对它们仍保留意见。

第一条有价值的策略是进行鉴别判断，包括提出不同的判断意见。这种方法在医疗领域众所周知。对许多疑难病例而言，参与诊断的专家很自然地会将各种可能性考虑在内。然而，在复杂多变的情况下，决策者可能无法想出造成问题的真正原因，因此便无法将其放在初始的逻辑中进行比较。

另一条有价值的策略是我们可以向自己或他人提出一些一般性问题。

1. 科恩等学者（Cohen et al., 1997）提出了一种水晶球方法："我在寻找一个绝对可靠的水晶球，我看到你正在做的判断是错误的。你还有其他判断吗？"克劳斯凯瑞（Crosskerry，2003）的建议也是做这个练习。

2. 你还可以这样问："最坏的结果是什么？"

3. 这个问题基本上是一个固着测试："需要什么证据才能让你放弃你的判断？"如果我们想不出任何这样的证据，就表明我们已被执念所困。

4. 我们可以使用前瞻性的后见之明策略："想象一下，如果你的判断是错的，你忽略了什么线索、错过了哪些暗示？"

一旦人们意识到自己过于执着，前述这几个问题就可能会对他们有所帮助。也许这些问题应该由那些怀疑主要决策者过于固执的团队成员来提出。

现在让我们回过头来考虑另一种避免固着、减少判断错误的方法。我们想要对假设进行推测和探索，我们不想只是困在其中。

驾驭好奇心之力

这种方法试图利用好奇心来抑制我们对最初判断的坚持。

该策略的核心是对异常情况（我们可以注意到的征兆）变得更加好奇。这并不意味着每个异常情况都要注意，因为并不现实。相反，这意味着至少留意那些反常的迹象，也许几秒钟就行，想想出现这些迹象的原因是什么。我们至少要让异常情况处于我们的监控范围之内。例如，在记录病史时，医生可能会把所有的部分都填满，但一个对工作积极主动且充满好奇心的医生总会多问一个问题，利用微小的差异来梳理出更多的线索。

利用好奇心的想法与我所做的关于洞察力本质的研究相吻合。我发现了获得洞察力的三条不同路径。其中一条可称为更正之路，即我们从对有缺陷的信念的执着中恢复过来。我研究了有关洞察力的一百二十个案例，其中有二十七个涉及更正之路。我想知道这二十七个案例中的二十七位决策者是如何摆脱他们的固着的。这二十七位中的十八位决策者注意到了一个征兆、一个事件、一条评论或一条线索。他们并没有像钦和布鲁尔所描述的那样对此类暗示不屑一顾，而是对这个暗示表示怀疑并认真对待。我相信，在这二十七个案例中，更多的是围绕着检验暗示和异常情况展开的，我只计算了其中调查记录清晰明确的十八个案例。我将在第六部分的《摆脱困境》对这条更正之路进行更为详尽的分析。

利用好奇心的概念是基于那些成功摆脱固着并取得重大发现的成功人士的故事。

让我们进一步来解释。一旦我们对异常情况的好奇心加重，我们就可以试着记录下我们究竟为多少异常情况进行了辩解。如果我们最初的判断有误，我们应该会得到越来越多与之相矛盾的信号。需要辩解的情况越来越多，这是我们可以利用的一个关键点。美斯达的首席创新官马克·史密斯向我解释说，他在检查病人时采用了"两振出局"的原则。如果对这次诊断有信心，他可能会忽略最开始的异常情况，但如果注意到第二个异常情况，这就等于给他敲了警钟，让他重新检查到底是怎么回事儿。

另一个关键点是注意我们究竟做了多少工作来解释所有这些异常情况。科恩等研究人员（1997）创造了"快速恢复"一词，用来描述这样的情况：我们由于为太多异常情况进行了辩解而对最初的判断失去了信心，转而寻求另一种判断。

我认为好奇心之力是固着的解药。我们希望改变诊断专家的思维模式，让他们对异常情况感到好奇，而不是对其不屑一顾。

判断错误只是硬币的一面，另一面则是判断正确。判断错误是个严重的问题，它引起了很多关注，而判断正确往往被认为是理所当然的。我们需要同时考虑硬币的这两面。否则，我们可能会采取措施来减少判断错误，同时这也会减少判断正确的机会，使情况变得更糟。把问题界定为固着，鼓励我们对其进行重新思考，似乎比把问题界定为偏见，要求我们改变思维方式更好。

——2019年6月11日

替代陷阱

决策偏差中一些令人惊讶的例子

启发-偏差理论研究的文献表明，当我们用更简单的判断任务取代困难的判断任务时，替代偏差就会出现。根据卡尼曼和弗雷德里克（2002）的说法，我们甚至没有注意到我们的直觉体系1的思维模式发生了这样的转变，这正是许多偏见和错觉产生的基础。根据启发-偏差研究领域领军学者的说法，为了减少此类偏误，我们需要激发我们的反思分析体系2的思维模式。在可行的情况下，我们应该依靠算法和人工智能系统，而不是启发法和我们的直觉。

替代偏差的一个典型例子就是棒和球的问题："一根球棒和一只棒球总共花费 1.1 美元，棒比球贵 1 美元，问这只球棒多少钱？"我们的第一反应是球棒价格为 1 美元。但我们的直觉出了错，球棒售价为 1.05 美元。

我对判断中的替代偏差并不感兴趣，却注意到一些替代偏差的典型案例。

然而，这些例子并不是关于普通人是如何成为替代偏差的牺牲品的，它们显示了专业分析人士是如何陷入替代陷阱的。

案例 1：选择的赌博隐喻。许多学术决策研究者认为，面对不确定性所做的决定可被视为赌博，比奇却不同意这种观点。赌徒（如玩轮盘赌的赌徒）被动地等待他们选择的结果，但我们其他人努力工作，使我们的选择成功。"如果一个赌徒通过努力工作来赢得他的赌注，那他就是在作弊；而如果一个商务人士不这样做，他就会被解雇。"（Beach，2019）

因此，分析决策研究者已经将我们如何做出选择的难题换成了一个更简单、更无趣的命题，以方便他们用分析法来开展实验：在完备的条件下赌博。他们展现出的正是替代偏差。

案例 2：决策的计算隐喻。决策分析师建议在选项之间用结构化分析法进行选择，如多属性效用分析法。这些方法能让我们对偏好进行定量计算，然而，却无证据表明使用这些方法真能帮到我们。

这些方法将选择视为由可预先定义和可对比的属性组成，却不考虑事件背景及专业知识。此方法的支持者们将人们如何做决定的难题换成了一个简单得多的问题——人们如何考虑各种各样的特征？一个例子是成本-质量的权衡，就像考虑是否为一辆新车购买遮阳顶棚。这项更为简单的任务很容易权衡、研究和系统化。

案例3：检测异常。在第五部分的文章《异常检测：留意意料之外》中，我将向各位读者展示分析研究人员将异常情况视为异常值，并提供了各种统计方法及人工智能方面的分析法，以此来突出这些异常值。然而，异常情况并不仅限于异常值。异常情况是对我们期望的违背。在特定背景下，我们需要专业知识来产生预期。分析研究人员用"统计异常值"（可计算）来代替"与预期相违背的情况"，而后者的问题更为棘手。

案例4：运用贝叶斯统计对情况进行鉴别。贝叶斯统计让我们在考虑不同结果发生的基本概率的同时，基于证据对想法进行更新。贝叶斯统计让我们在收到新信息时对正发生之事做出判断。然而，对情势的评估不仅是想法的更新。我的观点是，我们构建故事，讲述事情怎样发生，又会如何变化，我们用心理模型来判断一个故事变成另一个故事的合理性。公平地说，贝叶斯统计模型可以用来表示故事，就像故事可以用语言、语义网络及其他结构来表示一样。从这个角度来看，使用贝叶斯统计不仅可以替代传统的故事建构，还可以帮助了解人们如何用非常规的方式做出合理的判断。

前述案例说明了我为什么认为替代偏差并非对单个决策者，而是对全体分析研究人员来说是个问题。我认为分析研究人员忽视、贬低甚至扭曲认知现象，用更容易计算的公式来替代认知，是对替代偏差的典型规避。

我并不是说分析研究人员有意进行替换。我认为他们为理性主义的狂热梦想所控制，所以算法及计算方法的使用对他们来说看似合理。

本文的主要内容是：警惕建模师、分析师和人工智能研发人员的替代偏差；对他们做出的判断进行仔细验证，看他们是否扭曲了自己声称要解决的认知现象；利用这种仔细验证来获得对这些现象更为深入的理解。

——2020 年 10 月 31 日

代价高昂的错误？

错误恐惧症带来的问题

在昨晚（2018 年 10 月 15 日）的《周一橄榄球之夜》节目上，旧金山 49 人队的四分卫 C.J. 比萨德在比赛还剩 1 分 13 秒，比分是 30∶30 时投出了一个代价巨大的拦截球，结果绿湾包装工队在比赛结束前几秒射门击败了旧金山 49 人队。

至少，这是这场球赛的一大看点，登上了头条。旧金山 49 人队主教练赛后讲话中的要点便是："我们的四分卫必须从中吸取教训。"这场球赛输得很惨，主教练闷闷不乐，显然对他的四分卫让球队错过了一场胜利感到失望。

但他的分析愚蠢透顶。

当时情况是这样的：比赛还剩 1 分 55 秒，比分是 30∶30。旧金山 49 人队接到开球，推进到了他们的 47 码线，现在是第一档进攻，距离首攻还有 10 码，这是获胜的好机会。他们只要推进到足够接近对方球门的位置，就可以射门。

比萨德完成了一次 7 码的传球。他的下一个球没能传出去。现在是比萨德发起的第三次进攻，距离绿湾包装工队的 46 码线还有 3 码。比赛还剩 1 分 16 秒。

这时，旧金山 49 人队的四分卫比萨德投出了"代价高昂"的拦截球。绿湾包装工队发起了一波强劲的传球攻势，威胁要擒杀比萨德。他本可以再一次把球扔了，让对方拦不到。但相反，他冒险尝试了一次35码的长传。在比赛还剩一分多钟的时候，绿湾包装工队的防守队员在他们队的10码线处拦截了这个传球。于是，绿湾包装工队的四分卫阿龙·罗杰斯，带领球队进入射程范围，绿湾包装工队在比赛结束前几秒获胜。

但不妨想象一下，假如旧金山49人队的第三次传球没有完成，这很有可能。再想象一下，假如比萨德为了保险起见，把球扔了，旧金山49人队肯定会弃踢。旧金山49人队肯定希望把绿湾包装工队压制在他们的10码线附近，不是吗？而这正是比萨德这次拦截所达到的效果。比萨德的拦截绝不是一个"代价高昂"的错误。事实上，绿湾包装工队的防守球员最好还是把球丢在地上，迫使旧金山49人队弃踢。

我为什么要专门讲这件事？

我对教练的分析感到失望，因为其会揪住错误不放，任何错误都不放过，代价巨大的也好，无关紧要的也罢，其思维模式是取胜的方式就是不犯错误。我发现这种看法在社会上到处都有。我在关于洞察力的书中对这种思维模式专门进行了描述（Klein，2013）。下一篇文章中的图3.2呈现了提高决策能力的两种方法，即减少错误和提高洞察力，我相信大多数机构都会过度强调减少错误这个方法。

《周一橄榄球之夜》中的这场比赛展示了这种可称为"错误恐惧症"的思维模式。这位旧金山49人队的四分卫在整场比赛中表现都很出色，但他投出了一次拦截球，这在统计上算作失误，他成了替罪羊，被批评为让球队输掉比赛的球员，尽管这次拦截对比赛结果没有任何影响。

这正是错误恐惧症在起作用。这是领导者受错误恐惧症影响，用错误的方法管理团队的真实案例。

——2018年10月16日

为赢而战

不要被对决策偏差和决策错误的恐惧麻痹

对机构和个人来说，要想成功，需要做两件事：减少错误和提高洞察力。我将这两项任务用两个箭头表示（见图3.2）。

提高决策能力 = 错误 + 洞察力

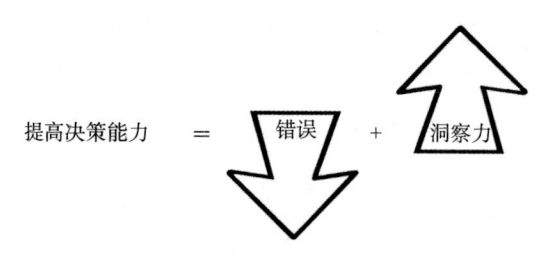

图 3.2 提高决策能力的两种方法

向下的箭头表示减少错误。我们知道好几种减少错误的方法，可以列出它们所有的步骤，这样就不会错过其中任何一个，还可以监督其他人，以确保他们正确地完成任务。我们可以提供核对表，描述完成整个任务及任务中每一步的明确标准。我们可以呼吁开展批判性思维活动，以验证假设、标记不确定性领域，以及建立逻辑推理和得出结论的标准。

大多数机构都非常重视向下的箭头，即减少错误，因为管理者可以轻而易举地应用现成的方法。此外，错误容易被发现，对其进行管理更为容易。如果错误持续存在，对管理者进行问责也不难。一些企业已经采用了非常严格的方法，如六西格玛，以提高质量并将出错率降到最低。

社会学主流研究领域的学者也鼓励我们追求向下的箭头。他们认为，决策偏差无处不在，除非我们用批判性思维发现错误。

没有人说减少错误不重要。但我们要据理力争的是，耗费在向下箭头上的精力和审查太多了，因为一个人或一个机构当努力追查错误时，就没有多少精力来获得深刻的见解。尽力减少错误，我们的注意力就会被分散，我们对新模式的发现以及新联系的建立便会受到影响。这会让我们变得被动，会让我们以为自己的目标是避免错误，进而我们慢慢相信，我们的工作就是认真地遵循程序和步骤。

这种观点似乎难以令人满意。没有多少人愿意回到家后，向家人和朋友解释今天的工作很顺利，因为我们没犯任何错。我认为我们想要的更多，比如讲讲我们取得了哪些成就，克服了什么障碍，获得了什么发现。这就是向上箭头的作用。

向下的箭头纠结于减少错误，是一种防御策略，可以理解为，为不输而战。

向上的箭头才是为赢而战。

向上的箭头与提高洞察力、获得发现、抓住机会、取得成就、获得改进、赢得成功及促成事件发生有关。它意味着兴奋。

对管理者而言，培养向上箭头和向下箭头相应能力的工具是不同的。他们不知道如何提升洞察力。此外，就算员工无法提高洞察力，也没有人会注意到，而错误却是人人都看得见的，会招来指责。难怪各机构会把精力放在向下的箭头上，难怪不少人也这样做，并尽力遵守规则，害怕创新会带来风险。

这两个箭头都很重要。我们不能容忍严重的错误发生，但我认为我们也不想通过避免错误的技能来定义自己、对自己做出评估。有一次，我受邀在一个医疗会议上做主题演讲。邀请我参会的团队致力于通过减少判断偏差和决策偏差来减少误诊。我告诉他们这两者难以兼得。除了减少误诊，他们还需要提高诊断的成功率。如果只担心误诊，他们可能会采取一些做法，削弱有才华的医生的洞察力，致使病人的病情加重。

这让我想起了第二次世界大战时的温斯顿·丘吉尔，他对他的海军将领们越来越失望，因为他们拒绝采取任何可能使战舰暴露在敌人攻击范围之内的行动。"如果战舰只愿意冒险进入安全水域，那要海军有何用？"丘吉尔愤怒地说。从个人角度来看，每位舰长和指挥官都不愿冒任何可能让自己的战舰沉没的风险。但对整个战局而言，他们的胆怯丧失的是战争的主动权，危及的是英国。

从乐观的角度来看，我与几家公司的总裁进行了富有成效的交谈，他们确实认识到有必要适当地平衡两个箭头，即平衡减少错误与提高洞察力之间的关系。他们对改变他们公司的文化跃跃欲试，以在竞争中取胜。

——2015 年 3 月 18 日

隐性决策

我们制定决策的方式中不为人知的秘密

绝大多数人都相信自己是理性的。我们尽力根据现实而不是幻想来做决定。如果我们是分析型的人，我们可能会先确定所有的重要目标及目标的优先级，然后对相互竞争的选项进行排序，看看哪个应优先处理。如果我们是直觉型的人，我们可能会依赖基于经验建立起来的思维模式。无论采用哪种方式，我们都在努力做出能够实现目标的决定。至少我们自己是这么认为的。

我们要做的大多数决定都过于明显，因而无须多想。众多选择中总有一个过于明显，所以当然选择它，即使我们毫无做决策的经验。

那些引起我们注意的事件却并没有显而易见的解决方法。我们在各种选择中纠结。然而，多年前，人工智能研究专家马文·明斯基（*The Society of Mind*，1988）讲述了一个早先发现的悖论。该悖论被称为弗雷德金悖论。明斯基解释说，我们在做简单决策时不需要帮助，比如在完美选择和糟糕选择之间。只有当选择过于相近时，我们才会纠结和矛盾。选择的优势和劣势越平均，选择就越困难。最艰难的选择出现在优势和劣势完全一致之时，我们没有选这个而不选那个的理由。做这种决定会把我们逼疯，逼得我们在街上自言自语。做这些决定会让委员会耗费一周又一周的时间来开会讨论。

然而，明斯基指出，如果优势和劣势势均力敌，那么我们选哪个都一样。我们白白饱受决策之苦，还不如抛硬币来决定。因此，对于简单的决策，我们不需要分析方法，因为选择太过明显；而对于艰难的决策，分析方法也不会有任何帮助，因为没有什么有价值的意见。决策研究人员用"平坦极值"来描述选项在价值上基本相等的区域，我则倾向于将这种情况称为"无差别区"，因为选哪个都一样（见图3.3）。

图3.3 无差别区

资料来源：www.CartoonStock.com授权使用。

图 3.3 中的这位先生完全处于"无差别区"。一个本应只需 5~10 秒的选择却让他纠结了好几分钟。

但这不是我所说的不为人知的秘密。

我们确实为艰难的抉择而苦恼。我们不喜欢抛硬币来做决定。因此，据我观察，在很多情况下，我们走错了路！我们不再努力计算哪种选择最能实现既定目标。相反，我们尽力寻找限制条件和后果。我们在寻找关键阻碍，以排除其中一种选择。这些关键阻碍与我们最初的目标没有任何关系，却对我们的决定起着支配作用，这就是那个不为人知的秘密。

下面给大家说件小事儿。我受邀去一所军校做报告，赞助商和我正想着选个最合适的日子，以便适应这学期学校的课程安排。一筹莫展之际，我们决定对可能的日期进行评估，看看选择哪些日期会产生冲突或出现问题。"最好别选那个星期五，"我的赞助商说，"因为星期五之后就是连着三天的休息日，大家当天下午都会出城，你得花很长时间才能到机场。"把我送到机场并不是我们最初设定的目标。我对安全离开这个话题不感兴趣，但赞助商指出了这个问题，我就否决了那个日期。

这究竟是怎么回事？为完成重要目标，我们应该理性地做出选择，但事实并非如此。当我们被困在"无差别区"时，我们就会换挡，寻找可能使我们放弃某些选择的后果和限制条件。我们在寻找那些关键阻碍。有时我们可能会寻找附带的好处，但这些好处却并不像关键阻碍那么重要。我们要凭借经验来排除候选项，这样就可以走出"无差别区"。

——2015 年 1 月 22 日

反思

我们一直在逆水行舟，而本书这一部分的目的就是要逆流而上。以启发-偏差理论的研究为例，持怀疑态度的人占据了绝对的主导地位，而这一理论传达的信息是，我们的思维、判断及决策都是有缺陷的。

第三部分并不是要否定启发-偏差理论。自然主义决策不是对启发-偏差理论的批判。然而，判断和决策以及启发-偏差的思维模式随处可见，以至于一些读者很难采用探究力量之源的思维模式对其进行探索，哪怕只是蜻蜓点水般的了解也做不到。

第三部分的重点是，要在指出思维的缺陷和欣赏其优点之间找到平衡。如果没有一个制衡的观点，你就有陷入理性主义狂热梦想的风险，就会相信理性分析足以应对复杂的局面、处理令人困惑的情况。以下是第三部分已为各位读者提供的构建平衡视角所需的观点。

正确看待传统的判断及决策研究人员。第三部分列出了传统的决策研究人员表现出的一些倾向或偏见，如对错误和启发法的过度反应，以及对专家的不信任。判断和决策以及启发-偏差理论研究人员对理性分析极为信任，然而他们对理性分析的偏爱可能有些过了头。在某些情况下，善于分析的决策研究者声称他们正在研究的是日常现象，但取而代之的却是给人误导性印象的更简单的范例。在第三部分，各位读者已读到了一些案例，例如使用赌博隐喻进行选择，使用计算隐喻进行决策，将检测异常情况视为发现异常值，运用贝叶斯统计来识别情况。

正确看待启发法。我们被提醒不要使用的一些常见的启发法可能是相当有价值的认知工具——使用小样本，参照具有代表性的案例和可用的案例，从思维的出发点做决策的能力。若没有这些启发法，结果会更糟。

正确看待数据分析。想必各位读者已明白为什么我们会对过度依赖数据持谨慎态度了，各位也已读过一些例子——赛场表现不佳的棒球投手，尽管远远落后但仍知自己会赢的赛艇队员，看起来似乎在山间迷路的直升机机组人员。

正确看待偏见。各位读者可能会对最常被引用的偏见之一——证真偏差持怀疑态度，你们或许会同意，事实并没有对此笃信不疑的人所认为的那么严重。因为原始数据也提供不了在这一点上所谓的支持，寻求确认信息的倾向不见得就不正常。所幸消除这种所谓偏见的尝试一直没有成功。谈论固着之误要比成天提证真偏差好一些。各位读者应该能够理解，我们之所以要竭力避免偏见，正是因为偏见让我们背上人类是有缺陷的思考者这个包袱，而对于保持开放心态、识别可疑假设及抑制推测，偏见给我们提供的都是不切实际和毫无意义的建议。①

正确看待错误恐惧症。减少错误是一件好事，可若做过了头，怕就成了坏事。分析决策研究人员是否在没有考虑对提高洞察力、推测和准确判断造成更大影响的前提下，对错误及错误倾向（如非同一性）形成了过于片面的观点，这正是第三部分要帮助各位读者弄清楚的。第三部分还要让各位读者明白，不是所有的错误都要付出巨大代价。让人们不敢犯错，可能会损害他们为赢得成就所付出的努力。我在不同的场合都见过这种错误恐惧症，包括在军事演习中及医院急诊科的手术室内。当有经验的决策者没有足够的信息来指导行动时，他们可能会陷入纠结，因为怕出错。在图3.2中，表示提高决策能力的两个箭头展现了第三部分所倡导的平衡，并呈现了如果我们过分强调

---

① 在使用"偏见"（bias）一词时，我们应该谨慎，因为判断偏见不同于种族偏见。我怀疑一些读者可能会把这二者联系起来，特别是考虑到所有建立克服种族偏见的项目的努力。这里的问题是，"偏见"这个词语含义模糊。"偏见"可以指某种成见，但这篇关于证真偏差的文章是用"偏见"来表示一种丧失功能的认知启发法的，没有考虑种族或其他因素。

减少错误，错过的将会是什么。

正确看待分析决策。我们更愿意相信我们是通过追求最重要的目标来做决策的，但第三部分提出了另一种观点：当面临艰难抉择时，我们却可能会靠一些相当无关紧要的因素来打破僵局。

正确看待理性主义的狂热梦想。第三部分可能使各位读者产生这样的观点，即我们在无事件背景的实验室条件下，效果良好的决策标准可能并不适用于真实场景。这是自然主义决策研究的发现之一。你可能仍然对这种观点感到不舒服，但希望你现在能认真考虑考虑。

然而，如果我们开始质疑理性主义的狂热梦想，将会对基于这些理性主义梦想的信息技术和人工智能系统的信心产生何种影响？如果我们开始不再相信理性主义的狂热梦想，我们又该设计什么样的智能机器？

4 自身更聪明的机器还是让我们更聪明的机器?

概述

理性主义狂热梦想的思维方式如今在技术领域得到了体现。这种思维方式为设计自动化和人工智能系统的专业人士提供了指导，这些系统在我们生活中的重要性变得越来越突出。

我有这样一种感觉，许多计算机专业的研发人员所坚持的正是我们在第三部分中发现的令人担忧的趋势：强调减少错误，强调一致性，而不是洞察力、成就和适应性；不鼓励运用启发法和直觉；更加依赖步骤及分析工具，而不是判断和经验。

设计者不只是对其所开发系统的使用者的技能及专业知识不感兴趣，有时还在设计出最完美的程序和算法上展开竞争，并通过技术实力来提高声誉。我承认，这没什么不好，只是当系统的使用者及其需求被忽视时，发生事故和故障的可能性便会增加。

我记得曾参加过一个专题研讨会，讨论如何帮助赞助商将更多的人工智能技术引入工作场所。我不断提醒其他与会成员专业知识的重要性，他们表示同意，并计划用算法来体现专业知识的地位。显然，我们双方都在自说自话，一开始我颇感失望，后来便意识到，对这些人工智能专家来说，专业知识无非是事实和规则，当然，这些可以用算法来体现。人工智能领域的与会成员忽略了认知维度，很可能是因为他们无法理解它。

与会专家对人工智能在各种情况下会取得最终胜利的绝对信任，与迄今为止的记录形成了鲜明的对比。诚然，人工智能系统在一成不变的环境中的确表现出色。然而，我们并不是生活在一成不变的环境中，人工智能系统在面对不确定性时可能会异常脆弱（Gigerenzer，2022）。

那我们又该做些什么呢？我的朋友本·施奈德曼（Ben Shneiderman）曾对我说，我们不该在制造更聪明的机器上投资如此之多，我们应该投资在让我们更聪明的机器、技术和策略上。这个建议看来变得日益重要。

第四部分以《发挥我们的优势》开篇，这是我与本·施奈德曼合写的一篇文章，讲述了构建复杂系统的计算机科学家应该承认人类的关键能力，即参与前沿思维的能力（我在其他文章中将其描述为思辨思维）、利用社会关系的能力，以及对所采取的行动承担责任的能力，并予以支持。

第四部分的第二篇文章《想象力的缺乏》中举了几个案例，说的是，当系统开发人员假设知道如何对操作人员的决策进行约束，而未能预测在有些情况下这些约束可能会适得其反时，会出现什么问题。

第四部分的第三篇文章《脱轨》讲述了一起致命事故，即2015年美国铁路公司的一列客运列车脱轨，致八人死亡，一百八十五人受伤入院。没有任何仪器显示火车司机当时正在接近一个急转弯。火车司机认为他已经开过了弯道，并在不该加速的时间开始提速。令人遗憾的是，我们可以预见到美国铁路公司对此事的反应，它安装了自动制动系统作为保障。但美国铁路公司对为火车司机安装GPS（全球定位系统）这样简单的事不感兴趣。这个案例中美国铁路公司的思维方式是依靠自动化来解决问题，而不是帮操作人员把工作做得更好。

第四篇文章《数据与洞察力》，探讨了大数据的日益普及，以及如何应用人工智能对需要处理的海量数据进行管理。我认为机构需要的是对各种情况的洞察力，而不是处理越来越多的数据。对大数据的关注可能并不像其支持者宣传的那样有用。

在第四部分的第五篇文章《第二个奇点》中，我注意到，尽管许多写人工智能的文章和书都在推测奇点——机器智能超越人类专业知识的神秘节点，但也许我们该担心的是另一个更合理、离我们更近的奇点，它正是由人类专业知识的削弱造成的。不知多少公司想要投资人工智能来取代员工做决策，却并未在员工的专业知识上进行投资或加以保护。

在这一点上，第四部分改变了方向，开始关注如何设计出让我们更聪明的机器。这并不难。想想维基百科、谷歌搜索引擎，还有我们手机里的GPS设备，所有这些技术都能帮我们进行更好的判断，做出更好的决策，更好地完成工作。这样的技术越多，我们的生活就会越好。

第四部分的第六篇文章《超链接的发明》讲了一项比维基百科、谷歌搜索及GPS更简单的技术。这项技术无处不在，所有人都视之为理所当然。这篇文章讲述了本·施奈德曼提出这个想法纯属偶然。

第七篇文章《小数据》延续了第四篇文章的话题。作为对标记大数据的庞大数据流的补充，我们应该对微小数据的使用方法保持警惕，要找出明显改变我们对事件解释的单一指标。与急于收集和处理庞大的数据流相比，我们更应该看看是否有办法识别确凿的证据。

第八篇文章《即兴国际象棋》认为，有一些简单的方法可以对象棋和围棋这样的游戏进行调整，这样一来下棋就不再只是在海量的步骤中找寻应对策略。通过调整规则，我们可以让这些棋类游戏的获胜由适应性、即兴发挥及专业知识来决定，这正是我们的思辨思维能力发挥作用的领域。

第四部分的第九篇文章《AIQ：人工智能商数》，描述了一套帮助人们对所使用的人工智能系统理解得更加充分的工具。可解释性人工智能（XAI）领域旨在帮助操作人员更好地理解人工智能系统如何进行思考，但许多可解释性人工智能技术本身就涉及人工智能。相比之下，任何AIQ工具都不依赖人工智能，而且大多数AIQ工具根本不需要任何技术。AIQ工具无须向用户提供解释，相反，它支持自我解惑，帮助用户控制自己对信息的查询和发现。这就是让人更聪明，而不是让系统更聪明的本质。

发挥我们的优势

支持前沿思维，鼓励社会参与，承担社会责任[①]

机长萨伦伯格（萨利）作为一名专业飞行员，因其精湛的技术而备受赞誉。有一次，飞机与鸟群相撞致使两个引擎都失灵，萨伦伯格设法将飞机安全降落在哈得孙河上。萨伦伯格出色的表现归功于他长期的飞行经验、对可能性的快速评估以及对飞机高超的控制能力。

每天，专业的护士、消防员都在解决实际问题、拯救生命、给他们服务的人带来安慰。同样，医生、教师和水管工也在用他们的经验以有意义的方式来帮助他人。这些专家在困难的情况下采取行动，尽管他

[①] 这篇文章由本·施奈德曼所写，我是第二作者。文中引用了我和本多年来津津乐道的几次交谈。本是马里兰大学计算机科学专业的杰出教授，也是美国国家工程院院士。他的著作有《AI向善：以人为中心的人工智能》（2022年出版）。

们获得的信息可能不正确、可能不完整，现有的指导还可能不充分，但他们仍能将自己在许多情况下的经验与他们对当前问题的了解结合起来，识别熟悉的模式、迅速发现异常情况，随即做出决定、采取行动。专家也会犯错，有时还很严重，但通过仔细研究这些错误，其实他们可以改进现有的做法，提升培训效果，完善一览表以及设计出更好的工具。

专家都擅长使用复杂的工具，如3D胎儿超声图或空中交通管制系统，这些工具不仅使专家增加了对正在发生的事情的理解，而且还使他们得以控制住局面。只要专业用户能够理解、预测、控制工具的操作规则，这些工具就具有高度的自动化水平。为了实现这一点，设计师需要记住，他们的技术和实践旨在对熟练用户及专业用户提供支持、实现能力提升，否则，他们引入的自动化就有干扰这些用户专业操作并降低任务完成效果的风险，就像在部分飞机和医疗设备设计中出现过的情况一样。

不幸的是，太多的设计师似乎忽视了作为其产品未来用户的专家的技能和需求。本文的目的是为设计工具及自动化辅助提供一些指导方针，以提高专家的决策能力，而不是反其道而行之。

创建并改进谷歌翻译功能程序的专家的贡献值得肯定。他们很明白，人工智能不是要造一个大脑，而是对解决问题的工具进行改进。

尽管很清楚自己是在制造工具，但不少新闻记者错误地将他们的工作标记为人类可被取代的又一个证明。从1946年关于"巨型电子大脑"的故事开始，这些关于技术作用的误导性报道就破坏了人们对人类专家的信任。甚至斯坦福大学的人工智能百年研究报告也声称："计算器和人脑之间的区别不在于种类，而在于规模、速度、自主程度及通用性。"我们不同意这一核心观点。人的思维不是计算，也不是估值。人类的创造力不同于神经网络和遗传算法所产生的创造力。

甚至人工智能专家也不同意他们的会议论文应该由机器学习程序来审查。颇具讽刺意味的是，这些致力于创造"智能"和"智能机器"的人类专家知道，人类专家才更善于欣赏、发现和创新。

我们认为，专家至少在以下三个令人钦佩的品质上表现出色。

1. 前沿思维：人类可以处理前沿的知识，其中不完整及不正确的信息会造成混乱，而目标设定也是一项关键技能。即使在这些具有挑战性的环境中，专家也可以制订方案、解决问题、创造出新东西。人类专家经常取得惊人突破，为令人称奇的研究目标开辟新的途径。他们所做的不仅仅是优化决策结果或识别统计模式，他们创造全新的产品和服务，识别不同的类别，看到新型的关系。人类一直都展现出掌握前沿知识及突破知识前沿的能力。人类创造了前所未有的发明，并申请了专利，通过辩论建立令人信服的事业，成立公司以提供革命性的产品及服务。

2. 社会参与：人类天生具有社会性，这是一种人类用来学习、建立信任、帮助他人和寻求帮助的技能。人类的对话不同于向 Siri[①]、谷歌或 Alexa[②] 询问信息。人际交流不仅可以增进参与者之间的了解，还便于他们澄清问题，达成共识。人类合作一直是人类在自身演进过程中取得惊人成功的关键，从围绕狩猎、觅食和组建群落的复杂合作，到经营公司和开发维基百科的现代团队。要发挥人类的领导能力以激发参与热情，就需要将管理大型企业、改造城市及建立国家政府机构的技能结合起来。这种领导能力也可能是恶意的、腐败的、好战的，但这都是人性的黑暗面。人类专业知识的光明面表现出的是有意义的尊重，寻求的是真正的和解，培养的是相互信任。人类非常善于建立和利用彼此的共同点来进行有效交流，还会注意到共同点已被侵蚀，需要修复。

---

① Siri，苹果公司产品中的智能语音助手。——译者注
② Alexa，亚马逊旗下的智能音箱、智能语音助手。——译者注

3. 为自己的行为负责：人类是会承担责任的。我们在带来利益时，应获得荣誉；当我们做出的决定导致伤害时，我们理应负责。诚实的报告和可信的错误调查可以促进改进，从而提供更好的保护。像萨伦伯格那般卓越的表现，可以增进理解、提升训练效果，并推动专家们在更高的水平上取得成就。责任使产品设计更加明确，因为它鼓励设计师将控制权还给用户，并为调查人员提供充足的数据来了解究竟发生了什么。我们承担责任，这样才能让他人对我们产生信任。我们还会通过其他活动建立信任：尽量让自己的行为可预测；当我们的行为可能让他人感到吃惊时，我们会提醒对方；等等。另外，我们不会为了帮助他人而采取不必要的步骤。

随着设计师对人类这些特有品质的逐渐认识，他们的设计也将随之改进，从而推出更安全、更有效、更成功的技术。只有对人类这些特有品质提供支持而不是将其取代，才会出现卓越的技术设计，而先进系统最终可以使人类技能更卓越，记者越早明白这一点，他们就会越早对这一点进行宣传。

我们看到，即使将来设计师制造出更强大的工具，人们对人类专家的认可仍会与日俱增。这些强大的工具将通过利用人类专家的创造力来优化专家的表现。为了实现这一点，设计师需要找到方法让我们所有人，而不仅仅是专家，去理解、预测和控制我们的工具。

——2017年3月6日

想象力的缺乏

设计师有时过于自作聪明

我碰到过几个和系统有关的案例，这些系统为顺利完成工作而经过精心设计，但系统在工作中所处的环境及情境却并未被考虑在内。我并不是责怪设计人员分析得不够仔细，因为他们不可能考虑到所有可能的情境。然而，我要批评的是他们为图省事而进行简化处理，而省去的内容恰恰是最不该被简化的。结果，设计人员对操作系统的人员设定了限制，导致后者对所发生之事的理解产生了歪曲。

设计人员如此专注于构建智能系统，以至于他们没有优先考虑系统是否会让操作人员更聪明——结果不幸发生了。

第一个例子是2009年法航447号航班发生的空难。这架飞机从巴西里约热内卢起飞，飞往巴黎，机上载有228名乘客和机组人员。我们永远无法确定究竟是哪里出了问题，但以下是我找到的最合理的解释。（当然，还有其他说法。）447号航班起飞三小时后，空速传感器上形成了冰晶，导致飞机无法确定速度。结果，自动驾驶仪关闭。

这架飞机是空客A330型，采用了当时最新的智能技术。制造商让机组人员相信飞机是不可能熄火的。这架飞机太智能了，不允许飞行员进行任何可能导致失速的不安全操作。只要传感器还在工作，整架飞机都会处于智能系统的控制之下。

然而，随着自动驾驶仪停止工作，所有的保障统统化为乌有，飞机彻底进入失速状态。不幸的是，飞行员可能并不知道这一点（要么从未被告知，要么即使被告知也忘记了）。于是飞行员让飞机继续爬升，产生了一种万无一失的错觉。事实上，这架飞机爬升得非常急，空速下降得如此之快，它已在失速的轨道上了。

也许在某个时刻，空速传感器已经解冻，尽管自动驾驶仪并没有重新启动。现在飞机确实感知到了空速，也确定了接近失速的情况。结果，飞机发出了失速警报。听到这个警报，飞行员感到困惑，因为他认为飞机不可能失速，便操纵飞机继续爬升。

紧接着，失速警报响起！为什么会响？一种猜测是飞机的速度太慢。谁也没想到一架喷气式客机会飞得这么慢——飞机只有在跑道滑行时才会这么慢。总不至于飞机还在地面，失速警报就会响吧。还有一种推测是，飞机的设计者设定了一个最低速度——如果低于这个最低速度，失速警报便不会再响。这就是法航447号航班可能遇到的情况。由于速度过慢，失速警报关闭。当失速警报响起时，飞行员肯定松了一口气，他认为这是个好兆头，而不是厄运降临的前兆。

后来，一位经验更丰富的飞行员意识到这种飞行状态极其危险。当时好像是由他来驾驶飞机，他降低机头（逃离失速环境）开始提速。结果，失速警报又响了！这是因为空速增加超过了最小值。飞行员们完全蒙了。降低机头会让他们被系统警告，继续爬升却是愚蠢至极。当飞行员们试图弄清缘由时，飞机确实失速了，直接坠入大海。数年后，机身残骸才被找到，飞行数据记录仪才被找回。

谁也没有想到喷气式客机飞得这么慢。结果，本应帮飞行员避免危险的失速警报，实际上导致了他们的死亡。一个被设计成规避失速风险的系统却成了一个死亡陷阱。

第二个例子来自道格·斯坦顿2009年出版的《魔鬼骑兵团》一书，讲述了"9·11"恐袭事件发生后不久美国特种部队在阿富汗的故事。这些特种部队的骑兵必须从乌兹别克斯坦被空运至作战地点，与阿富汗部落武装联合作战，打击塔利班。直升机飞行员在执行这项任务时遇到了几个问题。第一个问题是地形，即海拔2万英尺[①]的高山。美国飞行员习惯于在3 000英尺的高度飞行，对他们来说，1万英尺已是极限。但在阿富汗，对于他们必须面对的一些丘陵和山脉来

---

① 1英尺≈30.48厘米。——编者注

说，1万英尺根本不算高。第二个问题是，为了安全起见，他们必须在夜间飞行。飞行员确实更喜欢在黑暗中飞行（飞机内外都没有灯），但不是成为防空武器的靶子。第三个问题是天气，有时他们似乎无法穿透云层的底部，那实际上是一团飘浮在半空中的沙和雪。第四个问题是，在2万英尺的高度上，稀薄的空气（这使得直升机难以操控）导致飞行员缺氧，即氧债。这架直升机有一个机载呼吸系统，由氧气瓶向呼吸面罩供氧，但不幸的是，该系统出现了故障。在第一次飞行中，机长就发现了这个问题，因为他看到副机长和其他机组人员的行为都出现异常。于是，机长切断了除自己外机上所有人的供氧。最终直升机安全着陆（其他人仍处于半昏迷状态），但它复杂的结构使得维修人员无法对此进行修复，因此这就成了个大问题。

对于执行这次任务的飞行员来说，最关键的挑战是在超低空飞行，其目的是躲避雷达追踪——有时在离地面20英尺的高度，以每小时160英里的速度飞行，有时是在海拔12 000英尺的高空。所有飞行都是在夜间。幸运的是，这架直升机配有具有前瞻性能力的多模雷达，可显示飞机是否能够避开可能在其飞行路线上出现的任何露出地面的岩石。多模雷达可向飞行员显示飞机是否有足够的动力、爬升力以及速度来飞越下一座山。幸亏有多模雷达，谢天谢地。

但是，多模雷达系统设计的方案是在5 000英尺以上高空将会关闭！这种设计方案考虑的是，在海拔5 000英尺以上的高空航行应会很顺利，那为什么还要让多模雷达继续开着，消耗电力呢。设计者们也没有想过在阿富汗北部进行超低空飞行的情况。

当飞行员飞过每个山脊时，多模雷达会一次次开启、关闭，并发出"数据损坏"的错误信息。更糟糕的是，多模雷达关闭后，需要几分钟才能重启。这就真成了盲飞。

这就是我们要讲的想象力缺乏的第二个案例。为什么要让多模雷达系统在 5 000 英尺以上的高空继续运转？如果是从佐治亚州（美国的一个州，不是国家）的空军基地起飞的话，完全没必要。可如果是夜间从乌兹别克斯坦飞到阿富汗北部的话，那就太有必要了。

　　第三个案例就没那么抓人眼球了，说的是天气预报显示系统的设计人员努力使数据"平滑"，呈现出趋势线，而不是各种不同的会产生干扰的读数。新晋天气预报员很喜欢这些平滑的显示，因为能帮他们看到整体的趋势。然而，经验丰富的天气预报员却不喜欢这种平滑，他们想看到所有的干扰、湍流及不稳定的情况。这就是天气出现变化的地方。经验丰富的天气预报员知道，要想了解天气系统是如何形成的，就得密切关注不稳定且多变的地区。

　　以上三个案例说明，在满足官方的规范和需求方面，设计决策似乎合理，但现在看来，这些决策却令人遗憾。如前文所述，我并不主张对可能面临的每种类型的偶然性都进行确认，毕竟存在太多潜在的复杂性及由情境引起的复杂性。

　　我反而认为我们应该更加谨慎，不要削弱决策者应对意外和无法想象的挑战的能力。这意味着我们不会在低速飞行时关闭警告信号。相反，当飞机停在地面时，我们会找到另一种方法来抑制恼人的警报。这意味着我们不会在名义上"安全"的高度以上关闭必要的雷达系统。这也意味着我们不会仅仅因为数据的庞杂而使显示结果看起来如此混乱，从而抹除重要的线索。这还意味着我们要给予系统操作人员、决策者更多的控制选择、更明确的信息，而不是预先关闭选项。在正常情况下使工作变得容易的操作，在情况异常时就有可能失效。

——2018 年 7 月 1 日

脱轨

美铁 188 号列车惨案的教训[①]

2015 年 5 月 12 日，美国国家铁路客运公司（简称"美铁"）188 号列车于当晚 9 点 21 分在费城北部脱轨。重达九十八吨的车头和七节五十吨重的车厢在法兰克福枢纽弯道处偏离铁轨，这是美铁东北走廊最急的弯道之一。列车上二百五十八名乘客中八人死亡，一百八十五人被送往医院。这是美铁最严重的火车事故之一。

法兰克福枢纽弯道的限速是每小时 50 英里。美铁 188 号列车在进入弯道时速度达到了每小时 106 英里（见图 4.1）。

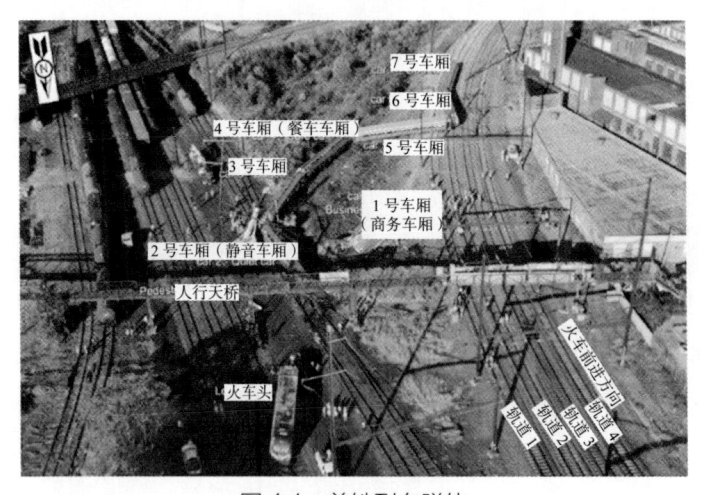

图 4.1　美铁列车脱轨

资料来源：美国国家运输安全委员会报告。

怎么会发生这种事？这毫无道理。本文提供一种解释练习，目的是让读者从一开始的不相信转变为最终认识到此类事件可能发生在我们任何人身上，就是要让读者的观点从这是一桩离奇事件转变为这一

[①] 本文基于马修·沙伊尔的一篇文章（2016）和 2016 年美国国家运输安全委员会的报告。

切都再合理不过。

有些人认为是火车司机不够理智——他知道弯道就要到了，却仍然加速而不是减速。

根据2016年美国国家运输安全委员会的报告，这种假设是错误的。事故发生后，三十二岁的火车司机布兰登·博斯琴在接受检查时，没有发现其体内有酒精或毒品。事发当时他没有在发短信，没有玩手机，也没有精神错乱或自杀倾向。

美国国家运输安全委员会报告得出的结论是，博斯琴当时不知道自己所处的位置，他认为自己已经通过了法兰克福枢纽弯道，需要加速以保证正点到站。这就是为什么他加大油门，却惊恐地发现自己才刚刚进入弯道。

此处我必须分四部分对该事件进行叙述，来描述这种情景下意识的丧失是如何发生的。

事件的第一部分是，博斯琴的注意力被转移了，因为他听广播报道说，在法兰克福枢纽弯道附近的另一列火车车身发生摇晃——有人在天桥上向火车头扔了一块石头，击中了挡风玻璃，碎玻璃碴打到了火车司机脸上。这位火车司机已经发出了关于该地区有危险活动的警告，这让博斯琴开始担心。博斯琴还想到，列车工作人员可能正在铁轨上检查车身摇晃的列车所存在的潜在的损坏情况，因此，当188号列车经过时，这些工作人员可能会处于危险之中。

事件的第二部分是，188号列车刚经过了一个较小的右转弯，而在法兰克福枢纽弯道之后，还有一个相似的右转弯，所以，博斯琴可能因摇晃事件分心，把第一个右转弯和法兰克福枢纽弯道后面的第二个右转弯搞混了。博斯琴很可能认为已经过了法兰克福枢纽弯道，刚绕过的是第二个右转弯，便可以自由地将车速提高到每小时110英里。

但为什么博斯琴会出现这种混乱——为什么他看不出自己在哪里？

事件的第三部分是，事故发生在晚上 9 点 21 分，所以当时博斯琴根本看不到任何地标。

但他为什么不低头看看显示屏，看看自己具体在什么位置？现在我们来到了这个事件中最耐人寻味的部分，事件的第四部分：根本没有显示屏。

没错，美铁没有为火车司机提供显示当前位置和即将行驶到的路段的显示器，美国联邦铁路管理局也不要求配备这种显示器。作为汽车驾驶者，我们有 GPS 设备显示道路和地标信息。你可能会认为，火车在固定的轨道上行驶，设计一个 GPS 显示器还不是小菜一碟。但美铁已经决定，没必要安装这种显示器，因为火车司机们早都记住了列车要走的路线。确实如此，只不过 GPS 显示器不会让火车司机困惑，暂时忘了自己在哪里。

我不明白美铁基于什么原因、出于哪种考虑才决定不向火车司机提供他们当前和即将经过位置的实时显示，但我推测这或许是出于"预想工作设定"的思维模式——对工作应如何完成反复核查，力求不被其他情况所影响。

相比之下，许多业绩表现突出的专业人士则会训练自己尽量从认知角度看问题。他们试图构建"已完成的工作"的思维模式，而不是设想中的工作。他们试着想象工作中可能会出什么问题，人们会因何而分心，以及他们可能需要什么资源来恢复和适应。一些设计人员被设备该如何工作所困，另一些设计人员则立即开始想象设备会出何种故障。

这种"已完成的工作"的思维模式依赖于经验，即从以前的各种失败中吸取经验，并将它们作为参照指导。当设计师倾向于进行推测而不是计算时，这种思维模式便会被激活。若依照这种思维模式，188号列车上可能已经安装了定位显示器，这样它就不会以每小时106英里的速度冲进法兰克福枢纽弯道了。

这一悲剧带给我们的重要启示之一是，美铁应在列车上安装自动制动系统，利用自动化来防范未来发生事故。该建议确实有道理，但它也展现了自动化或技术的思维模式：建立更智能的系统，而不是投资于让火车司机变得更智能。安装自动刹车系统，却不为火车司机显示列车的位置。限制人工操作人员的活动范围，而不是钻研技术，让人工操作人员的工作更有效。

事情说完了，这个解释各位读者认为合理吗？如果188号列车的司机是你，这起事故会发生在你身上吗？想想你晚上开车回家的时候，行驶在熟悉的路上，收音机里的一条新闻或者另一个司机在你前面来了一个危险的左转弯，让你分神，那一刻你想知道，"我这是在哪儿？"此刻你会寻找线索来重新建立位置感，缓解暂时的混乱。你不需要花更多的时间去记住自己的行进路线，相反，你需要标示物来帮你重新定位。布兰登·博斯琴可没找到任何标示物。

——2019年3月5日

数据与洞察力

大数据并非生成洞察力的理想方式

要对消费者的行为及决策有更多的了解，大量数据可供我们使用，这的确令人兴奋。这些数据来自移动设备、摄像头、麦克风、无线传感器、软件记录，以及其他来源。此外，很多公司还有对数据进行排序的分析工具，以发现趋势并检测统计关系。这样做为了解消费者的消费活动及偏好提供了一个革命性的机会。

但每种策略都有其边界条件，大数据也不例外。数据分析本身并不是目的。重点是了解消费者，而不是从数据中获得最大收益。关于大数据的优势和短板，各界评论人士都发表了自己的看法。我只想探讨一个问题：大数据在帮助决策者获得洞察力方面的潜力。

我对消费习惯之类的小问题不感兴趣。我关心的是深刻的洞察力——决策者观念的重大转变，如网飞公司早在百视达准备扩展其以商铺出租录像带为主的商业模式之前，就预料消费者将会涌向通过电子邮件传播的数字化视频和流媒体视频。寻求深刻洞察力的机构可能要反思它们用于完成发现的策略了。

深刻洞察力的本质

我对洞察力本质的研究（Klein，2013）表明，深刻的洞察力往往需要人们放弃一些执念，要么是因为存在相互矛盾的证据，要么是因为人们被有缺陷的想法所困，这些对他们解决重要问题造成了阻碍。当遇到与我们对事物运作方式理解的心理模型不相符的证据时，我们的自然倾向是忽视证据，并为自己的行为进行辩解。大多数情况下，这种倾向是有道理的，因为证据的确不准确。然而，有些时候，反常的证据也需要考虑，若将其驳回，我们则会执着于有缺陷的观念，正如我在第三部分《逃离固着》这篇文章中所讨论的那样。

来听听施乐公司的创始人乔·威尔逊和他的同事们的高见吧。他们想用静电复印技术来赚钱，但他们的机器又大又贵，卖不出去。后来，一位营销代表说，试用点的消费者简直对施乐复印机上了瘾，根本不知道自己究竟印了多少份。

施乐公司将商业模式从出售或出租复印机赚钱，转变为另一种模式——靠复制件赚钱。即使每印一份只赚五美分，施乐公司也能从中获利，因为任何一间办公室平均每月复印量很快就达到了一万份。为了实现这个结果，施乐公司的高管们不得不放弃他们最初的想法，接纳了一位营销代表的意外观察结果。这位营销代表与办公室的职员一直保持着联系，他在那里放置了施乐914试用版复印机。

大数据并不是为了让人们获取深刻洞察力而设计的

大数据能让人们获取这样深刻的洞察力吗？产生此怀疑的一个原因是，了解当前趋势并以此为依据对未来进行推断的前提是，情况不会发生改变；若情况确实发生变化，过去的趋势便不能再用于预测未来。

产生怀疑的另一个原因是，数据分析的格式通常是为了对事物的运作方式给出合理假设而设计的，但当我们推翻其中一些假设时，深刻的洞察力便会由此产生。而我们设计数据库的方式无法适应深刻的洞察力，导致数据库的过时。数据分析和编码的方式反映了研究人员当下的观念和假设，这些观念及假设则形成于过去发生之事的基础上。

我想到的一个例子是，在"9·11"恐袭事件发生之前，美国安全机构并没有为那些正在上飞行课但不想学习如何降落的人编码。因此，如果不对异常情况进行编码，分析和编码就会对细微的异常情况不敏感。这并不是说这些异常情况没有被注意到。菲尼克斯的一名美国联邦调查局特工确实发现了这种奇怪的模式，并试图向上司反映，可并未成功。但智能搜索系统似乎不太可能注意到这种异常情况，就像它没有注意到施乐公司的营销代表说办公室主管不知道自己复印了多少份一样。

如果不具备意识到异常情况重要性的能力，数据库和编码方法就无法演进，从而无法让人们获取深刻的洞察力。数据分析通常是为了提高速度，提升能力——每秒钟处理的数据越多越好，而不是为了揭示深刻的洞察力。

也许大数据也能够通过异常强大的计算能力让人们获得深刻的洞察力。然而，这一过程可能会产生大量的错误警报。真正的洞察力不会伴随着许多无用及无关的结论。决策者不需要在成吨的垃圾中翻找，希冀找到隐匿其中的宝石。人们通过大数据最终可能会获得必要的情报，避免所有的错误警报，但究竟要花多少年尚未可知。企业现在需要的是深刻的洞察力。

认知分析与深刻的洞察力

没有任何方法可以不断产生深刻的洞察力。然而，我们却可以通过所采取的方法来增加洞察力产生的概率。为了了解消费者如何看待产品、如何做出购买的决定，我们可以使用认知分析等方法对消费者进行更细致的调查。

但比方法更重要的是我们的态度，要注意犹豫不决和模棱两可的态度（例如，"这得看情况"），以及含糊其词的表述（"我无法用语言表达"，"这只是我的一种感觉"）。我们不应因偏离目标而气馁，而应将其视为挑战和机会，去发现难以描述之事。人们往往使用特定的话语去研究消费者所面对的困惑、面临的困境及他们自己心理模型中的缺陷，对此我们要避开。我们不一定总能成功，但如果我们遇到一点点挫折就放弃，那永远都不会成功。

下面是我主持的项目中的一个案例。该项目的赞助商宝洁公司希望深入了解家庭主妇对衣物去污剂的看法。我的研究小组走访各家各户，进行认知访谈。在我主持该项目的第一次访谈中，我问一位家庭主妇，她对自己所用去污剂的心理模型是什么。她疑惑地看了我一眼，然后转身对我的助手说道："他说的是啥？"我的助手们一路笑着回到办公室，可我却怎么都高兴不起来。我发誓再也不在访谈中使用"心理模型"这个术语了，但我们发现，即使使用不那么专业的词汇，也没有哪位家庭主妇能对产品的功效给出一个连贯的解释。

所以我们换了个方式。请了一位美术师画了一些漫画，展示了该类产品不同的去污方式（我们从几位家庭主妇那儿得到了这些提示信息，见图4.2）。然后我们把这些漫画给各位主妇看，并问哪张最接近她们的真实想法。现在情况完全变了。家庭主妇们毫不费力地找出和自己情况最接近的漫画，还会加上一些她们认为漫画画错的细节。通过这种方式，我们了解到了她们的心理模型。

图4.2 去污产品漫画

因为心理模型是一种隐性知识，所以家庭主妇不能明确地表达自己的想法也就不足为奇了。但我们并未放弃，找到了解她们心理模型的正确途径。我们的赞助商对如何将产品功效的信息更清晰有效地向消费者展示有了更深刻的认识，也明白了为什么将产品信息可视化之后，效果会如此不同。

第二个案例也是关于洗衣用品的，这个案例进一步说明了在获得深刻洞察力方面使用定性方法的作用。赞助商宝洁公司还想向力求减少在超市消费的家庭主妇推销一种低成本洗涤剂。经过三年的调查和焦点小组的研究，研究团队收集了大量数据。研究团队认为，他们已了解了这些"节俭型家庭主妇"的决策策略：购买最便宜的洗涤剂。尽管如此，他们还是给了我和同事们一个自行调查的机会。我们再次进行了认知访谈。这一次，我们以一家超市通道的照片为依据，通道两边的货架上摆满了洗衣用品。不同品牌的洗涤剂清晰可见，但货架底部没有价格标签。在采访过程中，我们请这些家庭主妇想象走过这超市过道，看看家庭主妇们会对哪些产品感兴趣，以及她们何时会询问产品的价格信息。

我们发现，这些节俭的家庭主妇并不只买最便宜的产品，因为如果衣服洗完后手感粗糙，她们的家人不会高兴。她们的策略是预先确定三四种消费得起的洗涤剂，也就是一套洗涤剂。然后主妇们在购物当日剪下优惠券，找找超市内的特价商品。结果，她们买了当天优惠力度最大的一套洗涤剂。

如果洗涤剂套装内的商品不足三件，那么买到便宜货的概率就太小了。如果洗涤剂套装内的商品超过四件，则价格算起来就太麻烦了。这些节俭型家庭主妇和其他顾客一样挑剔。与他人不同之处在于，她们采取以可承受的价格购买产品的策略。宝洁公司的研究小组完全不知道这些节俭型家庭主妇使用了如此复杂的策略。我们的发现改变了他们推销新产品的方法，新产品一经推出，便大受欢迎。

这两个案例都产生了其他方法无法带来的深刻洞察力。运用大数据不太可能让人们获得关于心理模型及购买策略的深刻洞察。

定性的、小规模的认知访谈法有局限性，就像大数据策略有局限性一样。每种方法都适用于一定类型问题的研究，但放在其他类型上就不适合了。大数据策略对于捕捉各种不同类型数据中揭示的各种微妙趋势是研究利器，但在获取洞察力方面却不太适合，获取洞察力需要企业决策者和数据分析师抛弃自身的核心观念。我们不知道大数据策略什么时候也会无法挖掘出深刻的洞察力，因为我们永远无法确定哪些发现还未实现。然而，如果目标是获得深刻的洞察力，那么我们可能不能完全依赖大数据。

——2014 年 9 月 13 日

第二个奇点

人类的专业知识和人工智能的兴起

大众媒体喜欢有关"奇点"的故事——电脑不仅比人聪明，还获得了意识，并接管一切。

术语"奇点"的使用得益于弗诺·文奇（Vernor Vinge，1993）的独创，他断言"不出三十年，我们将拥有创造超人类智能的技术手段。不久之后，人类时代将终结"。雷·库兹韦尔在 2005 年出版的《奇点临近》一书中宣传了这一观点。库兹韦尔解释了计算机在使用人工智能并结合遗传学、纳米技术和机器人技术领域的新发现后，将怎样为机器智能超越人类智能创造条件。库兹韦尔并不是在写科幻小说。他认为奇点不仅是一种真实的可能，而且是不可避免的现实。

许多研究人员和哲学家都在批评库兹韦尔，认为奇点尚未到来。他们认为奇点不需要我们立即关注。我本人也是怀疑阵营中的一员。

对于机器智能的进步我并不否认，但我看到有证据表明，目前对人工智能的狂热已被夸大。IBM（国际商业机器公司）的沃森等项目原本有望横扫整个领域，但现在已淡出公众视野。投资人厌倦了所有的过度承诺。人工智能领域的顶尖研究人员正在撰写关于深度学习领域如何碰壁的评论文章。

与十多年前库兹韦尔的书问世时相比，我们现在对人工智能的优势及短板有了更深刻的认识。奇点的概念现在似乎没那么可怕了。

而真正让我担心的是"第二个奇点"。

我所说的"第二个奇点"不仅仅是指计算机变得更强大，还指随着计算机功能变强大，我们在许多领域拥有的自身专业知识在减少。随着机构将决策权外包给机器，员工将失去变聪明的机会，结果只会鼓励更多的外包产生。

我担心，第二个奇点实际上要比库兹韦尔最开始提出的奇点临近概念在时间上离我们更近。我称其为"第二个奇点"，是出于对库兹韦尔分析的尊重，而不是出于时间考虑。

目前，专业人才减少的情况并没有大面积出现。也有越来越多的人成为掌握各项技能的专家，如程序员、网络管理员和网络安全监督员。美国的医生数量从2000年的81.3万名增加到2015年的108.5万名。

美国国会研究服务中心的报告称，科学家和工程师从2012年的6 187 760人增长到2016年的6 934 800人。美国律师协会的报告称，尽管在线法律服务有所增长，但执业律师的数量在过去十年中也增长了15%。

因此，许多领域的专业知识正在增加——现在需要不同类型的专业知识，有些行业在五十年前根本不存在。

然而，部分领域有价值的专业知识正在流失，如制造专业、医疗保健领域，以及航空领域，包括飞行专业和维修专业。在许多石化工厂，管理人员正在寻找自动化操作的方法。同样，儿童保护服务机构的主管们也在探索让接待专员和社会工作者的工作自动化的策略。

专业知识并非一朝获得，永不忘却。它可以经过几代人，在组织或部门中消耗殆尽，这里的"代"是以五至十年为单位来算的。员工流失、招聘标准降低、培训预算削减，以及危险地退回到所谓的"适时培训"，都可能造成专业知识的损耗。然后就会产生棘轮效应，专业知识的减少只会令员工对机械决策产生更大的依赖，从而阻碍了在提升他们直觉水平方面的更多投资。专业知识持有水平便从此开始走下坡路。

我们可能只有在失去专业知识后才会发现它的价值。

出于实际情况考虑，机构希望减少对专家的依赖。培养专家需要时间和资金的投入，还是算法和机器来得更便宜。

如果不考虑构建算法或设计人工智能系统所投入的成本，并且不担心对其进行修改以满足不断变化的条件，那么算法和机器确实更便宜。只要不担心脆弱的系统在遇到意外状况时会出现崩溃、传感器故障或类似的情形就好。（想想波音737 MAX的坠机事件。）过去，我们依靠经验丰富的操作人员来检测机器是否符合标准并在必要时进行干预。如果放弃有经验的操作人员，就意味着失去了这种保障。只要不担心有人恶意利用人工智能系统中的漏洞就好。即使算法和人工智能系统的表现不如人，至少它们更可靠（只要条件不发生变化），在我们的精益六西格玛文化中，受到高度重视的是可靠性。

更糟糕的是对专业知识价值的贬低，我将在本书第五部分的《向专业知识宣战》一文中对此进行详述。我的同事本·施奈德曼和罗伯特·霍夫曼（Robert Hoffman）帮我一同完成了这篇文章，我们合力阐述了这场针对专业知识的战争（Klein et al., 2017）是如何由五个不同领域的学者发起的，这些学者都声称专业知识不是被夸大，就是不可靠，甚至不存在。这些学者提出，我们不应相信专家，我们应该通过其他途径来做决定——算法、一览表、人工智能或是明文规定。

我和同事解释了这场专业知识之战背后的错误推手。我们已证明这些论点都经不起推敲。外科医生、教师、飞行员、控制室专家，甚至程序员，他们每天创造的奇迹足以反驳这场矛头直指专业知识的战争。

然而，来自这五个领域的学者的信息正是不少公司和其他一些大型机构想要的——为它们用机器的专业知识取代人的专业知识提供了借口。

因此，在几个特定的领域，我们看到不少机构都在积极地减少它们的专业知识储备，以支持自动化或一览表来进行决策。这就是第二个奇点。一旦接近这个奇点，我们就很难再回去了。专业知识可能再也找不回来了。隐性知识、感性技能、心理模式可能就永远消失了。

图 4.3 显示了两个奇点。曲线 a 显示了人类专业知识的正常增长率，曲线 b 显示了使我们忧心的专业知识的减少，曲线 c 显示了机器智能的增加。库兹韦尔描述的奇点是曲线 a 和 c 在遥远未来的交集，反映了机器智能比人类专业知识增长得更快。但在人类专业知识有可能慢慢消失的领域，我们看到第二个奇点就出现在不远的将来，这就是曲线 b 和 c 的交点。在某些情况下，第二个奇点已经出现了。

在某些领域，制造这样一些机器，它们能够可靠地执行目前由人类完成的某些任务，我认为这是很有意义的，我所担忧的不是这个。想象一下，将来我的自动驾驶汽车可以在不用我操控的情况下就能实现侧方位停车，而我的侧方位停车技术也会因此而生疏，对此我是欢

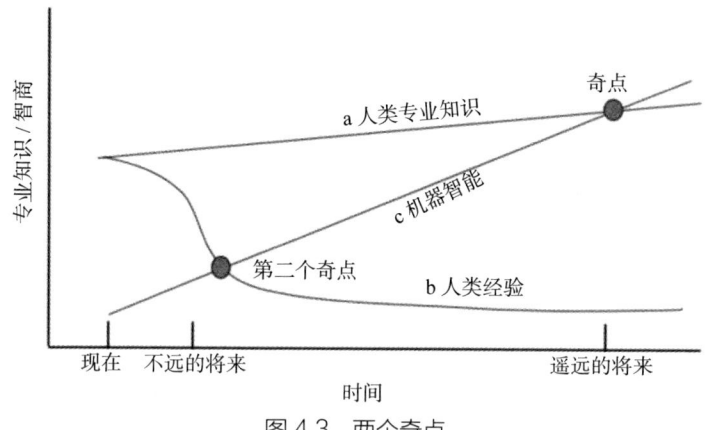

图 4.3 两个奇点

迎的。事实上，为实现这个目标越来越多的汽车模型被制造出来。因此，我们不应仅仅出于怀旧心理而担心无法保留专业知识。除少数考古学家外，没人知道如何用岩石磨制燧石刀，但我们的社会也仍在进步。

我们应该担心的是，在某些领域，那些被摒弃的专业知识是极有价值、不可或缺的。我们应该担心的是，这些领域会发生重大的事故，因为在这些领域，机器不那么可靠，需要经验丰富的操作人员来使机器世界的运行模式与现实世界的运行模式保持一致（Woods & Sarter，2000）。我们应该担心那些为了短期的方便和节省而牺牲长期安全的领域。我认为对于这些领域以及这些领域的机构来说，第二个奇点已经离它们很近了，而且会越来越近。

我们能做什么？

第一，我们可以试着提高对第二个奇点及其所带来的风险的认识。

第二，我们可以尽力提升对专业知识及其优势的认可。

第三，我们可以呼吁政府和公司减少对制造更智能机器的支持，转而支持制造让我们变得更聪明的机器。

第四，我们可以鼓励实用的专业知识走出实验室，走进工作间。这是将专业知识视为关键而脆弱的商品，并制定策略来对其进行保护。

第二个奇点并非不可避免。它是我们自己制造出来的，我们也可以不让它出现。

——2019年12月3日

超链接的发明

我们认为超链接的存在是理所当然的，所以不妨想象一下，假若它从未被发明出来

那是在20世纪80年代早期，计算机才开始发展。马里兰大学的计算机科学家本·施奈德曼正和他的研究生丹·奥斯特罗夫一起在为博物馆的一个展览准备视频光盘。施奈德曼在计算机屏幕上设置了一个有编号选择的菜单，用户可在计算机屏幕上查看磁盘上的照片。

计算机屏幕先显示照片说明，然后列出数字选项，接下来便可以开启这场虚拟之旅了。计算机的这项功能既新颖，又令人兴奋。用户不用像读故事那样得按顺序看完所有内容。相反，用户只需输入选项编号，就可以确定接下来想看的照片，直接跳转过去。这自由选择的感觉太棒了！

施奈德曼选中他感兴趣的照片，在文本框中输入数字，然后按"enter"（回车）键查看照片并阅读说明。当施奈德曼摆弄菜单时，他的注意力从图片说明转移到标有数字的菜单选项上，然后又转移到键盘上输入数字，来来回回的过程让他颇为不快。

施奈德曼的脑海中突然闪过一个念头："图片说明里有我需要的所有信息，为什么不直接点击图片说明中的文字来显示下一张照片

呢？这样一来，我就不用看菜单上的数字编号了，也不用在键盘上输入数字了。"

就这样，他发明了超链接。

一开始，施奈德曼给自己的发明起名为"嵌入式菜单"，但很快便被"超链接"取代。1989年春，蒂姆·伯纳斯-李在其关于万维网成立的宣言中就用到了施奈德曼的超链接。

我们现在视超链接的存在为理所当然，那么就让我们想象一下假如施奈德曼从未发明过超链接，其他人也没发明过。我们将超链接从用户体验中去掉。

想一想，你会如何在计算机或智能手机上浏览信息，又会如何使用触摸屏？该怎样进行拖放操作？答案是只能通过菜单完成前述操作。即使我们把苹果的Siri也牵扯进来，想象一下，自己告诉Siri要如何整理照片，或者说出尺码和颜色，让Siri帮你选一件运动衫。

超链接已融入我们的生活，若不是像这样专门去了解的话，我们几乎已经忘了它的存在。超链接是施奈德曼直接操作理论的一种应用，它使得移动设备上的微型触摸屏键盘、标记过的家庭照片、手势交互和其他可视界面得以出现。所有这些发现使施奈德曼当选为美国国家工程院院士。施奈德曼和他的研究团队不仅萌生了这些想法，还编写了指导方针和规范，以便这些功能可以在我们使用的所有设备上运行，无论该设备是由苹果、微软还是由任何其他供应商提供。这些指导方针和规范已经成为国际标准。

超链接的这些特点已潜移默化地影响着我们的生活，它们已成为我们生活中再自然不过的一部分，以至于三岁的孩子都能摆弄我们的设备，即使这个孩子以前从未接触过智能手机。下次有机会的话，给一个三岁的孩子拍几张照片（当然，要得到孩子家长的允许），然后给孩子看照片。把手机递给孩子，他们在进行浏览照片、前后滑动这些操作时应该没有问题。这时关闭文件，转过身去，如果这个三岁的孩子自己悄悄在一旁将文件打开，你可别吃惊。接着他还会打开其他应用程序，或者进入手机的一级级文件中，找到家庭成员或最近旅行的文件。如果没看住，三岁的孩子可能会跑到你的笔记本电脑前，试着点击文字和图片，可能就是想听音乐、看视频。

除了超文本和直接操作之外，人机交互领域的研究人员还为我们带来了一些其他创新设计，如一键式菜单（电子商务的主要内容）和电子公告牌，这些后来变成了博客、维基百科、搜索界面等。

一想到智能手机和笔记本电脑，我们便很自然地会想到这些设备中所包含的技术。我们会对屏幕设计详加考虑，以实现我们想要的操作。大多数人往往忽略了那些看不见的设计——所有为改进用户体验并使其标准化的设计，而这已成为我们的第二天性。

超链接没有将人工智能引入其中，因此它在怎样设计让我们变得更聪明的机器方面是一个很好的例子。

——2018年1月4日

小数据

改变数据收集策略

目前，正如本部分前文所描述的，大数据势头正劲。大数据策略令人兴奋，因为它能让我们将大量信息纳入考虑范围；大数据策略也令人不安，因为我们意识到了自己的渺小，承认算法和智能机器远比我们知道的要多。

我之前的文章描述了大数据令人感到不安的原因，以及大数据分析虽遵循当前趋势，但忽略了让这些趋势不再适用的微妙而重要的变化。此外，这些文章还讲了数据丢失的问题。人们有时确实会注意到有些事情并未发生，却忘了是什么让我们意识到它们没有发生。大数据涉及的通常是已经发生之事，而却顾及不到未发生之事，即使这些未发生之事极为重要。

不过，本文讲的却不是大数据的局限性。

我建议我们不妨朝相反的方向想想：尽可能少地收集数据，理想情况是只收集一个数据点，但这个数据点会影响一个决定。有时，正确的观察会让模糊的线索变得清晰，而不是让它淹没在海量数据中。

我们来看几个案例。

1.（第一个案例由美国中央情报局前分析师特雷弗·哈德利提供。）2015年，美国中央情报局试图确定俄罗斯和中国是否要在地中海举行海军联合演习。当时尚无官方声明。局势尚不明朗，证据并不确凿。后来，一位外围分析人士想知道，一支中国舰队的补给具体都有哪些物品，于是便开始从塞浦路斯的船用物品经销商那里寻找在线订单。他发现了之前并没有的大米和面条的大额订单。为了安全起见，他还调查了当地海岸警卫队对海员的通知，找到了确凿证据。但真正决定分析结果的是大米和面条的订单。结案。

2.（第二个案例还是来自特雷弗·哈德利。）2011年，美国情报机构想知道法国是否打算干预利比亚内战。法国否认有过进行干预的计划，但情报界根本不会把这种否认太当回事。美国有理由认为法国会进行干预。预测以失败告终。预测专家没帮上什么忙。

后来，一名情报分析师在法国公务员收到的指令中发现了一份含糊不清的声明，即一份建议修改法国军人人寿保险规定的备忘录。这份备忘录列出了法国军队在当时表现活跃的几个国家，其中就有利比亚！几天后，该备忘录从官网上被撤下，取而代之的是一个删除了利比亚的版本，但为时已晚。美国分析师得到了他们需要的信息。（几个月后，法国军队在利比亚作战的消息得到证实。）结案。

3. 美国政府想要预测英国"脱欧"公投的结果。（不少国家也想知道。）分析人士仔细研究了民调结果，试图寻找一些起决定性作用的信息，但征兆还不够明显。一位观察家指出，欧盟的标准将要求英国家庭主妇用不同的方法来泡茶。目前用于烧水的茶壶能效太低，不必要地增加了碳足迹。欧盟需要效能更高的茶壶来烧水，但花的时间却是原来的五倍！这对邀请邻居过来喝茶会产生什么影响？这个证据虽不能完全令人信服，但作为事件的触发点，肯定是有影响的。结案。

4. 1990年，美国情报界试图预测萨达姆·侯赛因是否真的打算入侵科威特。有些人觉得侯赛因已经做好了进攻的准备，也有人怀疑他是否真会如此鲁莽。分析人士认为，侯赛因在伊拉克和科威特边境调动三万人的军队是一种威逼科威特做出让步的策略。常规证据无法产生任何结论性的判断。埃及方面认为，萨达姆·侯赛因对科威特的种种不满将会得到和平解决。美国驻伊拉克大使也这样认为。连科威特人都这样想，即使伊拉克已将所有军队都调至两国边境。因此，科威特并没有调动国内18 000人的军队，还让许多士兵去休假。

萨达姆·侯赛因究竟是怎么打算的？美国能源部的一名情报分析师指出，伊拉克军方征用了一万多辆民用卡车。征用这些卡车必然会对伊拉克国内经济造成严重影响，各类商业活动也会遭到破坏。而且这次卡车征用事件一直处于保密状态，并未对外公开。科威特人不会被吓住，因为他们根本不知道有这回事儿。萨达姆·侯赛因为什么会这么做？除非他突然决定要用卡车来发动袭击。结案。

5. 丰田的失控加速问题。这个问题导致丰田汽车不受控制地加速，就算司机拼命地踩刹车，车速还是降不下来。这类事件引起了日本全国的关注。有些人认为问题出在脚垫上，脚垫太厚卡住了油门踏板，但主要故障似乎是操作软件的问题。丰田汽车的程序代码超过1亿行，所以一些软件漏洞恐怕难以避免。数百起由失控加速造成的事故纷纷上报。丰田被迫拿出数十亿美元作为罚款及和解费。

然而，人为因素研究小组却得出了不同的结论：司机以为踩的是刹车，却误踩了油门。当汽车开始加速而不是减速时，司机以为刹车失灵，加速完全出乎意料且不可控制。司机自然猛踩踏板，以为自己踩的是刹车，结果车速越来越快。

想要证明这个并不容易，因为关于数据的争论反反复复，有不少。但事实证明，有两个论点很关键。第一个论点是通过检查汽车的黑匣子，调查人员发现，在失控加速出现时，刹车踏板并没有被踩下。第二个论点来自马尔科姆·格拉德威尔"修正主义历史"系列第一季的播客。格拉德威尔为《人车志》杂志安排了丰田凯美瑞在测试赛道上的一次测速。训练有素的司机将油门踏板一踩到底，然后在不松开油门的情况下踩下了刹车。车子停了下来。测了一遍又一遍，车子都停了下来。没出任何问题，没听见车胎刺耳的擦地声，发动机也没冒烟。在油门踩到底的情况下，刹车仍然运转良好。无须核对统计数据。无须查验数亿行程序代码。结案。

前述案例表明，少即是多。信息的质量比数量更重要。

如今，"小数据"一词在不同领域都有应用。马丁·林斯特龙甚至写了一本研究市场营销的书——《痛点：挖掘小数据满足用户需求》。维基百科也收录了"小数据"词条。以下是我总结出的小数据的一些特点。

（1）将小数据与大数据进行对比的大多数参考文献，认为小数据反映个人与有限信息间的联系，而大数据反映智能机器对不断增多的可用信号的需求。

（2）小数据对人际关系的促进以个人的专业知识和经验为基础。

（3）大数据主要涉及相关性，而小数据主要涉及因果性。

（4）人们采用小数据策略旨在促进洞察力的提升（Klein，2013）和转变思维模式。邦德（2013）明确指出，小数据可以帮助我们获得可应用于实践的洞察力。

（5）几乎所有人都认为，大数据和小数据并不相互排斥，也不存在竞争。我们可以两种方法都用。

（6）关于如何搜索小数据中有意义的部分仍存在分歧。有人建议我们应该从大数据入手，然后减少输出，创建日志，制作独一无二的手工制品。我对这一策略却并不怎么感兴趣。相反，我认为，当我们使用心理模型留意或找到关键的信息片段，即确凿的证据时，小数据的力量便展现出来。本文的五个案例皆说明了重点是关键数据的巧妙发现，而不是大数据的集中输出。

（7）有时，我们可以从众多案例中选择几个具有代表性的案例，然后提供这些案例的细节来辅助决策者。举个例子，如果一位政治家正在思索汽油价格上涨将如何影响低收入人群，那么选出三个具有代表性的个体会有所帮助，比如一位使用公共交通工具、有固定收入的老人，一位同时打两三份工的单身母亲，以及一位在教会团体中自愿开车接送教会人员参加各种社会、医疗及福利活动的退休人员。

（8）一旦遇到关键数据点，就需要从专业知识的角度对其关注。这需要相当复杂的心理模型来理解如何对数据点进行应用，看看它能给我们带来什么。

小数据策略存在的一个风险是，它可能会被滥用，被有意挑选用于传递误导性印象的例子和轶事。因此，小数据策略应该在存在现有证据的情况下使用。对小数据策略的使用并没有消除分析人员调查相关变量的义务。我在前述五个例子的结尾处都写了"结案"，但在实际调查中，调查人员会适当地寻求另外的数据来证实或推翻他们先前的推测。然而，采用小数据策略可以减少仅仅为了满足对完整性的强制需求而积累越来越多数据的趋势。小数据策略重视的是数据的意义，而不是数据的积累。

本文中的案例皆表明，我们应该改变为收集信息而花费精力的状态。与其把每一个可有可无的小道消息都考虑在内，不如收集与意义构建和发现有关的信息。我们应该寻找的是于判断真正有益的线索、异常情况，以及缺失的数据，即预料之中却并未发生之事。我们要留意的是"促成改变的不同之处"。

——2018年7月22日

即兴国际象棋

促进思辨思维的方法

作为国际象棋比赛的一个新想法，"即兴国际象棋"鼓励棋手运用思辨思维。这种下棋方式靠的不是记下来的顺序或仔细计算出来的权重及预判，它要求棋手扩展知识及思维，发现其中的含义和启示。

在国际象棋（还可以用围棋、西洋双陆棋、跳棋或其他任何类型棋类代替）比赛中，这种新玩法是，棋手做好下棋的准备，但有个小变动。

比赛组织者会提前碰面，选择进行何种调整。他们确定对规则进行一处变动，但直到比赛开始前，才宣布这一变动。

会是怎样的变动呢？可能是兵在初始位置不能再前进两格——只

能前进一格。也可能是所有的马都换成了车。或者王没有了，王座被空出来，后成为绝对中心——擒住对方的后即可获胜。还可能规定棋盘正中的格子，如D4格，为双方都不可占领之区域。

这就是"即兴国际象棋"。赛前最后一分钟，规则发生改变。突然之间，机器学习系统与自己对战过的数百万场比赛变得毫无意义。此时对棋手来说，关键是要立即明确规则、机会及新战略。这种新方式鼓励适应性和新发现，而不是对之前案例的收集整理。

实际上，博比·菲舍尔就推出了他自己的创新象棋游戏，即菲舍尔任意制象棋，这种新方式与我所追求的结果几乎完全一致。菲舍尔任意制象棋就是不再让棋手记忆国际象棋的大量开局规则。

菲舍尔任意制象棋规定双方的兵必须留在初始位置。除兵以外，其他棋子仍排列于底线，各子的位置可随机，但必须遵循下列原则：双象不可在同色格，双车必须在王的两侧，黑白双方的棋子必须呈对称排列。

菲舍尔任意制象棋实现了与即兴国际象棋相同的目的，且更容易实现。然而，菲舍尔任意制象棋只对开局进行了规定，而即兴国际象棋的规则却贯穿整个比赛，如后者规定双方都不可占领D4格，或双方不再有王。

即兴赛制的另一个优势是可用于其他棋类，包括像围棋和双陆棋这样未规定棋子初始位置的棋类游戏。

本·施奈德曼提出了其他的比赛方式，即在比赛中随机改变棋子的身份或位置，使整个棋局更加扑朔迷离。比如，你可以随机地将一个棋子换成另一个。我喜欢这个想法，使用一台公正的电脑在比赛的任意时间对棋子进行替换。当然，棋子的替换必须符合国际象棋规则。同时，棋子的替换也应对称——双方同级别的棋子同时进行替换。这样的规则将把比赛变成一场真正的争夺战，唯有机智灵活的棋手方能在比赛中胜出。

施奈德曼还建议让每个棋手只能看见整个棋盘的四分之三，这样对方棋手（或弈棋机）所知的信息便不完整。该规则将为比赛注入不确定性。它类似于德国的军棋游戏，是国际象棋的一种变体。在军棋游戏中，我们虽然在同对手下棋，但彼此都看不到对方棋子的移动方向。每人面前都有一个棋盘，双方各自移动自己的棋子。裁判对比赛双方进行监督，将每一步都记录下来，若是出现违规或吃子的情况，裁判便会通知。一方被将死，游戏才结束。几十年前，这款游戏在美国兰德公司颇受欢迎。有些人屡战屡败，便说这游戏随机性太强。另一些人则说，他们确实掌握了策略，而他们是在比赛中获胜的那一方。

即兴国际象棋比赛不准棋手使用笔记本电脑，也不准棋手将笔记本电脑连接到超级计算机上。这些超级计算机可以快速地自我弈棋一百万次，以学习调整后的新规则，笔记本电脑也不允许参与此类与即兴国际象棋相关的机器学习。

之所以出台此类规定，我认为是因为即兴国际象棋这种形式强调的是概念理解和因果推理，而不是目前机器学习所涉及的相关性推理。

一些最强大的机器学习方法依赖于统计技术，它们使用多层神经网络对模式进行分类，这种方法通常被描述为深度学习。这些方法在语音识别、图像识别、语言翻译以及围棋和其他活动方面都取得了令人惊叹的进展，其成就不可否认。但正如马库斯（2018）所指出的，"深度"指的是更多的层次，而不是更多的抽象概念。马库斯以雅达利公司推出的游戏《打砖块》为例：经过四小时的训练，该游戏被系统通关。该系统学会了挖隧道，最终将砖墙挖通。然而，系统不知道隧道是什么，也不知道墙是什么。当人工智能研究人员对系统进行轻微干扰时，如改变桨叶的高度或在屏幕中间插入一堵墙，人工智能系统便会失败。可见，人工智能系统不具备适应性，它目前的状态看来是学不会即兴国际象棋的。

也许即兴形式的应用会给人类带来优势，也许还会鼓励计算机科学家继续努力，在人工智能系统中加入常识性推理和概念性判断。无论如何，我认为即兴形式是对像思辨思维这样的智力能力方式的认可与提升。

——2019年1月1日

AIQ：人工智能商数

帮助人们更聪明地使用智能机器

你准备好使用装有人工智能功能的软件了吗？你准备好永远都搞不懂这些软件工具究竟如何工作，还有到底该不该重视它们给出的建议了吗？

显然，很多人都没做好这样的准备。

即使是开发机器学习和深度神经网络的计算机科学家，也不能完全理解他们一手创造出来的机器是如何进行思考的。原因在于，算法接管后开始对大量数据集进行篡改，近乎疯狂地对数据进行连接和反向传播，这样一来，即使是系统的研发人员也无法理解系统是如何得到答案的。研发人员尚可猜测，但也只是猜测。而大多数系统的使用者甚至都不知道如何猜测。

过去几年里，我一直在与罗伯特·霍夫曼和谢恩·米勒合作，试图解决这个问题。我们参与了一个名为 XAI 的大型计划，XAI 是可解释性人工智能的缩写。该项目由 DARPA，即美国国防高级研究计划局赞助。大多数研究可解释性人工智能的团队都在打造性能卓越的系统，即为让自己的人工智能系统更容易理解而运用人工智能。

与此相反，罗伯特、谢恩和我一直致力于研发更简单明了的工具来增加解释性，我们将这套工具称为 AIQ，即人工智能商数。我们的目标是帮助使用人工智能系统的人更明确地了解人工智能系统是如何工作的，我们想要提高人们对于一直苦苦思索的人工智能系统的智商。

我们希望人们对所使用的人工智能系统有更完备的心理模型（Borders，Klein，& Besuijen，2019）。通过更完备的心理模型，人们不仅能够理解一个系统是如何工作的，还可以认识到一个系统是如何失效的——它为何会出问题，它的局限性又是什么。更完备的心理模型有助于人们对失败及局限产生原因做出判断。最后，更完备的心理模型有助于人们掌握应对失败及局限的方法。

到目前为止，我们已经总结了九种不同的 AIQ 工具，但我估计这个工具包里的工具会不断增多。下面只是其中的三个。

认知指导。其中一个认知工具是预先指导，其目的是向用户提供一个更完备的心理模型（系统如何工作，如何失效，为何失效以及如何调整）。谢恩和我在十年前创建了这个认知指导的早期版本（Mueller & Klein，2011），并对复杂的逻辑系统进行了试用，效果很好。我们已对这个版本进行了更新，并将它用来处理人工智能系统。

可解释性量表。我们已经开发了几种量表，并进行了验证，包括对人工智能系统的信任度、解释良好度、解释满意度和心理模型充分性，以及用于分析人工智能用户心理模型的方法（Hoffman et al.，2018）。

自我解惑评分卡。这个评分卡是衡量人工智能技术的能力和先进程度的工具，以提高可解释性——不是直接提供解释，而是让系统的使用者更容易理解。我们已将这个工具应用于几个正在进行的可解释性人工智能项目（Klein，Hoffman，& Mueller，2020）。

我们将对 AIQ 工具包继续加以应用、评估并进一步扩展。另一个 AIQ 工具——发现平台，将在本书后面的文章中予以详述。

过去，让人工智能系统更容易被理解的工作当然是由人工智能专家来完成的，他们开发的工具和技术依赖于人工智能能力。这些工具通常表现卓越、功能强大，但却有个缺点，即对人工智能不太熟悉的日常操作人员必须既要理解解释工具，又要理解被解释的人工智能系统。

相较之下，AIQ 工具则不需要任何人工智能，其中绝大多数工具甚至连电脑都不需要。我们不是在制造更聪明的机器。我们希望 AIQ 工具能让人更聪明，提高人的智力水平，提高人的智商，以应对他们必须使用的特定人工智能系统。

承诺及免责声明：本文已获准公开发表，可无限转载。本文是由 AFRL（美国空军研究实验室）根据 FA8650-17-2-7711 号协议赞助的研究。文中包含的观点和结论均为作者本人之观点和结论，无论是字面意思还是言外之意，皆不代表美国空军研究实验室或美国政府的官方政策及认可。

——2020 年 7 月 1 日

反思

第四部分的诉求很简单，就包含在标题中：让我们把更多的精力放在制造让我们更聪明的机器上，而不是制造更聪明的机器上。

我见过不少例子，设计令人印象深刻的系统的挑战容易使技术开发人员产生共鸣，而这些系统如何让普通人学会使用，发挥其功效，却不能引起技术开发人员的兴趣。有时结果令人称赞。

有时结果却令人难过，正如第四部分所讨论过的——空客 A330 型飞机称不会自动熄火，谁料当真熄了火。军用直升机配备的先进的多模雷达会在 5 000 英尺以上的高空自动关闭，这样就不会将电力耗尽，你肯定不想在夜间无照明的阿富汗山区靠这种系统飞行。美铁的列车没有安装显示屏，无法向火车司机显示列车在运行线路上所处的位置。这些案例说明系统让使用者变笨，而不是变聪明。

如果技术的引领者继续让使用者变笨，他们可能会让我所说的第二个奇点更快到来——一个智能技术超越人类的交叉点。第四部分展示了这一切究竟是如何发生的——并非通过智能技术的进步，而是因为人类技能的退化。第四部分并没有对人工智能提出批评。其他一些书也涉足了这些领域（Gigerenzer，2022）。而我关心的是如何发现并增强人类的力量之源，不是通过技术对其加以损害。

第四部分的第一个主题是让设计人员更加了解系统未来使用者的能力，即本书第二部分讲过的力量之源。在这种背景下，部分优势体现得最为明显：前沿思维和思辨思维，社会参与和适应性团队协作，个人责任的承担。

大数据时代，个人和组织均可获得大量信息，而对这些信息进行分类的唯一方法就是使用智能技术。无论如何，整理数据不同于获得洞察力。第四部分描述了人们如何获得洞察力，不是查遍所有的数据，而是抓住提供发现机会的单个数据点。例如，施乐公司对如何营销其突破性产品——复印机的点子，就显示了少量关键数据点的作用。另一个例子是，在"9·11"恐袭事件发生前，消息人士听说中东有人正在上飞行课，但这些人对练习起飞和降落不感兴趣，他们的头脑中就响起了警报。

有用的数据点不易收集，这就引出了另一种力量之源——找到引出隐性知识的方法，比如心理模型。我和我的研究团队找到一种方法，即用简单的图形让家庭主妇们描述她认为去污剂是如何起效的，我们当时就是运用了心理模型。

第四部分的第二个主题是，确实有一些令人信服的案例证明先进技术让我们更聪明。维基百科、谷歌搜索引擎和智能手机都让我们的生活变得更简单、更丰富、更高效。这样的技术越多越好。另一个例子就是超链接——一种无处不在的技术，我们完全视其为理所应当的存在。超链接也是一项让我们变得更聪明的技术。

第四部分还帮各位读者了解了小数据作为力量之源的使用情况，展示了情报界人士如何用少量的数据做出大胆的评估，如法国意图干预利比亚内战，萨达姆·侯赛因是否打算入侵科威特，还有丰田失控加速问题等，这些案例表明比起收集大量半随机数据，运用正确的数据能更好地解决棘手的问题。

小数据策略强调的是因果推理，而非相关性。第四部分的案例表明，技术设计人员可以通过让人们更容易找到关键的数据点，而不是将人们淹没在海量数据中，让人变得更聪明。

还可以通过棋类游戏让人变得更聪明，这些棋类游戏可以提升洞察力，锻炼灵活思维。即使是国际象棋这样的游戏也可以进行重新设计，利用技术来培养适应性思维。

第四部分的最后讲了一种非算法策略，其目标是使人比自己操作的智能机器更聪明。这种 AIQ 工具由一整套方法组成，如认知指导和可解释性人工智能协同法，它们都有助于该目标的实现。

第四部分的两个关键主题：让设计师更多地意识到可为人所用的力量之源，鼓励设计人员开发一些利用技术让人变得更聪明的工具及策略。基于追求这两个目标，专业知识的需求一定会增加而非减少。

这就引出了下一个问题，到底什么才算是专业知识。

5

见不可见——专业知识

概述

对于本书,对于自然主义决策运动,乃至对于整个社会来说,专业知识都是一个重要的话题。然而,这个话题不只重要,也颇具争议。不少人——在我看来,恐怕是绝大多数人——对专业知识持怀疑态度,一有机会就急于揭穿它。第五部分的几篇文章列举了有关专业知识的案例,但也讲了一些批评人士和他们对于专业知识的观点。

这几天,专业知识的话题成为热议话题。我在 2021 年 4 月 6 日写这篇概述时,新冠疫情已出现了一年多。在关键问题上一旦缺乏专业知识,便会出现混乱、困惑及愤怒的争论。在新冠疫情暴发之初,我们对其成因、传播途径和防范措施知之甚少。我们甚至不清楚如何判断一个人是否感染了新冠病毒。医生一直在对一个病人进行治疗,该病人后来才被证实染上了新冠病毒。医院的工作人员急着了解最新的新冠病毒资讯,甚至是有关新冠病毒的各种小道消息,有时还会将自己开车上班时从广播里听到的内容拿来和同事分享。("我们要问问病人是否失去了味觉和嗅觉。这是有根据的。我刚从美国全国公共广播电台的节目上听到。")

过去，医疗保健机构的许多领导者都对循证医学和最佳实践颇为满意，决定由这些工具来代替专业知识。不少经验丰富的医生推荐了一些疗法，他们认为这些方法会起效，但结果却证明它们毫无价值。"草根医学"的对症良方是进行严格控制的双盲研究——循证医学运动的基石。这样一来，科学和数据将战胜不可靠的所谓专业知识。至少，这也算是一种说法。实际上，事情却没有这么简单。D. E. 克莱因等学者（2016）解释了开展循证医学所要面对的六个认知挑战。首先，你必须确定病人的病因。接下来，如果你想应用这些证据，就必须估计一下自己对这些数据有多少信心。如果你基于经验得出的判断与证据相冲突，你就必须决定下一步该怎么做。此外，循证医学依靠对单一疾病的研究来判断治疗是否有效，但许多患者患有不止一种疾病，对其中一种疾病进行有效的治疗可能会让另一种疾病恶化。如果你用了循证医学的治疗方法，它却没有效果，你该怎么办，是坚持用下去还是就此放弃？最后，面对那些看似合理但尚未经过测试的治疗方法，你又会怎么做？

最近的挑战就是疫情，因为当时没有时间对不同类型的治疗方法进行适当的测试。医疗救护人员拼命分享在其他地方似乎有效的救治方法。意大利的急救部门分享了一种俯卧治疗法——病人无须仰卧，可以让病人通过侧卧或俯卧来大幅减少对呼吸机的需求。谁知道会不会有用呢？但值得一试，尤其是因为当时呼吸机太缺乏了。

当我们不得不在没有专业知识的情况下苦苦求索时，专业知识的重要性便愈加凸显。

我们也看到了关于谁才是真正专家的争议及政治抨击。每次专家们改变建议，就会受到攻击。"几周前他们让我们戴口罩，现在却说不用。他们说的任何话都不能再信了。"这种态度显示了一种普遍的看法，即真正的专家必须是绝对正确的，所以任何时候一旦那些所谓的专家改变了看法，便再无可信度可言。

我们这个世界迫切需要专业知识，同时又对专家持怀疑态度。在我看来，这种犬儒主义确实过了头。经验最丰富的专业人士正在努力地快速学习专业知识，却陷入了公众的学习曲线，根本得不到同情。

疫情展示了对专业知识的攻击，但这些攻击早在几十年前就在科学界和知识界开始了。

第五部分以几篇描述对专业知识的攻击的文章开始。第一篇文章《跳蚤》描述了质疑专家现象产生的背景。接下来的第二篇文章《从黑猩猩到冠军》，提供了更多为毁掉专家信誉所做出努力的细节。第三篇文章《向专业知识宣战》，详述了五个领域的专家同时向我们呼吁不应相信专业知识。

接下来的几篇文章对专业知识的不同方面进行了描述。在某种程度上，这几个方面也是我们所有人所共有的，并渴望在更大程度上进行提升。第四篇文章《异常检测：留意意料之外》解释了对我们来说，注意到异常情况的重要性，以及这种发现在多大程度上取决于经验。第五篇文章《预料之中》探讨了我们产生预期的不同方面。第六篇文章《缺失的部分》讲了专业知识的一个关键但经常被忽略的方面——注意到未发生之事的能力。第七篇文章《杠杆作用》举了一个例子，二战期间，一位英国科学家利用专业知识找到了一个杠杆点，成功阻止了希特勒用 V-1 导弹轰炸伦敦并迫使英国投降的计划。

第八篇文章《专业知识的技能组合》抛出了一个复杂的问题，也可能是一种拓展。也许我们可以超越将专业知识视为一个单一概念的想法，即认为人们的专业知识水平是由低到高排列的。相反，我们可以设想专家可能拥有的技能，但不期望专家一定掌握这些技能。结果是，专业知识的概念流动性更强、更灵活。当然，我们也希望它变得更有用。

通过对专业知识不同方面的说明，第五部分还讨论了以何标准来判断谁是真正的专家这一问题。第九篇文章《怎样鉴别专家》列出了整整十个不同的标准，并解释了为什么没有一个是万全之策。然而，如果将这十个标准相互结合使用，我们就有希望对应信任之人做出更好的判断。

第五部分的最后一篇文章，是《变得愚蠢的艺术》。我们中有资格成为专家的不多。与其假装自己知道的不少，接受自身的局限性而不是试图隐藏反而会更好。对于自己的无知，我们可以向遇到的专家请教。专家们往往解释不了自己为何如此优秀，这就得由其他人找到方法来帮助专家讲明他们所具备的隐性知识。

跳蚤

怎样让专家变傻

有一个关于科学家和跳蚤的尽人皆知的笑话。科学家将一只跳蚤放在桌子上，然后用手重重地拍了一下桌子，跳蚤跳了起来。接着，科学家扯下跳蚤的两条腿，又拍了一下，跳蚤又跳了起来。科学家又扯下它两条腿，继续拍桌子，跳蚤又跳了起来。

科学家扯下跳蚤的最后两条腿，用手拍桌子，然后，跳蚤再也不跳了。他又试了一次，用手重重地拍桌子，但跳蚤还是没有跳起来。

于是科学家便写下了他的观察结果："当跳蚤失去了所有的腿时，它就聋了。"

同样的道理，如果将专家置于一个必须执行一项不熟悉任务（扯掉两条腿）的环境中，接着再将任何有意义的背景去掉（再扯掉两条腿），最后再用一个不恰当的评价标准（扯掉最后两条腿）评价他，便会得出专家名不副实的结论，但结论显然是错的。

读到先进的人工智能系统胜过专家的报道时，我就想起了这个笑话。比如，很多报道称，在医疗领域，医生在对病人进行治疗时会通过 X 射线检查病人是否存在患有肺炎的迹象，但人工智能系统却可以通过 X 射线对该情况进行更准确的检测。又比如，还有报道称，医生要对一系列血液检查结果进行研究，但人工智能系统会比医生更准确地从电子健康记录中发现问题。

报道中没有提到的是，医生有机会与病人见面并对病人进行观察，尤其是观察和上次看诊相比，病人的行动是否正常，病人的呼吸情况又如何，等等。由于人工智能系统没有办法捕捉这些观察结果，因此比较研究漏掉了所有观察结果，要求医生完全根据客观记录做出判断。这等于"去掉了两条腿"。不允许医生参考病人的任何病史——又"少了两条腿"。医生不能向病人家属询问病情，最后的"两条腿"也没了。由此，研究人员得出结论，医生并不熟练，没有人工智能准确。

我认为，我们需要的是这样一种方法，它可以让人工智能开发人员提高医生的判断力，而不是将医生取代。以下是王等学者（Wang et al., 2016）做的一项研究。病理学家的错误率为 3.5%，而人工智能的错误率仅为 2.9%。明显是人工智能胜出。然而，让病理学家与人工智能合作的话，错误率只有 0.5%（见图 5.1）。

另一项研究（Rosenberg et al., 2018）描述了人工智能驱动的机制如何让一组放射科专家使用"群体智能"来进行胸部 X 射线检查，看病人是否患有肺炎。群体协作的结果不仅比放射科医生的达标标准高出了 33%，甚至比斯坦福大学最先进的深度学习系统的结果还高出 22%。

西迪基（2018）讲述了另一个人类与人工智能合作的例子。费城的一家儿童医院里，大约每一千个发烧的孩子中就有一个感染了致命

（人工智能＋病理学家诊断错误率）＜病理学家诊断错误率

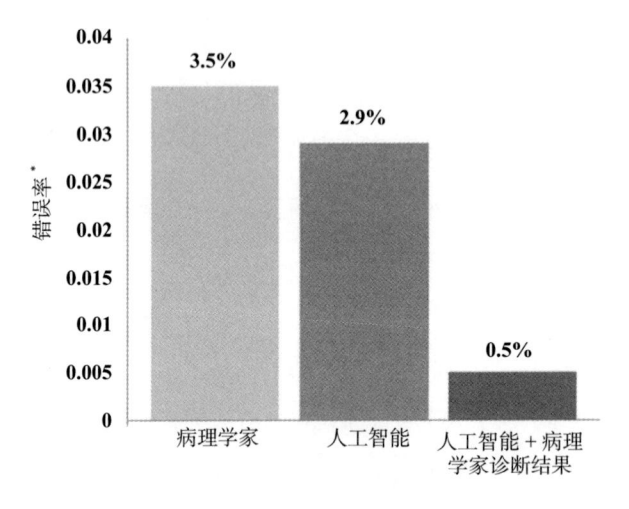

```
0.04
0.035    3.5%
0.03            2.9%
0.025
错 0.02
误
率 0.015
  0.01
0.005                    0.5%
  0
     病理学家    人工智能    人工智能＋病理
                              学家诊断结果
```

图 5.1　人工智能诊断结果、病理学家的诊断结果

资料来源：T. Kontzer,《深度学习将乳腺癌诊断的错误率降低了 85%》，2016 年。见英伟达博客：https:// blogs.nvidia.com/blog/2016/09/19/deeplearning-breast-cancer-diagnosis。
注：病理学家不进行问诊，只根据病人所拍的片子进行判断。

的流感病毒，而不是简单的感冒。有经验的医生对这种异常感染确诊判断的正确率为 75%。为了提高诊断的准确性、减少漏诊儿童的数量，一些医院用基于电子健康记录的定量算法来确定哪些发烧症状是危险的。完全依赖于数据的算法比医生更准确，能发现 90% 的严重感染，但算法的误报是医生的十倍。费城的一家医院先让计算机列出哪些孩子的发烧值得关注，然后让经验最丰富的医生和护士对这些孩子进行检查，最后排查出哪些孩子感染了致命病毒，再将他们带到医院进行静脉注射药物治疗。该医院的医疗团队以极高的准确度排除了算法的误报。此外，医生和护士还发现了计算机遗漏的病例，将致命感染的检出率从仅使用算法的 86.2% 提高到算法结合人工判断的 99.4%。[①]

---

① 感谢洛伦佐·巴韦里斯·卡诺尼科让我注意到了这些研究。

让专家变傻不难，但更令人欣喜、更有成就感的是让专家的能力发挥作用。

——2018年12月5日

从黑猩猩到冠军

"诋毁专家运动"背后的推手是谁？

一些专业人士对专家不屑一顾，甚至态度轻蔑，我对此颇感不安。

专家拥有我们普通人没有的技能。专家能看到我们普通人看不到的东西。专家会想到我们普通人想不到的联系，得出我们普通人得不出的推论。专家能发现我们普通人所忽略的问题，但有时已于事无补。

当然，任何领域的专家都不是完美的。他们可能过于自信，他们也会出错。因此，我们理应对专家持怀疑态度，尤其是某些电视新闻节目中那些自封的专家。合理的质疑会让人去探究专家何以卓越，以及是如何成为专家的。

而让我感到不安的是存在这样一种态度，这种态度已非合理的质疑，而已经是条件反射式的蔑视——某一领域的专家，乃至任何领域的专家都不值得尊重。

我第一次发现这种轻蔑态度的迹象是在参加关于判断和决策的会议时。启发-偏差理论的传统研究人员扬扬自得地讲述了一些实验，这些实验表明，即使是专家也会受到偏见的影响。1971年，特沃斯基和卡尼曼提出，当统计学专家根据直觉对小样本进行归纳时，做出了错误的选择。麦克尼尔等学者（1982）证实，经验丰富的医生在如何治疗肺癌方面与研究生和急诊病人一样容易受到框架效应的影响。专家也会有与生俱来的偏见。由此得出的教训是：专家不可信。

保罗·米尔（1954）的研究格外受到判断决策领域的重视，通过大量研究，保罗证明线性统计模型的判断优于专家的临床判断，或与专家的判断一致，由此表明我们最好用统计模型来代替专家。而线性统计模型中的因素就取自专家本身，这一点却没有引起太多注意，统计数据的主要优点是增加了一致性。

卡尼曼和克莱因（2009）在一篇文章中直截了当地指出："在涉及专家时，启发-偏差理论研究人员的基本立场就是怀疑。他们接受的训练就是寻找机会将专家的表现与正规模型或正式规则的表现进行比较，并期望专家在这种比较中表现欠佳。"

多年来，这种对专家的轻蔑态度我一直都有关注，数月前发生的一件事却真正让我感到震惊。

一家大型石化公司的负责人找到我的同事约瑟夫·博德斯，希望他为公司内控制大量设备的控制平台操作员开设一个认知技能培训项目。这些操作员的工作压力都非常大。如果他们无理由地关闭一家工厂，由此造成的生产成本损失可能高达数百万美元。但如果出了问题的公司他们未能及时关闭，就可能引发爆炸，不只损失金钱，更会危及生命。约瑟夫和我完全理解为什么公司负责人想要培养控制平台操作员的专业技能。

然而，该项目根本没有开始。几个月后，公司负责人不好意思地向我们解释说，培养控制平台操作员专业技能的计划被叫停。一位高层解释说，公司不需要控制平台操作员做出更明智的决定，因为操作员在操作中肯定会出现偏差。与此相反，公司负责人打算将决策权从操作员手中收回，转而依赖人工智能。

显然，听到这番解释，我惊呆了。这位高管对人工智能的信任不仅用错了地方（发现细微线索所需的隐性知识可能要耗费数年来培养），而且他对操作员的不信任也是一种非常危险的态度。如果石化公司的高管是根据他们对操作员基于偏见的担忧而有了这样的决定，那就表明，这场诋毁专家的运动已开展很久了。

这种对专家的不信任从何而来？主要是启发-偏差理论研究人员及其研究表明，经验丰富的专家表现出与毫无经验的新手相同的偏差。这些发现损害了专家的声誉。

当然，情况可能没有怀疑论者所说的那样严重。第一，判断偏差的影响可能被夸大了，原因我在本书的前几部分已经介绍过。一些研究发现，当人们被赋予自然任务而非人工任务时，判断决策偏差会变小甚至消失。第二，偏差源于我们对启发法的使用，而启发法非常有用。启发-偏差理论研究人员很少对启发法的好处进行研究，甚至从未进行过研究，这些好处必定远大于坏处。第三，那些最倾向于使用启发法，常出现偏差，以及违反贝叶斯统计规则的人，在现实生活中都很成功。贝格和吉格伦泽（2010）在报告中指出，与那些采取理性选择策略的人相比，这些人赚的钱更多，想法也更正确。

这给了我们什么启发？至于人们为何要忽视专业知识，有几个理由听上去很有说服力。虽然我并不认为这些理由经得起推敲，但即使经不起推敲，也不要紧。如果我们得到的唯一信息是必须由专家做决定，那也不要紧。

因此，我认为我们必须更积极地传达一个不同的信息，即专业知识很重要。我们要进行更多的研究，收集更多的证据来证明专家能做什么。下面这个案例是卡内基梅隆大学的教授吉姆·斯塔舍夫斯基（2004）所做的研究。美军花费了3 800万美元来发展改进型扫雷舰艇，但当新型扫雷舰艇进行测试时，新型号并没比旧型号有多少改进。两者的雷达检出率都在20%左右。斯塔舍夫斯基和同事们（Higgins et al.，2008）找了几位会使用新型设备的陆军工程师。经过测试发现，专家表现惊人，检出率居然超过 90%。然后，研究小组通过认知访谈和其他方法来确定专家们看到的是什么，并将这些发现应用于构建一门课程，教新晋陆军工程师如何有效地使用新型扫雷舰艇。这就是专家能教给我们的东西。

卡尼曼和克莱因（2009）明确了人获得直觉性专业知识所需的条件：结构合理而非混乱无序的环境，以及能对判断和决策进行快速而有意义的反馈的机会。我们得出的结论是，"忽视直觉技能的专业判断是极其狭隘的"。

菲尔·泰洛克举例说明了可扭转这一局面的过渡类型。泰洛克（2005）在给出了明确的预测目标的（例如，"我们预计未来十年国防支出占政府开支的百分比是上升、下降还是保持不变？"）基础上，报告了一项关于权威专家学者预测准确性的研究结果。结果却差强人意，并不比黑猩猩扔飞镖的成绩好多少。泰洛克的结论是"人类不比黑猩猩强多少"。对此，对专业知识持怀疑态度的人自然很高兴。

然而，十年后，泰洛克已是芭芭拉·梅勒斯领导的研究小组的一员，该研究小组致力于对专业知识进行预测。正如泰洛克和加德纳在 2015 年出版的《超预测》一书中所描述的那样，他们成功了。泰洛克证明了不属于任何政府机构的业余预测者，居然能够超越专业预测者，赢得预测比赛的冠军。这些超级预测者不只是运气好。多年来，他们一直保持着较高的预测准确性。当然，虽然 30% 的超级预测者从前几名中掉了出来，但 70% 的人仍然名列前茅。他们的成功源于研究、分析、自我批评以及综合他人的观点。他们努力保持和发展自己的专业水平，最终取得了巨大成功。

在泰洛克的第一个项目中，专家并不比黑猩猩强多少。而在第二个项目中，专家成了冠军。泰洛克对专家的态度随着与专家共事，观察他们如何工作而改变。他的转变应该会激励其他人放下对专家的偏见，更认真地对待专业知识。

——2016 年 9 月 10 日

向专业知识宣战

五个领域的研究人员正试图抹黑专业知识

有人故意降低我们对专家的信心，让我们对专业知识本身产生怀疑。从各方面来看，这种蓄意的行为就像是一场争夺知识分子地盘、科学可信度、政治甚至经济利益的战争。

我认为，这些专业知识否定者的大部分主张都存在误导性，其论点往往言过其实。但这些主张和论点不可被简单地忽视，因为它们确实产生了一些影响。因此，我要反驳那些误导性的主张和夸张的论点。我的同事和我准备了几篇文章予以反驳：一篇题为《向专业知识宣战》（Klein et al., 2018），另一篇是在此基础上写的短文（Klein et al., 2017）。

在本文中，我想简要地总结一下矛头直指专业知识的这场战争的几个主题。

这场专业知识之战所涉及的五个专业领域是决策研究、启发-偏差研究、社会学、循证实践及计算机科学（见图 5.2）。

决策研究。决策研究领域学者进行的初步研究表明，统计模型的表现优于专家。然而，经常被研究人员所忽视的是，公式中的变量最初是根据专家的建议推导出来的。这些公式的主要优点是其一致性。然而，这些公式并非铁律，一旦被推翻，便一败涂地。实验往往经过严格控制，规避了专家必须应对的各类复杂情况，比如目标不明

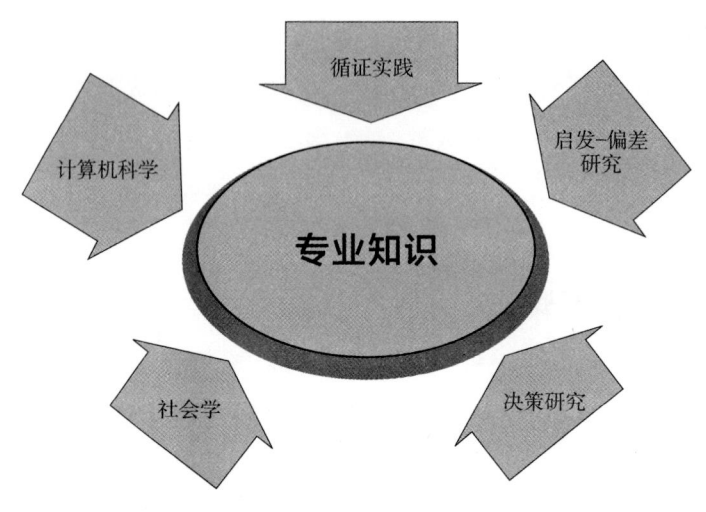

图 5.2 专业知识之战

资料来源：经本·施奈德曼授权使用。

确、条件多变、高风险、数据本身及其可靠性的难以保证。此外，研究通常侧重于单一衡量标准，忽略了模棱两可和难以量化的结果。最后，统计模型的优势往往体现在输出结果并不准确的情况下，即使它们的判断结果稍优于专家。

启发-偏差研究。卡尼曼和特沃斯基（Tversky & Kahneman, 1974; Kahneman, 2011）指出，人人都会沦为判断偏差的受害者，专家也不例外。然而，大多数启发-偏差研究都是以大学生为对象的。研究人员让他们执行不熟悉的任务，且没有提供事件背景指导他们。而当研究人员使用有意义的事件背景时，判断偏差就会减少。此外，正如卡尼曼和特沃斯基所说的，启发法通常是有用的。

社会学。社会学领域的研究人员断言，专业知识是与任务相关的群体及其产物所具备的职能，指的是"情境认知"和"分布式认知"。专业知识否定者认为，专家的认知是由社会建构的，并不具备个体知识的功能。显然，团队因素和情境因素在专家表现中发挥着作用，但这种极端的立场似乎站不住脚。如果我们用技能平平之辈取代团队中的专家，便可看到整体表现如何受影响。

循证实践。循证实践领域的观点是，像医生这种专业人士的诊断和治疗应基于科学证据，而不是依靠自己的判断。显然，太多江湖郎中的偏方和毫无道理的迷信手段大受追捧，而对照实验已将这些统统清除。然而，经过科学验证的最佳实践并不能取代熟练的判断，而判断证据的真伪、修改看似无用的计划，以及调整简单的规则以适应复杂情况都需要熟练的判断。在医学上，病人经常同时患有多种疾病，而证据通常只涉及其中一种。

计算机科学。信息技术、人工智能、自动化和大数据都声称能够取代专家。然而，这些说法都毫无根据。我们先说人工智能。人工智能在国际象棋、围棋和游戏《危险边缘》中表现完美。这些游戏结构完整，指示明确，解法明晰。但决策者会在目标不明确的情况下、模棱两可的情形中、不断变化的局势里面临棘手的问题，这些皆超出了人工智能的能力范围。接下来，说说自动化，应用自动化的目的是通过减少工作岗位来节约资金。然而，案例研究表明，自动化通常依靠多位专家对系统进行设计，并保持系统的更新及正常运行。此外，自动化通常设计得很差，并给操作人员带来新的认知工作。最后，大数据算法搜索的记录和传感器输入要比人工搜索的多得多，但这些算法容易得出根本不存在的模式。谷歌的流感趋势项目起初被当作成功案例来宣传，但随后因严重出错而不再被使用。大数据算法遵循历史趋势，但也可能会偏离这些趋势。此外，专家可以利用预判来发现原本非常重要但被遗漏的事件，但大数据算法发现不了事件的遗漏和数据的缺失。

因此，前述几个领域中没有任何一个能对专家构成真正的威胁。

若不加以驳斥，这些说法背后的夸大其词和混淆视听可能会带来恶性循环，导致专家被忽视，可信度被剥夺。当然，我们要从这些领域的专业人士的批评中学习。为了超越这些领域专业人士所采取的敌对立场，我们应对他们的贡献及能力加以肯定。在理想情况下，我们将培养一种合作精神，让他们的正向发现及技术用来为专家的工作助力。

——2017 年 9 月 6 日

异常检测：留意意料之外

分析传统少了什么

模式匹配指的是发现联系、找出关系，但当我们检测到异常时，我们看到的是不匹配——那些不协调的事物。尽管异常比匹配受到的关注要少得多，但发现异常的能力极其重要，它使我们得以摆脱固着，审慎看待我们理解情况的方式（Klein et al.，2006，2007）。

在我 2013 年出版的《洞察力的秘密》一书中，有这样一个故事：一位年轻的警察在等绿色信号灯时，注意到他前面的一辆新宝马车上的司机深吸了一口烟，然后弹了弹烟灰。这让他感到吃惊——哪个新宝马车主会这么做？他便进行进一步调查，让司机靠边停车，果然发现那辆宝马车是偷来的。

对异常情况进行检测，有助于我们发现问题诊断中的不一致性，从而摆脱固着；让我们注意到一个预先存在的计划可能并不适用于当前的环境；帮我们适应不断变化的环境，也许还会触发我们的"不适感"，即感觉哪里不对。

何为异常？有两种不同的观点：统计学观点和认知学观点。

统计学观点将异常视为异常值。维基百科对异常给出了如下定义:"对与大多数数据有显著不同而引起怀疑的罕见物品、事件或观察结果的识别……异常也被称为异常值、新奇性、干扰、偏差、例外。"

统计学观点包括发现这些异常值的各种方法,如一眼认出异常值的可视化分析工具。

从认知学观点来看,异常是对预期的违背,即发生了始料未及之事。比如,原有模式被打乱或发生了出人意料之事(就是上文宝马的那个例子)。

本文讲的是认知学观点。认知学观点不包括统计学观点中的那些极具影响力的方法。然而,它抓住了统计学观点中所缺失的东西:我们的预测能力。认知学观点包括我们发现遗漏的数据的方式,即通过那些始料未及之事察觉到异常,对已发生的事件进行分析的统计方法必然不会包含这些。认知学观点重点关注的是心理模型和事件起因,它们使我们能够理解特定偏差的意义。

大多数偏差和异常值都没有什么特别。从认知层面上讲,当异常有可能改变我们对一种情况的理解方式时,异常才会变得重要。这种类型的意义构建与运用统计方法时发现的异常值的标记大为不同。

此时,我们可以修正之前对异常的认知定义。异常是对我们预期的违背,使我们能够修正我们理解情况的方式。因此,异常检测与问题检测密切相关(Klein et al., 2005)。

异常检测有赖于常规环境,如果环境完全随机,则无法发现异常;异常检测也有赖于好奇心,相关线索和差别会引起我们的注意;异常检测很大程度上还有赖于我们的经验。

专业知识。我们用专业知识及模式储备来形成期望。而且经验越多,异常检测效果越好,因为我们的预期更清晰,异常就更容易被发现。经验也为我们提供了隐性知识，以识别熟悉的刺激物。对熟悉事物的准确识别让我们可以检测出与熟悉事物不符的异常。

专业知识还为我们提供了更丰富的心理模型。对潜在异常进行评估时，我们可以考虑更多的原因。

异常检测遇到的障碍。其中一个最大的障碍就是我们的思维模式。对不一致感到好奇的思维模式不同于对不一致不予理会或不予解释的思维模式，这就是佩罗（1984）所说的"最小解释值"。这种对不一致轻视的思维模式导致我们在面对异常和相反的证据时保持既定看法，导致固着的出现。

结论。将异常理解为异常值的确简单，但也过于简单了。此概念忽略了认知层面，即异常是对预期的违背。它还忽略了，我们使用意义构建策略来判断违背预期的情况是否有可能改变我们对事件的描述，而对异常的简单定义恰恰忽略了这一点。算法、统计方法并不涉及异常检测的这些方面。基于分析法的工具可能有一定价值，但由于对认知维度不敏感，它们可能会标记出不相关的异常值，而错过重要的异常值。

——2020年10月21日

预料之中

如何为预料之外做准备？

本文探讨了我们运用预见性思维的方式：想象意外事件如何影响我们的计划。预见性思维让我们认识到即将面对的艰难挑战并为之做好准备。预见性思维与预测不同，因为我们并不指望事件会按照我们想象的方式发展，复杂的情况往往很难预测。相反，我们要让自己做好准备，让自己振作起来，迎接挑战。我们特别需要预见性思维来提醒自己注意造成严重后果的小概率事件。

预见性思维不是对未来的猜测，它是对未来的努力适应。预见性思维要我们自己做好准备，与对我们注意力的引导有关。它以我们准备处理的事情为注，押上我们的注意力。

在充分了解预见性思维方面，以下三个主题尤为重要：预见性思维如何起效、专业知识在预见性思维中的作用，以及干扰预见性思维的功能失调倾向。

预见性思维如何起效？要想预见性思维起效，必须运用我们形成预期的能力，并利用我们的心理模型。对我来说，心理模型的核心要素是需要我们学习了解的因果因素，它使我们能够进行心理模拟，而心理模拟将我们对正在发生之事的理解转化为未来可能发生之事。

我已经指出了获得洞察力的三种路径（Klein，2013）：连接路径、矛盾路径和纠正路径。这些路径可以描述实现预见性思维的不同方法。（见本书第六部分对这三种路径的描述。）

专业知识在预见性思维中的作用。专业知识使我们能够理解更多的因果因素，建立更复杂的心理模型。专业知识还帮助我们应对预见性思维的认知挑战：管理模糊性和不确定性、进行判断、收集信息、决定数据是否可信、发现关键点、理解变量的正常范围，以便检测到触发预见性思维的异常。

此外，我们可以想象一下预见性思维是如何被滥用的。在考虑各种后果时，人们总是优柔寡断，犹豫不决。因此，必须有一个元技能来控制何时使用预见性思维，以及该如何使用预见性思维。

干扰预见性思维的功能失调倾向。当我们需要运用预见性思维时，到底是什么阻碍了我们？以下是一些造成功能失调的倾向。

1.自满过头。一旦我们做出了关键决定，就可能会停止对情况的监控，而未能注意到可能会对情况带来改变并让我们的预见性思维失效的后续事件。

2. 自信过度。我们往往对自己的能力过于自信。兹维·拉尼尔在他的《基本的意外》一书中指出，以色列国防军在1973年第四次中东战争开始时的大部分失败，源于他们对自己有能力抵御埃及军队攻击的不切实际的信心。换句话说，真正令人惊讶的不是埃及人能做什么，而是以色列人再也不能做什么了。

3. 固着。当数据不符时，我们无法对假设进行修正。在与医生的讨论中，我了解到诊断失误的一个常见原因是主治医生根据显而易见的线索做出初步判断，随后便锁定这个判断，而不是在发现新数据后对诊断结果重新考虑。如此一来，医生便没能运用必要的预见性思维。

4. 知识之盾。菲尔托维奇等学者（2001）通过解释难以理解的反指标，描述了我们用来坚持最初观念的策略范围。

5. 过度简化。在另一篇文章中，菲尔托维奇等学者（2004）描述了我们对情况进行过度简化的方式，称为简化倾向。当然，为了对复杂情况进行管理，适当简化是必要的。我们面对的挑战是如何巧妙地简化，即以不对局势的发展造成过度扭曲的方式简化。

6. 思维模式。思维模式本身不是问题。有些思维模式可以对预见性思维提供支持，但还有些思维模式会碍事。以下便是影响预见性思维的几个思维模式的转变：

- 从程序思维模式向问题解决思维模式转变。这种转变可以改善功能失调，从保持一种思维模式，即工作是遵循按部就班的程序，转变为对异常情况保持警惕。
- 从被动反应式思维模式向预见性思维模式转变。这种转变显然会生成有效的预见性思维。新手尤其满足于对事件的反应，而不是对事件的发展进行预测，这一点可以理解，因为他们尚未具备形成预测的经验基础。但重要的是，新手在不断尝试，他们并未陷入一种漠不关心、被动反应的思维模式，而即使是有多年经验的人有时也会陷入这种被动反应的思维模式。

- 从盲目机械的态度向积极好奇的态度转变。在我对洞察力的研究中，我发现拥有洞察力的人都格外积极，且热衷推测，而掌握相同信息却没有洞察力的人则被动消极，且不做推测。

- 力求了结——一种试图尽快了结所有事情的思维模式。拥有这种思维模式的人很可能对本应引发预见性思维的意外事件毫不敏感。

此外，设计人员需要从设备如何工作的思维模式向设备为何不工作的思维模式转变。设计人员太容易陷入想象设备如何顺利运作、计划如何成功的窠臼，而不是运用预见性思维想象哪些事可能会出错。（我在本书第九部分中提到的事前检讨法或许对此会有帮助。）

——2017年2月8日

缺失的部分

注意到未发生之事的技巧

我们对自己感觉到的线索和信息做出反应——通常是我们看到的或听到的。

但凭借经验，我们也有了对未发生之事做出反应的能力。可这项重要的技能却并未得到应有的重视。

想象一下，你正在完成一个复杂的拼图，看着盒子来确定拼图的全貌肯定行不通。要将图块分类，也许是按颜色，然后试着找到与其匹配的部分。观察每一个图块，浏览其他图块以寻找最有可能出现在它旁边的那一块，这是一种被动策略。拼出差不多的图形后，你就会对拼图的全貌有个大致的了解，这样便可在一堆待选择的图块中发现你需要找到的那一块。

这时就可以开始主动寻找了。你在找拼图中没有的部分，你想找到的部分，也就是缺失的部分。你可以根据到目前为止所掌握的信息来预测要找的是什么样的图块，这样就无须盲目寻找了。

这就是如何利用自己的经验来发现缺失的部分。

注意到未发生之事的最有名的一个例子就是众所周知的来自夏洛克·福尔摩斯的故事《银色马》，讲的是一匹银色马在一场重要比赛前不久被绑架的故事。

当地警局的探长问福尔摩斯："你认为有什么需要我注意的地方吗？"

福尔摩斯道："要注意那条狗案发当晚的奇怪举动。"

探长道："这条狗在案发当晚没有任何奇怪举动。"

福尔摩斯道："怪就怪在这儿了。"

读到后面，我们知道这条狗是银色马马厩的守卫之一，可马被带走时，狗既没有叫，也没有表现出焦躁不安。狗的这种行为表明，马不是被陌生人带走的，而是被狗熟悉的人带走的。所以狗并未做出什么奇怪举动。

发现这类疏漏，不只是在小说作品中很重要。有一次，我采访了一位海军军官，他讲了自己指挥一艘小型巡逻艇时遇到的一件事。当时他和船员们正在参加一次大规模演习。由于机械故障，他们出发得晚了些，为了赶上舰队的其他舰艇他们只好穿过一条繁忙的航道。当时的天气糟透了——大雨猛烈地敲打巡逻艇的左舷。我的这位采访对象是船长，他派了两名船员在巡逻艇驶过海峡时留意其他船只，他自己则低头研究航海图。突然间，船长意识到右舷瞭望台不断地向他发出消息通告，而左舷瞭望台已经有好几分钟没任何消息了。左舷瞭望台直接面对的就是暴风骤雨，船长站起身，扫视了一下左舷的情况。眼看一艘大型油轮径直朝他们驶来，船长惊恐不已。他连忙下令，命令巡逻艇迅速向右转，巡逻艇险些被迎面驶来的油轮劈成两半。事后回想起来，船长想象着在滂沱大雨中左舷瞭望员一定是将眼睛眯成了一道缝，也许想都不想地慢慢将头扭向右边。所以他没有收到来自左舷瞭望台的任何报告。正是没有收到任何情况报告的反常状况引起了船长的注意。

　　当孩子们在隔壁房间玩耍的声音减弱，变得太安静时，父母们知道该担心了。对手转向"无线电静默"通常是攻击的前兆，军情分析人员就开始担忧了。

　　在对儿童保护机构的社会工作者进行采访时，其披露了一个两个月大的男孩遭遇脑震荡的事件。罪魁祸首是他7岁的哥哥，当时哥哥试图把弟弟从床上抱起来，结果弟弟的头磕到了床头柜的一角。社会工作者采访了他们的母亲，她解释说，事故发生时她不在卧室，刚去洗手间还不到一分钟。社会工作者愿意相信这位母亲说的话，但对没有发生的事情感到奇怪：孩子的母亲没有表现出内疚或自责。这让社会工作者很担心，并促使她对这位母亲进行更深入的调查，看她是否适合做孩子的监护人。（社会工作者发现这位母亲曾试图隐瞒自己的吸毒史，这很有可能是她在洗手间待了这么久的原因。）

　　我们利用预期和专业知识来发现缺失的部分、没有说的话，以及应该发生但没发生的事。我们的预期让我们料到有些事本该发生，这样我们就会对它们的未发生感到奇怪。

惊讶源于对预期的违背。缺失部分的独特之处在于，我们惊讶于未发生之事，而不是已发生之事。

信息显示器的设计人员或许会留意到缺失的部分。有一次，我和同事为一个项目提供咨询，有个组织想建立一个决策支持系统以快速应对石油泄漏等危机。项目发起人已建立了一个连接各服务提供方的网络（覆盖不同类型设备的提供、与志愿者的联系、与政府机构和媒体的沟通等）。发生紧急情况时，它将通知每个服务提供方，再对可随时提供援助者进行确认。系统设计团队设计了一个显示器，显示已登录的所有服务提供方。但我认为，后台监督人员要关注的是哪些服务提供方还未登录，它们将是整个系统的瓶颈，后台人员得为此准备应急预案。在该系统最初的设计中，这些是发现不了的。我解释了为什么这些看不到的才是关键。

眼皮子底下的，谁都瞧得见，可不在眼皮子底下的，想要看到，就难了，这就需要经验了。

——2016 年 7 月 1 日

杠杆作用

如何发现机会

第二次世界大战开始后不久，英国许多城市，尤其是伦敦，都遭到了纳粹轰炸机的空袭。温斯顿·丘吉尔出人意料地让英国不放弃，不求和。英国军队一次又一次地派飞行员驾驶遭重创的战斗机，对德国的进攻予以反击。

随后战事于英国发生了逆转。阿道夫·希特勒吹嘘德军配备了一种新式武器，该武器必使英国取胜无望。英国情报部门试图预测希特勒的新式武器到底是什么，以便找到应对之法。

英国情报部门有证据表明，德国人正在研制一种无人驾驶的导弹，这种导弹可以携带一吨炸药飞越英吉利海峡，直接瞄准伦敦，我们现在知道这个新式武器是 V-1 导弹。当时，英国科学家想了解它的精度、速度、射程和有效载荷。英国情报机构之前破译了德国的英格玛系统密码，所以以这种方式获取了一些小道消息。英国情报机构确定这种新式武器被安置在德国的佩内明德，便派飞机去拍照。但是，支离破碎的信息和几张照片是远远不够的。英国情报机构想知道 V-1 究竟是如何飞行的。

后来，英国情报部门的首席科学家之一 R. V. 琼斯有了个主意。（琼斯在他 1978 年出版的《奇才之战》一书中描述了这一事件。）如果德军准备使用这种新型导弹，他们必须先进行测试。由于这种新式武器被安置在佩内明德，德军定会在那儿进行飞行测试。德军不会在佩内明德以西进行测试，因为会被发现。他们只有一条飞行路线，即沿波罗的海海岸到佩内明德的东北偏东地区。此外，德军要想在飞行测试期间追踪导弹，肯定会使用雷达。

然而，琼斯知道德军并没有开发出复杂的雷达系统，也没有真正培养出技术高度娴熟的雷达操作员。德军的雷达曾用来追踪速度较慢的英军轰炸机。但是追踪 V-1 不容易，因为从各种迹象来看，V-1 的飞行速度比普通飞机快十倍。

德军确实有两个雷达操作团的表现突出，即德军空中信号实验团的第 14 连和第 15 连。1943 年 4 月，琼斯来到布莱切利园，也就是正在进行英格玛系统密码破译的英国情报站，琼斯向英国情报站提出了一个请求。琼斯请求英国情报站告诉他，德国的两个雷达连，第 14 连和第 15 连，是否有一个被调往佩内明德东北偏东地区，其很可能会在该地区进行飞行试验。

几个月后，1943 年 6 月，这种猜测得到了证实。布莱切利园联系了琼斯，告诉他德军空中信号实验团的第 14 连要转移到预期的飞行试验区。1943 年秋，英国人目睹了德军的测试。德军第 14 雷达连通过英格玛系统传送了 V-1 的测试结果，而破译了密码的英国人只是通过截听情报就了解了 V-1 的特征，并找到了对付它的办法。

琼斯发现了几个可利用的杠杆点。首先，德军要测试新的武器系统，而英国人则可以利用这些测试。其次，琼斯不必追踪 V-1，他只需简单地监听德军追踪的录音即可。最后，德军可能会出动他们最好的雷达连，所以通过锁定这些雷达连的位置，英国人便可确定德军何时开始测试，并可读到该雷达连传送的报告。

我在《如何作出正确决策》一书中写过杠杆点，指出了杠杆点对解决问题的重要性。我认为，杠杆点和可用性不能通过只分析一种情况的特征来确定，因为杠杆点不仅由能力决定，还取决于情况。我以攀岩中的"支撑点"为例来说明。所谓的支撑点既取决于岩石的表面状况，也取决于我们的能力和力量。在导弹 V-1 的例子中，琼斯之所以能发现杠杆点，是因为他了解德军武器发展的过程，也是因为他了解英国的情报系统，即布莱切利园对英格玛的成功破译。杠杆点的发现取决于我们对自身资源的利用。

——2014 年 6 月 27 日

专业知识的技能组合

是时候摆脱简单的单一模式了

我们该放弃目前对专家的单一理解了。很多时候，一想到专家，我们想到的便是整齐划一的标准——某人要么是专家，要么什么都不是。或者假定从新手到专家要经历几个阶段。可这还不够。

与对专家的单一定义不同,技能组合确认了专家所拥有的每一项独特技能。专家根据需要将这些技能进行组合,但这些技能本身却相当独立,这就是技能组合。不是所有的专家都具备所有这些技能,或者需要这些技能。这些技能描述的是专家能做什么以及专家知道什么,而非应用技能的结果。

卡尼曼和克莱因(2009)借鉴了詹姆斯·尚托(1992)的研究,讨论了细分专业知识的概念。尚托还指出:"在'硬'数据(如应收账款)方面有专长的审计师可能在'软'数据(如欺诈迹象)方面表现欠佳。"我将在本文中对细分专业知识进行详述。

我们将对专家具备的五种通用型技能予以区分:知觉-运动技能、概念技能、管理技能、沟通技能和适应技能。这些都不是专业知识的组成部分。有些技能可能与一个领域相关,但与另一个领域无关。这些技能彼此独立。

1. 知觉-运动技能。知觉-运动技能的某些方面构成了隐性知识:模式识别、知觉辨别、运动技能及工具的使用。想想牙医用镜子做辅助来修补蛀牙的场景。牙医可以熟练地进行钻孔的操作,是因为手持镜子这样的知觉-运动技能已经高度自动化。

2. 概念技能。概念技能包括我们的心理模型。例如,牙医有一个概念模型,关于牙齿的各组成部分(牙釉质、牙本质、先前的填充材料、牙神经根)在钻孔过程中的表现,还有一个心理模型,关于应如何处理牙齿才能成功地填充环氧树脂或其他材料。我们的心理模型使我们能够看到大局,找出问题产生的原因,预测未来的发展。专家已掌握了标准操作流程和最佳方案,而且他们的心理模型足够丰富,可以指出什么时候需要对标准操作流程和最佳方案进行修改甚至弃之不用。博德斯、克莱因和贝苏伊（2019）提出了一个心理模型矩阵，此矩阵不只展现了各类方法如何生效，还包括这些方法的局限性和不足，以及替代方案。

3. 管理技能。继续以牙科为例，牙医知道如何在工作中对助手和病人进行管理，牙医也知道对助手的培训将对其工作产生何种影响。病人的症状各不相同，助手的表现也各异，但是牙医有专业的管理知识，即使出现如病人产生焦虑、助手培训效果不理想等问题，牙医仍然能应对自如。

4. 沟通技能。牙医和助手已经精心编排了日常程序来管理日常工作，还可在遇到新情况时对这些程序进行调整。常规流程出现变动时，沟通技巧就会受到真正的考验，比如在根管治疗中遇到一种新情况，团队成员必须对新情况进行解释，并有效而明确地为其他成员提供指导。

5. 适应技能。沃德等学者（2018）断言，专业知识的本质是适应能力。适应性专业知识指的是，专家比非专家能更快地适应不断变化的情况（如新冠病毒）。沃德等学者提供了可以通过训练提高适应能力的证据，并对这种训练提出了建议。适应性专业知识的概念说明了为什么专业知识不会过时。事实上，恰恰相反，适应性专业知识会成为即兴创作和新发现的基础。

这五种通用技能有以下几个特点：第一，它们是通过经验和反馈获得的，并非与生俱来的能力。第二，它们与人们执行的任务相关，因此任务不同、领域有别，技能也有异。第三，对这些技能的卓越运用是区分专家与普通从业者的关键。

领域不同、任务不同，需要的技能也不一样。我们的重点应该放在该领域最重要的子技能上。否则，拥有一套不断扩充的技能虽然很容易，但解决不了实际问题。在某些领域，这些通用技能中的一个或多个可能根本不适用。而且，正如卡尼曼和克莱因（2009）及尚托（1992）指出的那样，有人可能在任务的某些方面是专家，但在其他方面则不是。

毫无疑问，一些问题仍存在分歧，如技能组合中应该包括哪些技能，在描述一项技能时应该使用什么级别，以及某些技能应如何与其他技能进行区别等。我们所说的技能组合可不是化学元素周期表。我希望这些讨论能提供有用的信息。

技能组合充分证明了所谓新发展将使专业知识过时这一说法是多么肤浅。该说法依赖于单一专家模型，而不是分化模型。

——2022年1月4日

怎样鉴别专家

判断"谁才真正可信"的十大标准

在做出艰难而重要的决定时，我们需要用实用的指导方针来决定是否该听取所谓专家的意见。我们怎么知道该信谁呢？

判断底线：我们无法确定。没有一成不变的标准。

但是，也有应引起我们注意的软标准及弹性指标。根据克里斯彭和霍夫曼（2016）及尚托（2015）等学者的论文，以及丹尼尔·卡尼曼、罗伯特·霍夫曼和德沃拉·克莱因的建议，到目前为止我确定了十项标准。尽管这些标准都不是万无一失的，但它们的确有用且与本文主题相关：

1. 成功的表现。以前做过的优质决策可以作为可衡量的记录。（但在样本足够大的情况下，有些人仅凭运气就能决策成功，比如证券投资顾问，他们在过去十年里准确地预测了市场方向，还因这项技能获得了本不应有的声誉。）

2. 同行的尊重。（但是，一个人自信的表现或对所选理由的流利表达，可能会影响同行的评价。）

3. 年限。执行任务的年限。（但有些有十年工作经验的人将一年的工作经验重复了十次，更糟糕的是，有些职业不提供任何有意义的反馈。）

4. 如心理模型这类隐性知识的含金量。（但有些专家可能没得到足够的尊重，因为他们不太善于表达。根据定义，隐性知识很难被表述清楚。）

5. 可靠性。（可靠性是必要的，但未必是充分的。一块走时一直慢一个小时的手表很可靠，但完全不准。）

6. 专业资格。拿到专业标准的许可证或证书。（但证书只代表专业能力的最低水平，而不反映专业知识的成就。）

7. 遗憾。当我问"你最近犯的错误是什么"，大多数可信的专家会立即说出一个最近令他们苦恼的错误。与专家形成鲜明对比的是，假冒专家通常会说，他们想不到任何错误，也想不到自己会犯错。（但有些专家在被问及最近的错误时，可能会选择不说出这些错误，即使是他们一直在思考的错误，尤其是在不完全信任提问者的情况下。因此，这种遗憾和坦诚的标准并不比其他标准可信多少。）

8. 证伪。我们可以让所谓的专家想象他们错了。什么样的数据可以证明他们错了？这个反事实问题不仅证明了专家的认知灵活性，而且能判断专家是否容易受到固着的影响。（这种灵活的思维对专家来说当然很重要，但这只是他们能力的一个方面。这一点很有必要，但我认为还不够充分。）

9. 即兴创作。当原有的既定程序不可再用时，那些对自己工作极为熟练的人似乎会感到非常沮丧。然而，专家看起来很高兴，他们可以即兴发挥，而不仅仅是遵循程序。这个标准不仅关乎即兴创作的能力，还关乎即兴创作的热情。沃德等学者（2018）已将适应能力确定为专家的基本特征。（但这种即兴创作的热情可能与个人风格有关，而不是专业技能。）

10. 原创性。丹尼尔·卡尼曼（约在2016年的私人通信中）提出了这个建议：说出原创性的想法，只要别太傻。换句话说，就是说一些有用的新点子。专家通过他们所做的评论和观察结果来展示自己的实力。（只是此处，我们将专业知识和创造力混为一谈。）

虽然这十项标准中没有哪一项是万无一失的，但我们仍然可以通过它们来判断谁是专家。请看上面所列的第四项标准，其中的隐性知识包括感知技能。看看跳水等奥运会运动项目的解说员是怎么做的吧。他们看到的东西我们看不到，直到用慢镜头展示出来我们才发现。我觉得这些解说员就是专家。模式识别是隐性知识的一种类型。我研究的消防员使用模式识别来判断那些让我困惑的情况，随后发生的事件证实了他们的判断。我认为他们是专家。预测也是隐性知识的一种类型。当发生火灾时，我关注的是火焰的大小和强度，以及还需要什么设备。但经验丰富的消防指挥人员考虑的却是应将灭火装备安排在哪儿，每辆消防车停在哪儿才不会挡住其他消防车，也不会碾过消防水管。他们已想在我前面了。我觉得这些消防指挥人员就是专家。心理模型是隐性知识的其中一种类型。我研究过的石油化工厂的操作人员可以描述工厂中的各个设备及其连接方式、设备如何正常运作，以及为何不运转、可能发生何种故障、一个小问题（如传感器故障）将如何影响性能、怎样检测出问题，以及如何解决。他们知道我根本无法猜到的因果关系。我觉得这些操作人员就是专家。

让我们再来说说预见性思维。1962年古巴导弹危机期间，约翰·F.肯尼迪团队的一些专家想对古巴发动突然袭击。另一些真正的专家则指出，苏联可能会对西柏林进行报复，由此引发核战争。他们没有进行预测，相反，他们用心理模型来说明地缘政治的影响。在我看来，后者是专家。他们看到了潜在形势，看到了别人看不到的东西。

因此，第四项标准为我们评估"谁是专家"提供了重要的参照。它为我们设立了一种可传递的衡量标准——看到他人看不到的东西。这才是专家要做的，也是成为专家的标志。克莱因和霍夫曼（1992）进一步讨论了专家见他人所不见——构成第四项标准核心的隐性知识。

人类事业的每一个领域都有专家吗？我不这么认为。有些领域的程序化程度非常高。在那些领域，一些人只是知道该翻到程序手册的哪一页就被认为是专家。但我不觉得这些人是专家。

占星师又该怎么算呢？在近代科学出现之前，占星师推动了隐性知识的发展，再加上他们能言善辩，故被视为专家。当时，近代科学尚未出现，我在本文开头列出的标准中的绝大多数都不会被那时的人们用来衡量专家。将成功的表现、隐性知识的含金量和可靠性，以及专业资格排除在外，剩下的就是同行的尊重和年限这两项标准了。这样来看，就对上了，在近代科学尚未出现的世界里，能言善辩的占星师完全符合专家的标准，和今天的股票经纪人或电视上的政治评论家完全一样。

最后，让我们来说说可靠性这项标准。此标准必要但不充分。说它必要，是因为专家的可信度表现为他们在获得相同信息的情况下会给出相同的建议。

有人对可靠性的概念进行了拓展，用来指专家之间的可靠性，但致力于专业知识研究的主要专家之一的詹姆斯·尚托（2015）指出，让不同的专家表达不同的观点颇具价值。我们经常把专家当作顾问而不是预言家，以便从他们不同的观点中获益。

因此，我们确实在寻找专家内部的可靠性。尚托已经证明，专家内部的可靠性因领域而异。对于做短期天气预测的天气预报员来说，专家内部的可靠性为0.98。而其他领域专家内部的可靠性虽然低了不少，但数值还是很高，我相信要比新手高得多（例如，粮食查验员的专家内部可靠性是0.62，临床心理学家的专家内部可靠性是0.4，其中完美的专家内部可靠性是1）。

此外，我们要小心，不要鼓励人们追求过高的可靠性，因为这将导致僵化，而不是继续探索，而继续探索才是成为专家的关键。

现在我们有了十项标准。至少符合这些标准中的一个，甚至是两三个的人，才能被称为专家。我们不应只在标准的数量上打钩，质量同样重要，特别是第四项标准隐性知识的含金量。我们还应该警惕那些可能愚弄我们的表现，比如自信的举止。

我们可以试着让自己在辨别专家、判断哪些专家可以信赖、获得反馈、反思哪些该注意，以及哪些不可尽信等方面更熟练。如此一来，也许我们可以增长自己识别专家的专业知识。

——2018年9月1日

变得愚蠢的艺术

有时一无所知竟会得偿所愿

我们在周遭不断的鼓励中努力变得更聪明，提高自己的智商，在工作上也更出色，将孩子往更聪明的方向培养。各种各样的精神疗法和药物都被宣传为可以改善我们的记忆力，防止老年时认知能力下降。基因工程向我们保证，未来必将灿烂辉煌。

但也有与此截然相反的提法——让我们自己变傻。

当我和同事在一家石化工厂进行认知访谈时，我发现了愚蠢的好处。项目赞助方希望我们调查控制室操作员的认知技能，他们控制着高温高压的反应堆中复杂的化学过程。

在对一位经验丰富的控制室操作员进行采访时，主持采访的同事问起了一件几年前发生的颇具挑战性的事件。阀门堵塞，导致反应堆压力升高。控制室操作员注意到了这个问题，找出了问题出现的原因，然后采取措施对堵塞的阀门进行了清理。

采访快结束时，我的同事问了个采访中的标准问题："新手处理这个问题时，会犯怎样的错？"这位控制室操作员一时不知该如何回答。新手会怎么做似乎很明显。我们不断启发，但他还是没答出来。

但就在我们准备问下一个问题时，我试着换了个提问策略。我假装自己是个新手，说："所以，在这种情况下，我发现反应堆的压力高得吓人。这是我看到的唯一迹象，没有任何传感器告诉我阀门堵塞了。我当时唯一的想法是关闭反应堆的进料管道以降低压力。我甚至想都没想过阀门。"

他看着我，一副居高临下的态度。他承认初级操作员可能会这样做，但这可不是应有的正确操作。他解释了为什么这样做是错的，他的解释包含了工厂动力系统和错误造成后果方面的有用信息。然后，我的同事用同样的策略来想象毫无经验的控制室操作员可能犯的其他错误。这位专家承认，这些错误也有可能出现，而且似乎对想象新手会怎么想这一想法很感兴趣。他饶有兴趣地说，下周对一批新入职的操作员进行培训时将考虑我们提出的问题。

后来，当我回想这次采访时，我对专家一开始想象不到一个新手为何会困惑感到震惊。诚然，我和同事的优势正在于我们是新手。

（实际上，我们还不如新手，因为我们根本没有接受过任何培训。）这就是为什么我们很容易从新手的角度去想问题。可专家是负责训练新手的。如果不能站在学员的角度思考，那么培训还有什么效果呢？

就在那时，我开始思考愚蠢的好处——能够剥离经验和知识，以初学者或任何犯愚蠢错误的人的视角看世界。

专业知识和智慧需要特殊技能方可剥离。专家难以从新手的角度看问题，因此常遭诟病。专家以为每个人都知道自己该做什么，以为自己能看到的其他人也能看到。

我认为培训者可以从让自己变傻中获益，站在一个充满困惑、不知该如何解决问题的人的角度来思考。教师也能从这个方法中受益。设计师也是如此，因为他们不知道顾客为何看不懂说明书、为何不知道怎么使用产品。若在给别人指路时能预测对方可能会犯的错误，双方都能从中获益。

父母也能从此方法中受益。我看到很多父母对年幼的孩子发火、感到不耐烦，正因为没从孩子的角度看问题。但我也看到了积极的例子，父母能够通过孩子的眼睛看世界。一位母亲曾对自己三岁的女儿有过这样的不解，当孩子被告知要离开游乐场时，就会当场崩溃。为离开游乐场而发生的争吵让这位母亲不胜烦恼，母亲因此减少了带女儿去游乐场的次数。后来，母亲想象着被告知"好吧，该走了，就现在！"该多么令人不快。因此，她改变了策略，提前通知女儿："我们两分钟后就要走了，现在去你最喜欢的滑梯或攀爬架那里玩一会儿吧。"新方法奏效了。母女二人谁都没有再在游乐场发过火。

我最近还听到一件事，一名七岁的女孩在学校学得很吃力。老师告诉家长，他们的女儿似乎在算术学习方面有障碍，需要进行测试。在测试之前，母亲想看看女儿是如何做一列数字的加法的。孩子没算对，但她母亲注意到女儿字写得差，而且上下也没对齐。母亲试着把女儿写的数字加起来，结果还是错的。然后母亲让女儿再做一次加法，这次让女儿把数字写在格子里。结果女儿毫不费力地就算出了正确答案。第二年，这位母亲又接到学校的通知，说她女儿有阅读学习障碍的迹象，需要进行测试。母亲又对女儿进行了观察，发现孩子写东西的时候，经常忘了在字与字之间留出空格。孩子读不懂自己写的东西，母亲也看不明白。母亲便让女儿在电脑上写了一段话，现在女儿可以毫不费力地读懂自己写的东西了。学习障碍就这样消失了。第二件事发生后不久，这位母亲将女儿转到了另一所学校。

石化公司的一位经验丰富的培训师曾经告诉我，他最开始培训新人的时候，会等着他们犯错，然后再对他们进行严厉批评。他的师父以前就是这样教他的。但几年后，他改变了策略。现在，当他发现一个错误时，就开始好奇。他想知道学员为什么会犯错误，以及该怎样利用这些信息来帮助学员。这位培训师已经懂得了变傻的好处。

——2016年1月1日

反思

本书第二部分图中所示的力量之源取决于专业知识。有效的心理模型依赖于专业知识。识别启动决策模型以专业知识为基础。影子对手训练法旨在提高专业知识。在理想情况下，信息技术应该支持并提高我们的专业知识。了解认知往往是认可专业知识及其背后的隐性知识的问题。

因此，专业知识也是本书主题的核心。

第五部分描述了解雇专家、取消专家资格的企图——向专业知识宣战，以此来警醒各位读者。读者看到了五个领域基于自身的侧重点，选择向专业知识的概念发起攻击：启发-偏差研究领域、决策研究领域、循证实践领域、计算机科学领域和社会学领域。各位读者应对它们论点中的缺陷表示欣赏，也希望当各位遇到媒体对专家进行抨击时能保持警惕。

专业知识怀疑论者有时会给出置专家于死地的观察结论：每当将一种算法或智能技术与专家进行系统对比时，算法或智能技术就会把专家远远甩在身后。结案。

当我们仔细审读时，却发现这案子根本没结。假设你是一位经验丰富的主治医生，在急诊科工作。你的任务之一是对新收治病人的病症进行诊断。也许人工智能系统可以给出更准确的诊断结果。由此来看，如果你同人工智能系统一样查看病人生命体征的数据，那么后者要比你做出的诊断结果更准确。

但是你可能需要亲自对病人进行一次体检。这是不被专业知识怀疑论者允许的，因为人工智能系统做不到这一点，我们要很严谨，对吧？然后你说想和病人聊聊，还会问些问题。这同样是不被允许的。你想看着病人走过大厅，这也是不被允许的。你要看病人的X射线检查结果。不被允许。想和病人的家属谈谈。还是不被允许。

因此，这种试图进行严谨研究的行为，必然会否定你应用专业知识的许多方法。你被病人各种登记表上的数值所限制。这种类型的研究看似严谨，实则具有欺骗性且无效。从这样的结果中得出智能系统优于专家的结论是极具误导性的。可此类说法一次又一次地出现。

第五部分以一个科学家和跳蚤的笑话开篇来说明这一点，展示了研究人员如何打着严谨的幌子，将作为专业知识基础的隐性知识过滤掉。隐性知识不是智能技术可以轻易驾驭的。

第五部分第二篇文章中菲尔·泰洛克的研究是极具说明性的。泰洛克最开始对人是否具备社会政治预测方面的专业知识持怀疑态度。当泰洛克改变策略，试图提高预测的准确性时，结果令他自己都感到惊讶。他的超级预测团队在情报界举办的预测比赛中大胜对手。

第五部分描述了专业知识的几个不同方面。专家比我们常人更善于发现异常。然而，异常是违反我们预期的事件，太多的研究人员都将异常视为统计异常值。专家则更善于预测事件，部分原因是他们已经从程序性思维模式转变为解决问题的思维模式，从不动脑子的机械状态转变为积极、警觉和好奇的状态。专家更善于注意到预料之中但未发生之事。专家比我们常人更善于识别杠杆点。第五部分使用了二战期间的例子，说明琼斯如何精心制定了复杂的战略，以找出德国V-1导弹的秘密。专业知识还有很多其他方面，这些方面应该可以让读者对专业知识的呈现方式有一个很好的了解。

第五部分的第八篇文章对专家提出了不同的看法——专家拥有的是多种技能的组合，而不是将专业知识视为单一维度。不同领域的不同专家，在某些技能上可能会比其他专家表现得更突出。

但什么样的人才能被称为专家呢？我们有什么可靠的标准来区分专家和普通人呢？很遗憾，我们并没有。第五部分的第九篇文章提出了十项识别专家的标准，但没有一项是万无一失的。每一项标准，无论是过去的成功、工作成绩斐然，还是可靠性、专业资格等，都有一些固有的缺陷。尽管如此，通过运用其中的几项，我们还是能够找出真正的专家。尽管对于谁是专家并没有一个完美的标准，但是第五部分还是可能加深了你对专家的理解以及对他们所取得的成就的钦佩。

6 做出发现——思辨思维

概述

在自然主义决策领域进行研究，并在认知维度中不断探索，这一过程让人倍感愉悦的便是有机会了解发现、了解洞察力。听到做出各类发现的人的故事，而觉得不应对这些成就予以贬低或批判，这才是真正鼓舞人心的。

我记得有个项目，与石化工厂控制蒸馏塔的控制室操作员有关。想想巨大的蒸馏器，但这家工厂不是在酿造威士忌，而是在生产有用的塑料化合物乙烯。我和我的团队在一个高仿真的训练模拟器中为该项操作设置了一些要求极为苛刻的场景。大多数人认为石化工厂生产各种产品，如燃料和不同类型的塑料。在这家工厂待了一段时间后，我有了不同的看法。我认为这类工厂生产的是潜在的炸弹。想想在高压下对高挥发性的化合物加热到极高的温度，多么危险。工厂的设计降低了风险，但并没有消除所有隐患。灾难还是会发生，尽管概率很低，也许是爆炸，也许是火灾，也许是致命物质泄漏。因此，进行操作的控制室操作员必须非常熟练，并准备好应对不同问题。

我们设计了这样一个训练方案，在一个将乙烷转化为乙烯的蒸馏塔中安排了一个故障，致使没有足够的热量来加热乙烷，减慢了乙烷转化为乙烯的速度。这个故障设计得很巧妙——我们让一个小的超控装置失灵，使它过度反应，导致一个关键阀门无法完全打开，从而阻止了锅炉内的大部分热量进入反应装置。仪表显示屏只显示了阀门打开的程度，却并未显示超控装置的工作状态，该装置甚至都没出现在电路图上。

我们邀请了8名控制室操作员参与，有几位工作经验还不足一年，另外几位则在该部门工作了12年以上。他们都很快发现热量不够会影响乙烯的生产。

但是热量不够的原因又是什么呢？大多数操作员都将注意力集中在了锅炉的关键阀门上。他们立即做出判断，认为是黏滞阀门冻结了。通过对仪表的操控，他们一次又一次地尽力将阀门开得更大，但由于问题出在超控装置上，他们的操作没起任何作用。因此，操作员们便派人到工厂去修理阀门。

然而，一位经验丰富的控制室操作员决定对阀门冻结这一判断结果进行测试。他的理由是，如果阀门真的卡住了，应无法在控制室对它进行控制。所以他没有试着把阀门打开，而是试着把它关上！他做到了。

现在他意识到阀门根本没有冻结，然后想到了超控装置，并正确地判断出超控装置才是罪魁祸首。这名操作员的洞察力表现为找到一种方法来验证自己的推测，即使这意味着试图关闭本想开得更大的阀门。而其他操作员都不具备这种洞察力。

我从肖娜·佩里那儿还听说了一件事，肖娜是一位有超过25年经验的急诊科主治医生。一天晚上，肖娜正准备离开急诊科回家，她注意到一位年轻的住院医生正在结束对一名病人的诊断。这名病人非常胖，但没有明显的危险迹象。病人有一些认知障碍，沟通不是很顺畅。经过在急诊科漫长而疲惫的一天，肖娜本应回家，但她觉得病人"看上去脸色苍白"，很不舒服，至少以她的经验来看是这样。年轻的住院医生没有经验，做不出这样的判断。肖娜走过来检查了病人的生命体征：血压很低，高压约 90mmHg，低压约 60mmHg。病人的血红蛋白也很低，只有 50g/L，正常范围应该是 120~170g/L。血红蛋白过低是这名病人被送到急诊科的原因。

在肖娜看来，低血压和低血红蛋白通常是由失血造成的。这位住院医生没有发现真正的问题，只是觉得稍微有一些不正常。因此，住院医生正结束诊断，准备送病人回家。

肖娜问道："哪儿出血了？"

住院医生对这个问题有些不解。"有什么不对吗？"他问道。没有什么出血的迹象啊。但令他恼火的是，肖娜一直在问："哪儿出血了？"

这位住院医生很不情愿地给病人安排了扫描检查，所有人都在等待结果。扫描结果显示病人的腿上有癌变细胞，而且这条腿已经断了。血液一直在往那条腿里渗，但没人注意到，因为病人太胖了。

尽管肖娜没有亲自诊断，但经验告诉她病人的病情很严重。肖娜可以验证自己的猜测，就像石化工厂的控制室操作员可以验证他的猜测一样。有时，洞察力让我们发现正在发生的事，而在其他时候，我们的洞察力表明，显而易见的情况并没有意义，需要对其进行进一步的评估。

这是认知维度在起作用。这是当我们被推入纷繁难解的情境时运用思辨思维的能力。这是应对我们以前从未遇到过、从未想象过的复杂混乱局面的能力。它超越了之前的经验和实践，让我们适应不熟悉的情境。

思辨思维似乎是人类独有的能力。先进的人工智能系统会获得这种能力吗？也许有一天会，也许永远不会，也许在我的有生之年会，也许在我孙子的有生之年都不会。

我对这个辩论不怎么感兴趣，而有机会赞颂属于认知维度组成部分的发现和洞察力，却使我心存感激。

为了"了解认知"，我们需要关注一些事例，比如石化工厂的超控系统以及肥胖患者体内的癌变细胞。我们可以对这样的例子进行研究，大小都行，并尝试对它们有更多的了解：事情是怎么发生的，什么会对其产生影响，以及如何克服障碍。

这正是第六部分的主题——思辨思维。回过头看看第四部分和题为《即兴国际象棋》的那篇文章。这篇文章的主旨是找到鼓励思辨思维、适应和发现的方法，它还讲了我们如何通过创造性而不是计算来给人们成功的机会。

第三部分的第十篇文章包含了图 6.1 所示的简单的图。

提高决策能力 ＝ 错误 ＋ 洞察力

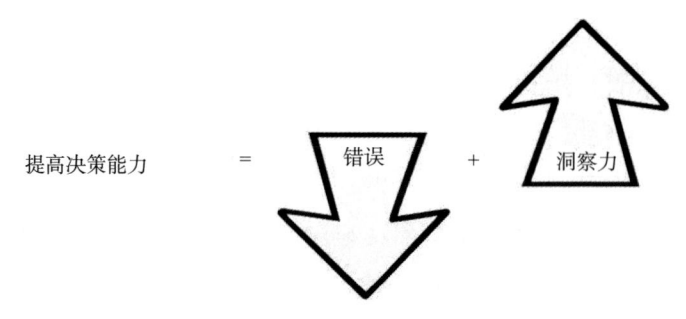

图 6.1　提高决策能力的两种方法

图 6.1 是我 2005 年设计的，我把它放在我的演讲中。这张图展现的只是关于提高决策能力的简单观察结论，再结合我的推测，表明

大多数机构都强调向下的箭头，即强调减少错误，而很少考虑向上的箭头，很少考虑自己想提升的东西，即洞察力和专业知识。令人欣慰的是，我演讲的大部分听众都对此表示同意，有些听众甚至极为赞同。"我的公司关心的都是向下的箭头。"这话我听到不止一次。但令人遗憾的是，我也会被问到，关于向上的箭头，特别是关于不断提高的洞察力，我能告诉人们一些什么。我必须承认，那时我没有研究过洞察力，对这个话题也说不出什么。

终于，我决定得做点儿什么了。我曾在新加坡做过一次演讲，用的是双箭头图，我一如既往地得到了听众的赞同和对关于洞察力知识的需求。在我坐飞机回美国17个小时的飞行中，我经过苦苦思索，最终决定研究洞察力，这样才能有所贡献。这就是我开始进行自然主义洞察力研究的起因和经过，我关注的是发现过程中涉及的认知问题。以此研究为基础，我完成了一篇学术论文（Klein & Jarosz，2011），出了一本书——《洞察力的秘密》（Klein，2013）。洞察力的主题及我们获得洞察力的与众不同的方式，与向下的箭头和那些只考虑如何减少错误的想法形成了对比。

第六部分第一篇文章《洞察力测试》确保我们都能对洞察力形成正确的理解。第二篇文章《批判性思维的第二波浪潮》将洞察力和发现置于批判性思维的背景下，与强调减少错误的向下箭头的第一波浪潮形成对比。在第三篇文章《不同形式的洞察力》中，我介绍了自己关于自然主义洞察力的研究结果。

第四篇文章《科学研究中的洞察力》介绍了科学方法中的洞察力源自何处，这些观察结果会让各位读者大吃一惊。

第五篇文章的标题是《认知障碍》，这篇文章指出了一些阻碍洞察力发展的做法。若要帮助他人更容易地获得洞察力，就需要找出这些问题并予以解决。

接下来的几篇文章改变了方向,对加强向上的箭头和增加我们发现机会的想法进行了考察。第六篇文章《获得洞察力的流行建议》涵盖了几个常见的建议。第七篇文章《梦幻般的洞察力》考虑了其中一个建议的价值——花点儿时间让我们的思绪飘荡,花点儿时间让我们面临的问题发酵。第八篇文章是《取得发现的不同策略》,接下来是第九篇文章《洞察状态》,这两篇都为做出发现提供了新建议,我认为这些建议更有帮助。

第十篇文章《摆脱困境》继续以这种方式展示了当我们陷入困境时,洞察状态可能会如何帮助我们。这篇文章源于我对洞察力的调查,建立在从他人身上学习的基础之上,这些人能够纠正自己所走之路并摆脱给他们造成束缚的假设。

最后,在第十一篇文章《发现平台》中,我介绍了和谢恩·米勒共同开发的一种方法(主要是由谢恩完成),此方法可帮助人们深入了解人工智能系统,比如那些使用机器学习的系统,但我认为这种方法可以应用到更多领域。

注:我对第六部分的文章所做的编校要比前几部分多。我对第三篇文章进行了修改,以反映我在《今日心理学》博客上发表这篇文章后对洞察力生成模型所做的改变。我又给第六和第七篇文章重新起了名,以便更有效地传达文章的内容。

洞察力测试

你对我们做出发现的方式了解多少?

对于创新和适应力而言,创造洞察力的能力至关重要。否则,我们将一生都困在自己的思维套路中。洞察力让我们以新的方式看待周遭万物。然而，许多人对洞察力的看法有误。这里有一个简短的测试，只有12项内容，用来评估各位读者对洞察力的了解。对于每一项的陈述，如果你表示同意且认为表述完全正确，请圈出该项左边的数字。

1. 头脑风暴是团队产生洞察力的有效方法。

2. 洞察力取决于以全新的眼光看待问题，这就是为什么那些干了很久的老人——所谓的专家，往往会被他们以前的经验所困。

3. 组织渴望洞察力，并期望员工提出立马可用的新点子。

4. 洞察力是这样产生的，即我们先陷入僵局，挣扎片刻，然后让思绪飘荡，再突然灵光乍现。

5. 相关性并不意味着因果关系，所以我们不应被巧合带偏。

6. 产生错误的想法、做出错误的假设，就会阻碍洞察力的出现。

7. 为了纠正有缺陷的假设，我们应该使用批判性思维方法，如列出正在做的所有重要假设，看看哪些可能有误。

8. 科学家通过控制实验对假设进行验证，以此获得洞察力。

9. 优秀的科学家工作严谨，因而不会做出错误的论断。

10. 要进行一个具有挑战性的项目，应从确定目标开始，这样才能按部就班地取得成功。

11. 好点子往往是偶然产生的，所以我们应让自己多了解不同的领域，多接触不同的专家。

12. 根据我们的工作方式量身定制一个精心设计的计算机工作站，过滤无关数据，突出重要线索，便可以增加我们获得洞察力的机会。

现在来看看各位答得怎样。再检查下自己的答案，对不太正确的进行一下修改。完全正确的是哪几项呢？答案是：零。这12项中没有一项完全正确。有些说法是错误的，与数据相矛盾的，还有些不大可能发生，也没有证据支持。我在《洞察力的秘密》一书中有更详尽的讲述，这里姑且简单解释一下。

1. 头脑风暴。这种方法很流行，但大量证据表明，使用这种方法的团队往往想出的点子更少，其中有创意的更少。

2. 经验不会让我们陷入老套路，除非任务重复且机械，以至于我们会心不在焉。我进行的一项关于洞察力的研究发现，在2/3的事件中，经验极为重要。

3. 机构组织可不怎么欢迎洞察力，认为洞察力会扰乱正常工作，还具有破坏性，阻碍了管理工作的顺利开展。大多数管理者认为新想法既不切实际，又不可靠。

4. 这种僵局策略有时的确能奏效，但这只是生成洞察力的不同方法中的一种。在120个与洞察力有关的样本中，只有25%的样本涉及僵局策略。在我所研究的120个洞察力样本中，没有任何一个是从经常被鼓励的思绪飘荡、神游天外的状态中产生的。

5. 相关性并不能证明因果关系，但许多重要的见解都是从某人注意到一个巧合开始的。

6. 有洞察力的人往往也会有错误的想法。可他们与其他人不同的是，他们能够放弃这些想法，而其他人则执着于他们有问题的观念，并为其所困。

7. 列出假设这种方法从未被证明能提高决策能力。这种做法甚至毫无意义，因为那些让我们陷入困境的想法往往是基于我们没有意识到的假设而产生的。因此，我们永远列不出来。

8. 若是科学家进行实验得到了支持自己所做假设的结果，那便根本没有获得任何洞察力。只有当预期结果未能出现时，科学家们才不得不寻求洞察力。科研方法的其他部分，例如仅仅观察感兴趣的现象，才是更丰富的洞察力来源。

9. 那些永远不会错的说法通常都过于无趣。科学家最好能提出他们所能维护的最极端的主张。不幸的是，太多的科学家都过于不愿意冒险，以至于他们只能审查自己。

10. 许多具有挑战性的项目都涉及没有明确目标的"棘手问题"。通往成功的唯一途径就是在前进的道路上对目标进行思考。死守最初的目标很有可能导致失败。

11. 没有明确的证据表明，有意接触大量不同的想法会获得更多的洞察力。

12. 精心设计的工作站可能会让人感觉舒适，但也会让我们陷入按部就班的例行公事中，更难找到更好的工作方法。如果工作站能过滤掉"不相关"的线索，那么它也会过滤掉可能激发出洞察力的线索。

洞察力的世界以神话和迷信为特征。只有揭露这些过时的观念，我们才能有希望在利用人类独特的才能取得发现及获得洞察力方面取得进展。

——2014 年 11 月 25 日

批判性思维的第二波浪潮

对被误解概念的公正理解

批判性思维的概念显然很重要。人们普遍认为，如果拥有了批判性思维，我们就会做得更好，社会也将从中受益，学生在学校的成绩会更好，人们在个人生活和职业生涯中也会更成功。

我们通常认为批判性思维是基于某些问题或话题证据的系统性分析做出判断，而不是依靠心血来潮、观点和情绪。这是对批判性思维的标准理解，也是批判性思维概念化的第一波浪潮。

虽然批判性思维的概念最早由苏格拉底提出，在苏格拉底式对话中已有体现，但在题为《国家处在危险之中》的报告于1983年发布后，美国对培养批判性思维技能的兴趣极速增长。因为该报告指出，美国学生学习成绩明显下滑，SAT[①]分数明显下降。

然而，批判性思维的第二波浪潮是最近才出现的。第二波浪潮是指对我们周围正在发生的事进行清醒的思考，而不是不加辨别地接受他人的看法。这是要我们自己思考，问问自己："这个解释合理吗？"

1994年出版的《重新思考的理性》一书中，作者克里·沃尔特斯解释了批判性思维的第一波浪潮是如何集中在逻辑推理和"演算证明"上的。批判性思维的第二波浪潮则强调想象力、创造力、直觉和洞察力的重要性。

第一波浪潮是关于我们如何思考，第二波浪潮则是关于我们能有何发现。

批判性思维的这两波浪潮都有价值。若能理清二者的关系，也许我们可以找到更好的方法来改进批判性思维，形成更公正的观点。第一波浪潮是试图减少错误和不合逻辑的推理。批判性思维应是彻底、系统、严谨、一致的，且合乎逻辑的，同时应依赖于可靠的证据。在系统1和系统2的认知公式中，批判性思维的第一波浪潮与系统2相匹配。

到目前为止，但凡涉及批判性思维，最受关注的还是第一波浪潮。我翻阅了一些这方面的文献（Klein，2011），以了解文献中提供的各种指导：如果我们想对批判性思维的第一波浪潮予以加强，建议我们检查自己提出的假设，并确定可能影响我们判断的不确定领域。我们

---

① SAT（Scholastic Assessment Test）：学业评价测验，美国教育测验服务中心为高中生进入美国大学组织的标准入学考试。——译者注

应该担心的是不一致性，应对我们的论点、看法及假设进行反思，以保持其内在的一致性，如若不然，那我们就是在欺骗自己，得出的结论也无效。

所有这些建议对各位读者来说无疑是再熟悉不过的。维基百科上"批判性思维"词条对第一波批判性思维浪潮的各个方面进行了总结。

在2011年的文章中，我也讨论了过分强调第一波浪潮所描述的过程的危险。大多数组织机构都专注于批判性思维的第一波浪潮，因为揪出错误比注意到洞察力的遗漏更容易。然而，我们要小心，不要对推理和推论施加太多限制，以免抑制创造力。

比方说，我们如果要考虑所有相关的假设，那么就很可能难以判断正在发生的事。我们如果花时间去追踪假设和不确定性，追根溯源，检查逻辑上的不一致，就很可能没有多余的精力来获得洞察力。我们如果要求人们证明自己的结论正确，他们便可能只注意到用语言表达出来的线索，而忽略了作为专业知识核心的隐性知识。遵循验证假设的要求，保持内部一致性，等等，此类做法可能会鼓励一种尽量不犯错的被动思维模式，而非努力发现不同的积极思维模式。

批判性思维的第二波浪潮

批判性思维的第二波浪潮鼓励我们自己去判断当下正发生之事与应发生之事。我们可以通过更多的方式来积极地理解所发生之事，而不是盲目地接受他人对事件的解读，被动地服从命令。

我们要对他人未注意到的微弱信号心存警惕，对巧合和可能出现的联系感到好奇，对本应发生却并未发生之事保持敏感，处处留心。好奇心正是批判性思维第二波浪潮各个方面的共同点。

批判性思维的一个方面是思维模式的转变，即从程序性思维模式向调查性思维模式转变。程序性思维是指我们所要做的就是依照程序。当然，在大多数工作中，我们需要学习程序、了解步骤，但有时规则和程序并不适用，甚至会导致糟糕的结果。程序是必要的，但只有程序却是远远不够的。我们要学习程序，但不应被它所束缚，我们还要环顾四周。

从程序性思维模式向调查性思维模式的转变，在我研究的许多不同的专业工作环境中都出现过，比如儿童保护服务。社会工作者的职责是在发生事故或接到可能造成伤害的报告后对儿童的安全提供保护。我们让社会工作者接受培训，甚至还给了他们如何一步步进行现场访问和访谈的清单。

但这还不够，因为你列不出这样的清单，标明特定家庭或特定生活环境中的特定成员可能面临哪些危险。一名优秀的社会工作者要跳出程序，去想象可能会出什么问题，可能会遇到什么危险。

现在我们能掌控的领域是查明问题——预测危险，并没有识别危险的程序。受批判性思维第一波浪潮影响的社会工作者可能会以为完成清单上的所有步骤后，自己的工作就算完成了，由此可能会忽略清单上没有列出的问题。当儿童保护机构的高级管理人员抱怨年轻的社会工作者们没有表现出足够的批判性思维时，他们会提到批判性思维的第二波浪潮，即对特定家庭中特定成员可能遇到的危险保持警惕。

批判性思维的第二波浪潮也鼓励我们质疑曾被赋予的目标。我们很容易盲目地追求官方的目标和目的，即我们工作的机构或上司发布的目标和目的。然而，在复杂和不断变化的情况下，原来的目标往往赶不上变化。我们还可能遇到没有明确目标的棘手难题，这就需要在前进过程中对目标进行修改。我将这一过程称为发现式管理，即需要适应和即兴发挥，并非简单地调整实现目标的策略，而是要重新思考目标本身。第九部分的第十篇文章将对这一概念进行详述。

结论

写这篇文章的目的是为批判性思维提供一个更广阔的视角，这里的批判性思维既包括第一波浪潮，也包括第二波浪潮。批判性思维的第一波浪潮带来了许多既有见地又有用处的想法和计划（Halpern，2007）。

第二波浪潮对第一波浪潮起到了重要的平衡作用。第二波浪潮推出了计划和方法，使决策者能够独立评估正在发生的事情和他们应追求的目标。未来我们将有望在加强批判性思维的第一波浪潮及第二波浪潮这两个方面取得更多的进展。

——2020 年 5 月 26 日

不同形式的洞察力

洞察力多样化的实现途径

1926 年，格雷厄姆·沃拉斯描述了洞察的四个阶段：准备、酝酿、顿悟和验证。此洞察力模型试图解释人们是如何发现并摆脱僵局的。例如，九点连线要求只用四条线就将所有的点连起来，且这四条线不能断开（见图 6.2）。

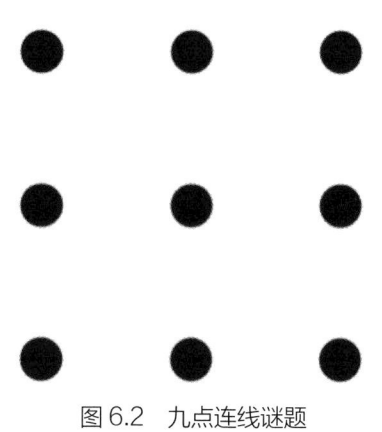

图 6.2　九点连线谜题

九点连线似乎是不可能完成的任务。很多人都在苦苦思索，大多数都想不出答案。（本文最后给出了答案，见图6.4。）

这个谜题之所以如此之难，是因为我们一直被有缺陷的假设所困。我们无须留在边框内，也无须在某一点上改变方向。请注意，列出所有假设的第一波批判性思维对我们毫无用处，因为我们无意识地做出了这两个假设（留在边框内，在某一点上改变方向），但无意识的假设也很难列出。

僵局范式符合沃拉斯的模型，是研究洞察力最常用的方法。我们可以把它看作是一条修正路径，因为我们正在修正有缺陷的假设，以摆脱僵局。但这只是一种形式的洞察力。

其他形式的洞察力不涉及僵局，也不需要我们发现有缺陷的假设。第二种形式的洞察力取决于发现矛盾——找出无意义之事。第五部分《异常检测：留意意料之外》那篇文章讲了个案例，一名警察注意到一辆新宝马车的司机在车内弹烟灰。这个案例中没有僵局，也没有提前准备，有的只是令人奇怪的反常情况。

第三种形式的洞察力涉及一种联系，如图6.3所示。想想查理·达尔文，他在读了马尔萨斯关于稀缺资源（比如食物）竞争的书后，领悟到他的进化理论可以由适者生存这一原理驱动。

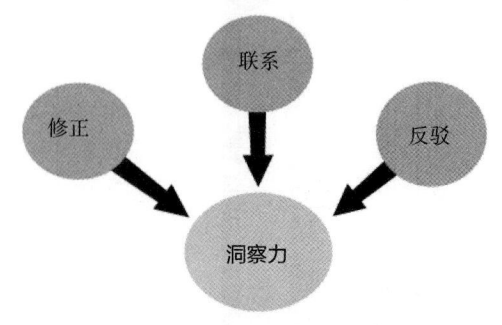

图6.3 洞察力的三重路径模型

第三种形式，即关联洞察力，是通过一个关于如何用蘑菇来保护环境的新闻报道来说明的。蘑菇带来的启示也教会了我们一些关于洞察力的重要经验。故事开始于一名高中生在佛蒙特州他父亲的枫糖农场铲木屑时的偶然发现。这一发现已经演变成激动人心的技术，即用蘑菇代替我们在包装花生和咖啡杯时经常看到的聚苯乙烯泡沫塑料。聚苯乙烯泡沫塑料几乎永远无法降解，公路上、海洋中随处可见。这种新的蘑菇技术生产成本低廉，一个月内便可安全降解，有朝一日会取代泡沫塑料作为绝缘和包装材料。

以下是对这一发现的概述，更完整的版本见伊恩·弗雷泽2013年5月20日在《纽约客》上发表的文章《形态与真菌》，起源是埃本·拜耳在农场干杂活，比如铲木屑。即使埃本用防水布盖住成堆的木屑，它们还是会被淋湿，而木屑堆中长出的蘑菇将木屑结成一团，这样埃本用干草杈将它们叉起来时就容易多了。这不是什么惊天动地的发现，不值得写一篇科学论文，只是埃本给父亲帮忙时的顺带发现。

没过几年，埃本就上了美国纽约州特洛伊的伦斯勒理工学院。埃本的一门课程作业是用珍珠岩制作隔热板。珍珠岩是一种会沉淀的大颗粒矿物，难以均匀地涂上涂层。珍珠岩不易聚集在一起，这让埃本想起了他在农场看到的木屑。因此，埃本订购了一套便宜的蘑菇培养包，将孢子与珍珠岩混合，加入水和营养物质，让蘑菇生长。没过几天，埃本就取得了成功。蘑菇的菌丝体把珍珠岩织成一个固体圆盘，形状就像他培养混合物的玻璃烧瓶。

在伦斯勒理工学院的最后一年，埃本在一门名为发明家工作室的课程上向另一位教授展示了珍珠岩圆盘。埃本不知道该怎么处理这个圆盘，只希望它能给教授留下深刻印象。教授的确对圆盘产生了兴趣，他立刻意识到埃本发明了一种生物聚合物，可以取代聚苯乙烯泡沫塑料和其他合成聚合物。种植这种蘑菇化合物只需要很少的能量：只需将合适的蘑菇孢子与一些废弃物混合，比如稻壳和秸秆，然后把混合物放在模具里，让它长成你想要的形状，再把灯关掉。过几天就好了。另外，可以通过加热杀死蘑菇菌丝来阻止混合物继续生长。这位教授帮助埃本及其合伙人成立了一家小公司，这家公司有可能成为生物版的陶氏化学或杜邦。

埃本在如何使用蘑菇作为生物聚合物的问题上没有走进死胡同，因为他并没有试图发明一种聚苯乙烯泡沫塑料的替代品。甚至直到教授点醒他，他才明白自己的发明意味着什么。至少在像这样的案例中，沃拉斯关于洞察力生成的说法并不成立。

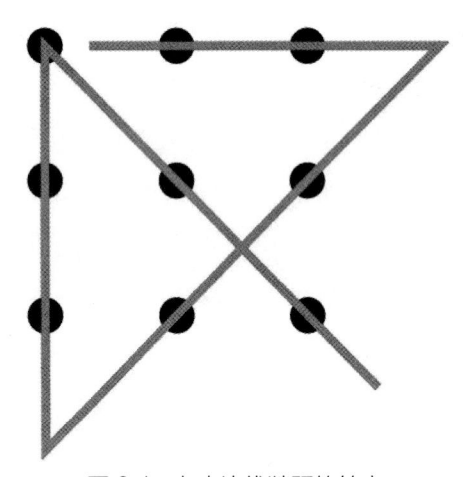

图 6.4　九点连线谜题的答案

洞察力不一定取决于准备工作，它也未必能帮我们走出困境。如果我们想要理解洞察力，需要拓宽视角，埃本这样的故事也应纳入考虑。我们要明白，获得洞察力的途径不止一条。

——2013 年 6 月 12 日

科学研究中的洞察力

绝大多数研究发现都不在我们预料之中

科学家究竟怎么工作？普遍的看法是，科学家们把时间花在验证假设上：选择一个可信度较高的假设来检验，用正确的对照组设计一项研究，设置刺激因素和条件，收集数据，进行分析。接下来，如果一切顺利，结果将支持假设，列出实验组和对照组之间在统计上的显著差异，整理实验结果，撰写论文并发表。这是理想的情况，但存在一个大问题——缺乏洞察力。在上文描述的情境中，研究人员没有取得任何发现。

科学研究过程中的洞察力在哪儿？让我们来看看"科学方法"。科学方法虽然没有官方定义，但我认为大多数科学家会同意以下基本步骤。

第一步，选择问题或现象。当科学家们打算确定一个问题或现象来进行调查、予以修正时，获得洞察力的机会便出现了，若发现自己所想之事正在发生，科学家们还会经常对该问题或现象进行改变。

第二步，直接观察数据，对数据进行收集。随着观察到的细节的不断增加，意想不到的问题的不断出现，这些问题或与既定的观念相矛盾，或以意想不到的方式与观念相关联，获得洞察力的机会又来了。仔细观察常常使科学家们摆脱自己的先入之见。

第三步，解释。提出一个说法、推出一个理论或设计一个假设，尽力去解释观察结果往往会获得洞察力。新理论由此诞生。

第四步，用数据来评估理论。如果这一步进展顺利，则洞察力不会产生。只有在数据不符合预期、未能顺理成章地支持假设的情况下，科学家才会提出新见解。而此类情况发生时，研究人员往往会感到失望、沮丧，希望是分析出现了错误，数据确实符合预期结果。然而，经过进一步的思考，短则几周，长则数月，研究人员或许会得出结论，该现象实际上比最初想象的要复杂得多。最终，研究人员可能会对当初提出如此简单的假设感到好笑。

第五步，总结。在将这些发现应用于新条件和新领域的过程中，科学家们可能会获得进一步的见解。

请注意，科学方法中唯一不能产生洞察力的地方是检验假设并获得预期结果的经典科学活动。传统的研究观点集中在最不可能产生洞察力的活动上。而传统观点恰恰忽略了那些最有可能产生洞察力的活动，尤其是在科学方法的早期阶段。

通过剖析科学研究过程，我们可以看到洞察力究竟会在哪里出现，也看到了洞察力不会在哪里出现。

——2014 年 2 月 3 日

认知障碍

究竟是什么阻止我们获得更多的洞察力？

在之前的文章《不同形式的洞察力》中，我讲了洞察力的三种不同形式：①建立联系，②发现矛盾之处，③通过修正有缺陷的想法来摆脱困境。2011 年我进行了一项研究，收集了 120 个有关洞察力的案例，并进行了分类，从中发现了洞察力的不同形式。我试图了解人们是如何获得洞察力的。

但阻挡我们获得洞察力的究竟是什么呢？哪些事会阻碍洞察力产生？为了找到答案，我又对这 120 个案例进行了研究，发现有 30 个案例都存在这样的情况，其中一个人获得了重要的洞察力，而另一个人虽掌握完全相同的信息却一无所得。比如，在达尔文提出进化论之后，托马斯·亨利·赫胥黎的反应是："居然没想到这一点，我简直太蠢了！"

沃森和克里克也是如此，他们在研究遗传信息如何由父母传递给后代方面取得了突破。当时其他的科学家也掌握着沃森和克里克所掌握的信息。要记住一点，沃森和克里克从来没有做过任何一项属于自己的研究，所以他们没有隐瞒任何信息。但其他科学家，甚至是那些收集了沃森和克里克使用过的数据的科学家，都被抢先了。

另一个案例发生在 1962 年 10 月，当时美国中央情报局认定苏联正准备在古巴部署弹道导弹。中央情报局局长约翰·麦科恩明白了 U-2 侦察机所拍摄的照片的含义。然而，中央情报局俄罗斯行为专家谢尔曼·肯特认为，苏联领导人赫鲁晓夫绝不可能做出如此冒险的举动。肯特掌握的信息和麦科恩掌握的完全相同，却得出了与对方相反的结论。

我对这 30 个案例中的每一个又进行了研究，试图找出其中一些人未获得发现的原因。我发现了四种阻止获得洞察力的障碍类型（见图 6.5）。

第一，许多人之所以与洞察力失之交臂，是因为他们固执地坚持有缺陷的想法。谢尔曼·肯特认为赫鲁晓夫不会冒任何重大风险。肯

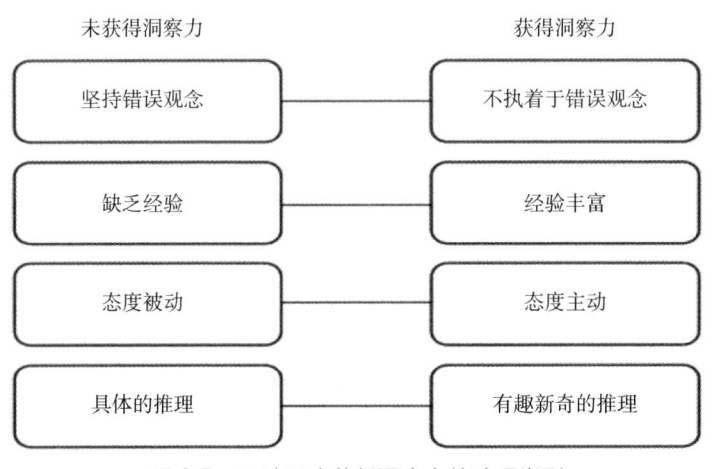

未获得洞察力	获得洞察力
坚持错误观念	不执着于错误观念
缺乏经验	经验丰富
态度被动	态度主动
具体的推理	有趣新奇的推理

图 6.5 四种阻止获得洞察力的障碍类型

特的确仔细研究了历史趋势，但这样的研究使他容易受到趋势变化的影响。沃森和克里克也有一些错误的想法，但他们并未被这些想法困住。

第二，经验起了作用。经验更丰富的人会注意到其他人忽略的数据的含义。从表面上看，沃森和克里克的经验不如当时的顶尖科学家，他们是科学界的新星。然而，当时许多主要的遗传学家并不懂生物化学，他们只对基因的特征感兴趣。同样，研究DNA（脱氧核糖核酸）的有机化学家对遗传学也不感兴趣。相比之下，沃森和克里克组成了一个完美的合作团队。他们的经验恰好相融，彼此相互补充。克里克的研究背景是物理学、X射线衍射法、蛋白质和基因功能。沃森的研究背景是生物学、噬菌体（细菌病毒）和细菌遗传学。克里克是唯一对基因感兴趣的晶体学家，沃森则是美国噬菌体研究小组中唯一对DNA感兴趣的人。

第三，与洞察力失之交臂的人更有可能采取被动消极的态度，而不是积极主动的态度。咱们再回到DNA的例子上来。罗莎琳德·富兰克林的态度相当消极，她在做出任何推测前都要仔细地收集数据，不像沃森和克里克做出各种天马行空的猜测。其实，那些天马行空的猜测正是积极态度的象征。

第四，执着于具体推理往往会限制洞察力，而更轻松活泼的研究风格则往往涉及猜测及假设性推理，从而增强洞察力。

推理方式不易改变，经验也无法轻易获得。但另外两个因素却有可塑性：我们或许可以采取一些措施，让自己不再那么执着于原有的观念，让思维更加灵活；还可以做个有心人，在更多时候采取积极的态度。

——2013年6月18日

获得洞察力的流行建议

获得更多发现的五大流行说法

让我们先来回顾一下不同权威专家提出的增强洞察力的五种想法：

（1）旋涡策略：增加人员接触，增进彼此交流

（2）鼓励失败

（3）接受新想法

（4）运用批判性思维

（5）进入安静、冥想的状态。

这些想法似乎都有道理，看上去都有用，都值得一试。尽管如此，我对这五种想法，仍心存疑虑。看来有必要查验一下我心中的疑团，以便找到增强洞察力的有效策略。

旋涡策略：增加人员接触，增进彼此交流。史蒂文·约翰逊在《伟大创意的诞生》（2010）一书中主张，我们可以通过让自己接触大量的想法，尤其是闻所未闻的想法，来激发创新、获得洞察力。许多研究者也得出了同样的结论。不少公司在设计办公区时将不同专业的员工安排到一起，迫使从事脑力工作的员工与其他类型、其他专业的员工有机会接触。增加人员接触的旋涡策略与我提出的获得洞察力的路径中的连接路径一致：人们会在不同的想法之间建立意想不到的联系。

尽管如此，我还是觉得不妥。我对支撑这个想法的证据表示怀疑，因为它是基于后见之明而得出的。如果我是一个机械工程师，我和一个在光学部门工作的朋友共进午餐，她描述了一个新项目，让我有了个新点子，这确实不错。但那些没有催生洞察力的午餐又当如何解释呢？这就好比说洗澡时有了一个好主意，然后洗澡的次数翻倍，产生

更多好主意的机会也能跟着翻倍一样。

旋涡策略的另一个问题是，仅是将更多的想法加在一起产生不了洞察力，因为随着我们接触的想法增多，我们就必须理清更多的联系、剔除更多无用的点子。相反，一旦洞察力现身，我们马上就能知道。当然也有出错的时候，比如后来才明白这个发现没有用，但我们并不是在大量的、无用的想法中浪费时间和精力。

鼓励失败。我认为"从失败中学习"这一策略非常重要，所以我也确实看到了鼓励失败的建议和"失败得快、学得更快"这类口号有一定价值。以失败为基础的策略是由哲学家卡尔·波普尔倡导的，他指出，没有完美的理论，因此科学家应该试图反驳自己的理论，而不是竭力维护。然而，尽管有这些智者箴言，科学家们并没有试图推翻他们自己的理论。我们生来如此。失败策略不符合我们的心理构成。就个人而言，我讨厌失败。我经历过太多次失败，每次都会付出代价。后来，我有时的确会回想失败并总结原因，所以也确实从失败中学到了很多。但我从未感到享受，也从不打算再次经历失败。我想没有人生来就想寻找失败。因此，这个建议似乎并不实用。

接受新想法。许多建议手册中都提到保持开放心态的各种策略。这条建议确实有道理，不接受新思想的人不太可能有洞察力。保持开放心态的建议似乎与洞察力的矛盾路径有极强的相关性，提醒我们不要太快地忽略不符合我们先入之见的证据。

有什么问题吗？简单地说，保持开放心态的建议似乎并没有那么有力。我们并不清楚自己要做些什么才能保持开放的心态。这条建议与其说是策略，不如说是口号。

当我回过头看那120个有关洞察力的案例并看到这些矛盾的案例时，我发现了一些值得注意的地方：在其中2/3的案例里，获得洞察力的那些人所拥有的并不是开放的心态,而是对传统智慧的怀疑态度,并以怀疑的眼光来看问题。这与开放的态度截然不同。

运用批判性思维。基于实验室的洞察力研究,通常会使用僵局范式的一些变体:给受试者一个谜题,让他们为没必要的假设所困。僵局范式与我的洞察力三重路径模型中的修正路径一致(见图6.3)。

前进的唯一途径是找出可以放弃的假设。因此,列出假设的批判性思维方法(批判性思维的第一波浪潮)看来完全正确。

然而,我对批判性思维在产生洞察力方面的价值表示怀疑。一个原因是,我没有发现任何证据表明,如果你按照批判性思维的方法,列出假设和不确定性的来源,你就会有更多的洞察力。第二个原因是,即使是在实验室任务中,受试者也会被他们自己都没有意识到的假设所困。

进入安静、冥想的状态。如果洞察力是从潜意识中产生的,那么也许可以通过给洞察力空间——通过平息充斥在我们思想中的所有混乱——来诱导更多的洞察力进入我们的意识。《梦幻般的洞察力》一文解释了我对此建议的疑虑,因为在我研究的120个有关洞察力的案例中,没有哪一个洞察力是从这种有意的酝酿中产生的。(这篇文章还描述了酝酿的方式。)

以上五种方法似乎都不太实用。然而,回顾这些建议的错误之处,可能会为如何形成有效的洞察力提供一些思路。

——2015年5月10日

梦幻般的洞察力

我们有实现突破的心情吗?

当下流行的观点是,我们可以通过进入一种梦幻状态来唤醒洞察力，让思绪飘荡，就像基弗和康斯特布尔在《顿悟：捕捉灵感的艺术》（2013）一书中所描述的那样。此书认为平静和接受的情绪是洞察力的落脚之处，使洞察力越过边界从无意识的领地进入有意识的范围。

亦有证据支持这种关于洞察状态的描述。约翰·库尼欧斯和马克·比曼（2009）通过回顾神经科学研究，发现了相关证据，即人们在解谜之前大脑中的阿尔法波段活动增加，随后伽马波段活动增加。阿尔法波段的活动与让大脑处于空闲状态有关，甚至会抑制大脑的活动，所以这种模式的确符合进入梦幻状态的概念。

此外，梦幻状态的概念与格雷厄姆·沃拉斯在1926年描述的酝酿概念相吻合。在尝试解决问题却失败后，人们受访时都提到，当自己不再继续尝试解决事件，转而进行散步等娱乐活动时，却突然想到了解决办法。关于酝酿效应的研究结论并不统一——大多数研究对酝酿效应进行了一些报道，但至少有1/3的研究未能找到任何证据表明酝酿可提高洞察力。

出于好奇，我重新翻看了我的数据库中120个有关洞察力的案例，想看看人们为了获得洞察力而有意进入梦幻状态的频率。答案很明确：零！没有任何一个人能通过这种方式让自己有意识地获得洞察力。

我发现只有5个案例当事人是在酝酿之前便获得了洞察力（这些案例中的当事人没有一个是有意在酝酿期获得洞察力的），还有47个案例根本不存在酝酿的可能性。其中一个案例讲的是一位名叫瓦格纳·道奇的林地消防员，被困于蒙大拿州的一座山上。峡谷一侧的山火出乎意料地越过峡谷，火势迅速蔓延到山上。瓦格纳·道奇和他的队友正在逃命，还有一分钟火就会烧到他们这儿。突然，道奇灵机一动，在他面前点起了一堆火，把草烧掉，只留下灰烬，这样便可免于被大火吞噬。像这样的案例当事人根本没有时间去酝酿思绪。而还有 68 个案例对洞察力与酝酿二者间的关系并无定论。

在这 120 个案例中，有 22 个案例中的洞察力都为偶然所得——当事人并未试图解决任何问题。在这些案例中，当事人没有为获得洞察力而酝酿思绪。

我还讨论了洞察力的不同形式。一种形式是注意到联系——洞察力通常是在人们收到新信息时立即出现，这里没有梦幻般的酝酿状态。另一种形式是注意到矛盾，也是在接收到新信息时。

第三种形式最有望成功。当我们由于发现一直困住我们的无意识假设，从而摆脱困境时，就产生了洞察力。想想九点连线谜题。这种僵局范式被用于神经科学研究，因为很容易进行提前安排，这种形式的洞察力最有可能符合"梦幻状态"策略。然而，我数据库中的多数案例涉及的都是急于寻找事件解决方案的人，比如当时正在逃命的瓦格纳·道奇。这种绝望的状态与梦幻般的状态不相符。

因此，我不相信可以通过进入一个平静的心理空间来有意识地获得洞察力。我认为，当我们心态积极而不是被动，或当我们遇到不符合先入之见的事而心生好奇、萌发猜测时，才更有可能获得洞察力。

不过，也许有一些方法可以使酝酿奏效。如果酝酿能让我们从精神疲劳中恢复过来，它就为我们指明了改正的道路，指出了要打破僵局应努力的方向。酝酿可通过激发远程关联来发挥作用，然后我们便可处理连接路径，加入不同的想法。酝酿使以偶然事件作为基础变得更容易，它指向连接路径和矛盾路径，并使人对通过偶然事件获得的不一致性进行深思。因此，不同的酝酿机制或许会与我们获得洞察力的三种路径有关。

——2013 年 8 月 19 日

取得发现的不同策略

通往洞察力的每一条路都需要独特的技巧

我研究发现了通往洞察力的三条道路：建立联系（联系之路，也包括遇到巧合）、发现矛盾（矛盾之路），以及抛弃有缺陷假设的修正之路——通常以创造性绝望为标志。

每条道路都有自己的一套策略来力求获得洞察力，每条道路都有自己的陷阱，每条道路也都向我们展示了不同的方法和机会。

联系之路。如果我们能保持一种积极的思维模式，不只是按过去的思维习惯想问题，而是对细微差别及隐含之意保持警惕，联系之路便会发挥出应有的作用。兰格（2014）称其为一种处处留心、事事留意的状态，而不是一种大而化之、心不在焉的状态。在某一刻集中精神并不难，但到底有多容易也尚不清楚。我觉得我们可以比平时更专注、更投入。

当我们的思维模式变得更积极时，我们就会更多地运用预见性思维：想象事件可能会怎样发生。我们不是在预测未来，只是在感知我们可能并未注意到的机会和风险。

积极的思维模式帮助我们探究可能会忽视的异常现象，为我们获得洞察力开辟了新的可能性。

史蒂文·约翰逊认为，可以通过接触更多不同的思想来获得更多的洞察力。我却不信，因为这个观点似乎是基于个别案例的。然而，这样的策略肯定与联系之路有相契合之处。

他的另一条建议是，试着让情绪平静下来，让我们的思绪飘荡，建立起天马行空的联想，最终形成意识。我再次表示怀疑，因为宁静、梦幻的状态似乎与积极的思维模式背道而驰。此外，在我研究的120

个洞察力样本中，没有哪一个是当事人通过刻意进入冥想状态而产生的。然而，如前文所述，我的怀疑可能并无依据。例如，使用宁静、梦幻的状态来建立天马行空的联想，也与联系之路相契合。

矛盾之路。对于矛盾的洞察，我们需要对冲突、困惑、问题、失败和误判做出不同的反应。人的自然倾向是掩盖分歧，消除干扰，解决争端，以恢复团队的和谐和思想的和谐。然而，矛盾使我们更加尖锐地对待分歧和冲突。当我们追求"将会怎样"，而不是对无谓的猜测不胜其烦时，基于矛盾的洞察力更容易产生。

我们经常试图通过为差异进行辩解来消除冲突，但只有当我们重视差异，并想象如果差异是合理的会产生什么影响时，基于矛盾的洞察力才会出现。冲突常常让我们感到不舒服，因为这意味着我们还没有把事情想清楚，这才是关键。团队内部的冲突和混乱正将我们引向那些还未考虑周全的领域，暴露出那些我们有机会获得有用发现的领域。

我在第九部分中阐述的事前检讨法效果很好，因为它有意引发不同意见。该方法邀请团队成员开诚布公地提出疑问并指出不一致之处。在事前检讨中，团队成员各自列出新计划或新项目中让他们担心的所有事。此方法使该团队成员难以维持自满情绪，而他们的自满往往会伪装成和谐。

修正之路。这条道路通常产生于创造性绝望，旨在找到阻碍前进道路的有缺陷的假设。只简单列出假设没有用，因为通常关键的假设都是我们意识不到时做出的。与矛盾之路一样，前进的一种方法是警惕异常和不一致，这些异常和不一致可能为有缺陷的假设提供线索。

更为积极的策略是刻意尝试不同的视角，看看能学到什么。这些视角包括：从竞争对手的角度看我们自己；假设我们是当前项目的继任者，与可能困住我们的沉没成本无关，从此人的角度看我们当下的处境；想象我们忽视了一些微弱的信号。

——2014 年 3 月 29 日

洞察状态

增强洞察力

也许有一种方法可以增加我们获得新发现的机会。

我一直在研究一种提高洞察力的新策略，我称之为洞察状态。在我解释什么是洞察状态之前，我想先回顾一下我在这方面的一些想法。

我努力做的一件事就是从现有的方法中吸取教训。第六篇文章《获得洞察力的流行建议》，列出了一些增强洞察力的传统建议，并解释了为什么我认为这些建议都不起作用。这些限制可以帮助我们看到有效的洞察力策略能帮我们做什么。第一，它应该能显著提高成功率。有些策略力求产生大量的选择。这些选择可能会带来更多的见解，但也会产生不少糟糕的想法，所以我们必须做大量的工作来过滤掉所有不能用的想法。一个卓有成效的洞察力策略不会产生很多失败的点子。第二，优质的洞察力策略可以帮助我们从失败中学习，而不是假装我们喜欢失败或想要通过快速失败来快速学习。失败是痛苦的，虽然失败者可以在舔舐伤口的过程中变得更聪明，但最好一开始就不受伤。第三，我们可能想要保持开放的心态，但开放的心态太被动，洞察力来自积极的好奇心。此外，有时我们还可以通过怀疑和逆向思维来获得洞察力。

当我把那些获得洞察力的人与那些没有获得洞察力的人进行对比时，另一个想法由此产生。在我对 120 个洞察力案例的研究中，我发现有 30 个案例都存在一对对比鲜明的"双胞胎":两个掌握相同信息的人,其中一个获得了洞察力而另一个没有,前者最终取得了发现,而后者没有。我比较了每一个案例中的两个人,以下是我发现的区别:两个人中失败的那个经常为自己有缺陷的想法所困,而获得洞察力的那个能够逃离错误的想法。此外,"双胞胎"中成功的那个有着积极的思维模式,而失败的那个只是被动地完成自己的工作,没有多想。此外,"双胞胎"中成功的那个似乎喜欢推测事情可能会以不同的方式发展,而失败的那个通常想法都很具体,对这些异想天开毫无耐心。

洞察状态就是从这些观察中产生的。在对其进行描述之前,希望各位读者采取一种探究的思维模式,而不是怀疑的思维模式。当第一次遇到一个新想法时,对许多人来说怀疑是很自然的,但我希望各位能稍后再开始怀疑。一旦我解释了洞察状态,你就可以切回到且应该切回到批判模式。然而,想象一下如何使用洞察状态,你会从这个练习中收获很多。就像试穿新衣一样,一开始就要充满热情。

洞察状态是我们在遇到新想法和新事件时所采取的一种心理定式。其他人提倡一种冥想的状态或让思绪飘荡,我的建议却相反:采取积极的思维模式,保持好奇心,准备为发现而高兴。批判性思维的倡导者(支持第一波批判性思维浪潮的人)鼓励我们采取怀疑的态度,而洞察状态正好相反,鼓励好奇、促进探索。

可以通过以下方法专注于这一思维模式。

1. 对不一致和异常现象感到好奇,而不是无视它们或进行辩解。我们不想因每一个异常而分心,但可以花几秒钟注意那些可能重要的异常或矛盾,并思考它们有何意义。

2. 对巧合感到好奇,不是指所有巧合,而是那些看起来有价值的巧合。

3.更自由地运用我们的好奇心，多花一点儿时间去推测一些事件或想法的深意，即使这些事件或想法不在我们追求目标的道路上。

4.警惕各个想法之间意想不到的联系。

5.注意当我们陷入困境时可能会对我们有所帮助的杠杆点，常规方法不起作用时，可以选择替代方案。这些都是我在研究项目中分析120个洞察力案例时发现的不同途径。它们正是通往洞察力的途径。

我们虽不能无限期地保持这种洞察状态，但我认为我们可以学着比平时更轻松、更频繁地进入这种状态，并能更长久地维持这一状态。洞察状态或许是一种可以通过练习而形成的思维习惯。一种练习方法是对我们所获得的所有洞察力都积极庆贺，无论大小。也许你和我一样，你会花大量精力担心自己做出愚蠢的决定、犯愚蠢的错误。可如果我们花更多的精力去关注我们的洞察力、去享受成功的喜悦会怎样？可以是创造产业优势的洞察力，比如关于产品或服务的新想法；也可以是比较微观的洞察力，比如判断为什么手机会给我们带来麻烦，并解决这些麻烦；或者更微观的。

几天前，我注意到几个工人在修理我公寓楼里C座的一扇门。我来到B座楼梯口一扇锁着的门前，输入密码后，门却没有开。这太奇怪了。我又试了几次，然后放弃了，只好改乘电梯。后来，当我经过A座锁着的门时，我又试了试密码，还是没打开。然后我突然想到了答案。工人当时一定是在给C座的楼梯安装新的密码锁。到目前为止，C座是唯一允许随意进入的地方。修理工人一直在C座的门附近工作，而我从他们身边经过时没有太注意。当他们安装新锁时，一定也改变了通往另外两栋楼楼梯的密码，因为我们总想着所有的门都有相同的进入密码。随后我便想起读过一则通告，说所有居民都要对闯入者提高警惕,因为有人发现有小偷正在撬停在街边的车。突然一切都联系起来了。这就是为什么旧密码不管用了。果然,那天下午我们收到了更换新密码的通知。这虽不是什么重要的洞察力,但它令人欣喜。

像这样的洞察力我们一直都有。让我们把它们记下来,还可以专门写在洞察力日记里。我们要鼓励自己更频繁地进入洞察状态。

当事情未按计划进行时,洞察状态可能会缓解我们的恐惧。当我们被迫——或者更确切地说,当我们被允许——即兴发挥,看看自己能发现什么时,洞察状态应该会触发一种好奇和探索的意识。这是我区分专家和仅能熟练操作的人的方法之一。当标准的技术都不起作用时,熟练工会感到沮丧。而专家在接受新挑战时,会两眼放光。洞察状态旨在让所有人都散发光芒。

团队和组织机构层面,可以通过改变完成业务的方式来提升洞察力。例如,许多机构每个月都要对项目进行进度审查。项目负责人向大家展示项目的完成情况有多好,资源按计划使用的情况有多好。但你可以在项目进度审查中额外添加一个内容,特别是当项目的目标模糊、情况复杂时,问问项目负责人:"自上次审查以来,发生过哪些让你感到意外的事?"如果项目负责人回答说:"没有什么意外,请不必担心。"那么你要开始担心了。你需要的是一个对反常情况保持警惕,并随时准备做出调整和获得洞察力的项目负责人。

如果你是一名主管,你此时要做的是鼓励项目负责人留意异常情况和意外事件。你要让他们猜想可能会带来更大成功的新目标;你要让他们考虑背离既定方案,而不是将自己锁在里程碑上;你要让他们具备适应能力,不仅要改变计划,还要转变思维方式。

你也可以改变对待冲突的立场。这里有个例子。在最近的一次研讨会上，我谈到主管想要传达他们的意图会有多难，下属经常会误解他们的意思。听众中有一人打断我，说他对我说的这一点感同身受，一周前他刚好有过这样的经历。他把一项任务交给了手下的一名员工，但几天后再检查时，那名员工完全搞砸了。于是，他又解释了一遍自己的意图，这简直太令人沮丧了。

我问这位主管是否问过自己的员工，知不知道主管想让他做什么。这位主管看起来颇为困惑。"没问过，"他说，"我为什么要这么问？"我认为，员工的工作思维模式可能存在缺陷，主管可以予以纠正。或者，也许主管认为很清楚的方向实则模糊，他可以在与员工沟通工作意图方面吸取教训。

持有"好奇取向"立场的人可能会明白，他们鼓励的是发现，而不是怨恨（见图6.6）。

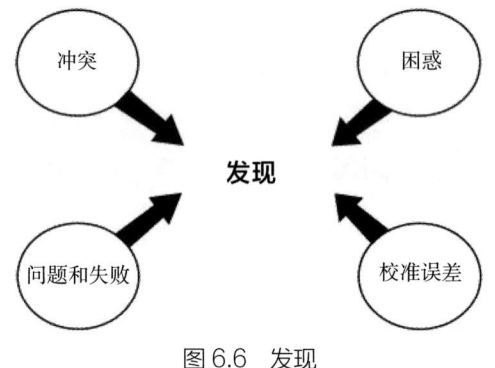

图6.6 发现

以上例子中的项目进度审查和困惑/冲突，简单说明了当各组织机构想要创造一种鼓励发现的文化，而不是只想根除错误的文化时，可以开展的活动类型。组织机构有很多方法来建立洞察状态，也有很多机会来增强员工以及主管乃至公司领导者的洞察力。

——2015年6月4日

摆脱困境

要怎么做才能实现突破

我们都知道陷入困境的感觉：想要解决问题，却看不到任何曙光。也许这个问题根本无解，但也许，只是也许，有一个解决办法。不幸的是，尽管尽力了，却还是找不到。

国际象棋选手经常面临这样的挑战，他们甚至给这个过程起了个名字——创造性绝望。

然而，逃离困境并不总是一局棋。1949年，瓦格纳·道奇带领一队消防员救火，却被困在蒙大拿州的森林大火中。他们尽可能快地跑上山坡，但大火很快就追上了他们，道奇意识到自己和队员们永远也跑不过大火。然后，他有了个想法。看着周围茂密的干草，道奇意识到可以放一堆火来烧面前的草，这样林火就烧不过来了。就在将被森林大火吞噬的前一分钟，道奇用水壶里的水把手帕弄湿，捂住脸，跳进他自己引燃的逃生火堆的灰烬中，救了自己一命。

阿伦·罗尔斯顿的右手被石块卡住，人被压在峡谷边上，正面临着生死攸关的绝境。罗尔斯顿等了好几天，希望有人来救他，但没有人来。他打算用刀在石块和峡谷壁之间凿出一个缺口，好把他的手拉出来，可没有用。没有食物，没有水，罗尔斯顿的身体已极度虚弱，为了摆脱这个绝境，他决定砍掉自己的手。可他的刀太钝了，根本砍不断被卡住的那块骨头。罗尔斯顿绝望了。他不由自主地发了个小脾气，身体开始乱晃，就在这时，他注意到手臂上的骨头竟然弯了。就在这一刻，他意识到不用砍断骨头——折断就行！罗尔斯顿的洞察力使他摆脱了被困峡谷的绝境。

大多数关于洞察力的心理学研究都是关于逃离绝境的。不是生死攸关的那种，而是实验室里常见的小麻烦，比如两根绳的问题：想办法把挂在天花板上但距离较远的两根绳接在一起。在这类实验中，大多数受试者都被这个问题困住了，一直想不到解决之法，没有注意到地上的钳子以及其他物品，如一个火柴盒、延长电线，还有几本书。受试者没想到他们可以把钳子系在一根绳上，让这根绳摆动的同时抓住另一根绳。但有些受试者洞悉此法，用钳子把问题解决了。

我在《洞察力的秘密》一书中指出，这种绝境并不是通往洞察力的唯一途径。我们也可以通过注意联系和发现矛盾来获得洞察力。事实上，在我研究的120个真实生活中关于洞察力的样本中，我称为"创造性绝望"的这一路径的占比要比其他两种少得多。

然而，绝境问题非常重要，正如我们在瓦格纳·道奇和阿伦·罗尔斯顿的案例中所看到的那样。这条路径是三条路径中唯一一条人们有意寻找解决方案时的所选之路。我们能从成功人士身上学到什么？为了进一步研究这条路径，我又重新翻看了自己整理的120个有关洞察力的案例，找出了25个逃离绝境的例子。又加了两个原始样本中没有的案例（阿伦·罗尔斯顿就是其中之一），这样一来总共是27个。

从这27个案例中寻找共同的主题，让我终于有了发现：绝境是由问错问题的人造成的。当这个人用适合的问题取代原来错误的问题时，他就获得了洞察力。瓦格纳·道奇专注于逃离森林大火，但救命的问题是如何不被大火吞没。阿伦·罗尔斯顿一心只想着用他那把钝刀砍断骨头，但救命的问题是如何将连接手部的骨头和连接肘部的骨头断开。

转向新问题，通常包含转向更高层次的目标：不要被火吞没而不是逃离火海，折断前臂的骨头而不是将它砍断。

当我们转向适合的问题时，我们发现了之前没有注意到的杠杆点：点燃逃生之火，折断骨头。事实上，发现杠杆点正是转向新问题这一过程的一部分。阿伦·罗尔斯顿开始发脾气时，他注意到自己前臂的骨头弯曲了，这恰是他需要重新提出问题的暗示。

暗示非常重要。在我研究的27个涉及绝境的案例中，有18个是因人们注意到相应的暗示而逃离成功的，这些暗示往往指向更适合的问题和新的杠杆点。我们不能只是强迫自己转向更适合的问题，我们要接受暗示。逃离绝境的一个建议是采取积极、好奇的思维模式，以增加注意到这些暗示的机会。研究人员发现，即使是像两根绳这样的小问题，如果受试者"一不小心"碰到了其中一根，让它摆动起来，那么这个暗示可以帮助许多受试者从如何抓住两根绳的问题转向如何让其中一根绳摆动起来的更好的问题，此时他们注意到了钳子。

在我研究的27个涉及绝境的案例中，有两个是通过"摇树策略"找到解决方法的，即找到一种方法来探究情况，从而发现重要线索。这些事件的主角自己制造了所需的暗示。

这27个案例中有5个的解决方案是转向更适合的问题，但我无法从这些事件的描述中发现任何暗示。瓦格纳·道奇事件就属于这一类。燃起逃生之火的办法是道奇突然想到的。也许当他跑过草丛时，他会想如果没有这些草拖慢他的速度，他会快得多，这可能给了道奇一个暗示，把草除去，这样就能让火无处可烧。但这只是我自己的猜测。

在最后两个涉及绝境的案例中，当事人采取了质疑的思维模式。其中一个案例的当事人试图对与自己看法相反的观点进行论证。另一个案例涉及一名计算机技术人员，他对系统的各个方面进行了系统性的研究，以找出互联网连接失败的原因——依照列出假设和测试假设的批判性思维程序进行。

——2016年6月1日

发现平台

探索智能系统的工具

如此复杂又难以搞明白的东西，甚至连设计师都不明白它们是如何工作的，你又如何能研究得清楚？

我的同事谢恩·米勒和我就有机会做这样的事情。本文将我们的项目描述为一个案例研究，希望它能适用于不同的环境，并成为众多想法的来源。

事情是这样的。谢恩和我，以及我们团队的另一个成员罗伯特·霍夫曼，一直在研究美国国防高级研究计划局一个名为"可解释性人工智能"的项目，我在之前第四部分的文章中讲过。"可解释性人工智能"项目组建了11个研究小组，成员是来自全球的人工智能专家，这些专家一直致力于让他们的系统用户更容易理解系统是如何提出建议、做出决策的。这个目标不易达成。人工智能系统的设计师并不完全理解系统输出的结果，因为系统依赖于机器学习，就是说系统吸收了成千上万，有时甚至是数百万的例子，并通过调整自身来消化这些例子，但这种调整是设计师看不到的。

我曾与担任美国雷神公司某项目领导者之一的比尔·弗格森讨论过这个问题。比尔试图找出哪些图像和问题是他的人工智能系统擅长处理的，而哪些是系统不擅长的。所以他查阅了数据库，确定了三条经验法则。一旦比尔将这三条经验法则告诉人工智能系统的用户，这些用户的表现便会有所提高。

听到这些，我想我可以使用比尔的方法和数据库，并将其应用于其他人工智能系统。我可以搭建一个"发现平台"——一个在人工智能系统领域获得发现的平台。这条路径看起来简单明了，直接通往成功。

只可惜这不是个好主意。比尔不喜欢他现在用的数据库和界面。设计它们的目的是分析性能数据，而不是为了获得发现。因此，比尔的人工智能系统是一个"不该做什么"的例子，而不是"发现平台"的原型。

但这个坏主意也是个机会。了解了比尔人工智能系统的局限性后，我们便有机会设计出我们认为更好的系统。它可以帮助设计者和用户更好地理解一个特定的系统如何工作，在哪儿会出问题，为什么会出问题，甚至还有可能提出解决问题的替代性方案。

对比尔·弗格森的采访使我了解到"发现平台"应具备一些特征。

1. 共性及模式。比尔想通过研究共性来找出共同的主题。"嗯，我的人工智能系统在定位上是正确的——哦，我明白了，它依赖的是外部线索，比如厨房通常会有水槽、冰箱和厨灶。"

2. 例外。"发现平台"必须能更容易地发现例外、异常及异常值，并显示实际图像，这样设计者才会注意到一些重要的东西。

3. 故障。"发现平台"还应该轻松地找出故障——用户出错的情况，这样设计者就可以诊断出故障发生的原因。例如，"我注意到一个关键物品在大多数/所有照片中都被其他东西盖住了"。

4. 对比。有一些情况可能是人工智能系统出问题造成的，但它通常都运转正常。例如，弗格森研究了被标错的足球照片（他的人工智能系统通常会认出这些照片），并注意到这些照片显示的都是室内足球赛。你还可以将人工智能成功和失败的案例拿来进行对比，比尔想要有更好的方法能轻松地进行对比。

5. 混乱。比尔希望能够关注那些极为混乱的信息，因为在这些混乱中很可能会出问题。

6. 代表及实例。缩略图，将照片展示出来而不是把它们隐藏起来。

比尔要研究每一张照片。

7. 切换。比尔希望能够轻松地在统计图和具体实例之间来回切换。

这个平台看起来过于复杂，根本无法实现，但这正是我喜欢与谢恩合作的原因之一。谢恩很快便建立起了一个系统来完成所有这些。当我们向比尔·弗格森和他的同事们演示时，他们觉得这个平台简直让人"欲罢不能"，因为根本不可能把它放在一边去做其他事。对他们来说，利用这个平台很容易就能有所发现。

我希望"发现平台"的理念可以在人工智能系统以外的领域获得更广泛的应用，以支持其他领域的思辨思维及探索。

承诺及免责声明：本文已获准公开发表，可无限转载。本文是由美国空军研究实验室根据 FA8650-17-2-7711 号协议赞助的研究。文中所包含的观点和结论均为作者本人之观点和结论，无论是字面意思还是言外之意，皆不代表美国空军研究实验室或美国政府的官方政策及认可。

——2021 年 3 月 25 日

反思

我们拥有的最令人兴奋的力量来源之一就是在我们的心理模型中获得突然的、意想不到的发现和根本性的改变。许多研究人员、顾问及从业者只想找到减少错误的方法，和他们不同，自然主义决策研究者还想了解更多关于洞察力和思辨思维的过程。我们想了解这些：洞察力从何而来，什么会对洞察力产生干扰，有没有增强洞察力的方法。

关于这些话题人们有很多看法，所以第六部分以一个测试开始——一个包含 12 项陈述的洞察力测试。假设各位读者已经读过这一部分，知道了简单的评分方法，便知道所有的陈述都不对。许多关于洞察力的一致看法是不正确的，而不正确的原因恰好为我们更好地理解洞察力提供了指导。

获得洞察力可能被视为批判性思维的一种形式——批判性思维第二波浪潮概念化的一部分。诚然，这可能是批判性思维的一种延伸，但另一方面，也可能是对批判性思维概念有价值的扩展。批判性思维的第一波浪潮似乎过于执着于提高决策能力的等式中向下的箭头，即减少错误。

第六部分的重点是对获得洞察力的三种不同路径（联系之路、矛盾之路和修正之路）的描述。这个理论框架似乎对理解洞察力的来源做出了重要贡献。

什么会对洞察力产生干扰？很多事：被有缺陷的想法所困，我们以前遇到过的固着错误，专业知识的缺乏，被动而非主动的思维模式，以及倾向于具体思维而不是思辨思维的认知风格。

第六部分讨论的最后一个问题是，是否有增强洞察力的方法。流行建议给出了不同的方法（旋涡策略，鼓励失败，接受新想法，运用批判性思维，进入梦幻的思绪状态），但我对每一种方法都持怀疑态度。然而，我也没准备好放弃酝酿的想法。支持酝酿说法的证据较为复杂，我研究过的事件皆不支持将酝酿作为一种刻意的策略。尽管如此，我对酝酿的作用还是有点儿相信的，因为我自己就在用它，比如临睡前想象一项困难的任务，希望第二天早上醒来时会有一些想法冒出来。

第六部分的最后，我陈述了自己关于增强洞察力的一些想法。没有确凿的证据证明这些想法有效，我只是提出来供各位读者参考。我尤其热衷于采取洞察状态（第九篇文章）。这篇文章中的一些想法与我之前的建议有关，即通过关注异常和暗示而不是通过解释它们来摆脱固着。其他一些关于增强洞察力的想法是团队和组织机构可以使用一些战术，但各位读者将在第八部分看到，我对组织机构培养洞察力的能力持怀疑态度。第六部分以对"发现平台"的描述结束，我认为这个平台是非常有用的工具，可以帮助研究人员和开发人员深入了解他们所用系统的工作方式。

7 如何变更强——训练

概述

培训项目通常试图教授程序——执行任务时要遵循的规则以及遵循这些规则所需的步骤。培训项目还教授明确的知识——为执行这些步骤，我们需要学习并记住的信息和事实。

正如我在本书前几部分中多次提到的，我对程序性训练的价值表示认可。

然而，我认为我们还可以走得更远。认知维度通过帮助学生和受训者获得完成工作所必需的隐性知识，使他们的专业知识有机会得以提高。这意味着发展感知技能，设置更丰富的模式，强化心理模型和思维模式。

当我们能更好地了解认知时，即使在完成这些程序时，我们也能成为更有效的培训师和更有效的培训项目开发者。我们的练习和培训材料会有更大的影响。

通过这种方式，受训者能成为更好的决策者，能更好地理解令人困惑的情况，更好地解决问题，更好地适应未预见的事件，而这些事件是程序性培训手册中从未包括在内的。

在我看来，认知维度正是培训和教育中缺失的部分之一。之所以缺失，是因为认知是看不见的，而表现和行为则容易被观察和测量。之所以缺失，是因为许多专业人士拒绝承认专业知识。之所以缺失，是因为专业培训人员担心他们自己不具备专业知识，或者因不知道如何帮助被培训者获得专业知识而担忧。

当然，经验丰富的教师和培训人员已经对认知有所了解，并对认知维度加以运用，我也从他们的例子和发现中学到了我能学到的东西。我对程序性思维模式的评估基于以下两点：一是我从相当多的培训项目中了解到的观点，二是我听到的抱怨，抱怨的人对这些项目有限的范围感到失望。

培训领域的研究人员忽视认知维度的时间已经够长了。现在是时候向他们提供可以付诸实践的想法和方法了。第七部分的文章就是朝着这个方向探讨的。

第七部分的第一篇文章《关于"教"的常见困惑》，旨在通过纠正几个普遍但错误的观念来解放各位读者的思想。

第二篇文章《培训与评估》继续发出呼吁。该文章认为，培训和评估实际上是相互冲突的，因此，如果非要将二者结合起来，将会降低培训的有效性。

在读者诸君感到失去方向之际，第三篇文章《"教"被高估了吗？》会将各位推得更远，这个主题并不是噱头。这篇文章建议，我们需要改变我们的思维模式，从思考怎么"教"到思考怎么"学"，我们必须看到学习者在进行自我解惑。这是需要明确的观点。

第四篇文章《培训乃人生之必需》对这一观点进行了说明。第四篇文章的案例研究说明了一个设计合理的培训方案如何释放自我激励的学员的力量。在这次培训中，受训者是矿工，他们需要在危险事故降临之际找到保护自身安全的方法。

专业培训人员怎样才能从步骤法过渡到包含认知维度的方法？第五篇文章《认知指导》描述了帮助他人获得专业知识的方法。第六篇文章《通过洞察力来"教"》说明该怎样看待"教","教"不是传递信息的手段，而是提升受训者和学生洞察力的一种方式。

第七篇文章介绍了一种在工作中识别认知挑战的工具——认知审计。第八篇文章《设计认知方案》，建议将这些需求引入现有的培训中。

思维模式的概念在前八篇文章中起着核心作用，但思维模式是由什么构成的呢？第九篇文章《思维模式》提出了一种确定思维模式的实用方法。当培训者和指导者能够转变思维模式，更看重好奇心和好奇感时，培训和教育就会变得更有效。第十篇文章《如何驾驭好奇心》描述了好奇心的作用、干扰好奇心的各种因素，以及一些让受训者和学生展现出更大好奇心的想法。

第十一篇文章《变得更聪明》提供了一组方法，让我们变得更聪明，或者至少让我们掌握更多的专业知识，从而赢得决策的更大成功。

第十二篇文章《放马过来！》描述了思维模式的另一个重要转变：欢迎挑战，而不是害怕挑战、逃避挑战。这种状态无论是在课堂上还是在其他场合中都很有价值。

第十三篇文章《改变海军陆战队的思维模式》提供了一个案例研究，说明情境练习如何帮助一个庞大的组织——美国海军陆战队，改变其思维模式。

关于"教"的常见困惑

你有没有落入这五个陷阱之一？[①]

无论是在学校（包括军校），还是在企业的培训项目中，以下五个有问题的说法都被普遍接受并付诸实践，这对学生和受训者都极为不利。这些说法大多比人们意识到的要复杂，其中有一些是完全错误的。

阅读本文的部分读者可能也有这些想法。如果是这样的话，是时候对它们进行重新考虑了。

说法 1：适应学习风格。人们普遍认为，每个人都有自己喜欢的学习风格，如果在自己喜欢的学习风格下获得教授，就能学得更好。波沙（2019）发现，受访的教育工作者中有 97% 的人相信这个关于学习风格的神话。

我对大多数已发表的研究成果进行了系统性的回顾，发现很少甚至没有经验证据支持这样一种观念，即如果你用适合学生学习风格的方法进行教学，就能提升他们的学习效果（Coffield et al., 2004; Pashler et al., 2009; Willingham, Hughes, & Dobolyi, 2015）。

无论你强调的是一种偏好的感觉通道（视觉、听觉、动觉），还是一种性格类型（例如，感知型的人更喜欢具体、实际的事实，而直觉型的人更喜欢探索概念、推断数据和建立模式），这一点都成立。

也没有证据表明，应该将不同的性格类型区分为右脑型和左脑型。左右脑概念的提出简直是太过轻率了。在语言任务和空间任务中，左右脑是共同协作的。波沙发现，77% 的受访教师都相信这个左右脑

[①] 这篇文章是与认知心理学家赫布·贝尔合作完成的，贝尔的研究领域包括培训和熟练操作。

说法。

说法2：努力使学习曲线提速。事情没那么简单。重要的是人们在培训结束后工作表现如何，而不是他们在课堂上掌握知识或技能的速度有多快。当你增加挑战、提高学习难度时，学习的速度便会减慢，但心理模型也会不断丰富，事后对知识的记忆和应用能力也会提高（McDaniel & Butler，2011）。

说法3：运用"搭积木"法。从简单的概念开始，并以此为基础，一步步完成后续工作。

这里的问题是，这种整齐有序的方法并不总是能完成工作。如果这项"工作"正在执行特定的任务或程序，那么"搭积木"法是有效的。然而，如果这项"工作"是解决现实世界的问题，知道何时执行哪项任务或完成哪个步骤，那么"搭积木"法就不够理想了。研究（Gopher et al.，1994; Hall et al.，1994; Kornell & Bjork，2008; Rohrer et al.，2015）指出，尽管刚开始学习时速度可能较慢，但非顺序排列的组合会产生更好的迁移效果（见说法2）。

通常运用"搭积木"法传授的技能与其可应用的更广泛的领域相脱节。教科书的编写者经常会把问题复杂化，因为他们布置的作业用特定的方法就能完成，所以学生们只需遵循相同的模式，而无须仔细考虑每个题目该用什么方法。

当然，学生和受训者刚开始还是需要掌握一些基本内容的。然而，大多数培训项目在进行了很长时间之后才引入决策问题，因此受训者认为他们所要做的就是学习程序。

说法4：重复产生理解。重复给我们一种熟悉感，而我们会将熟悉等同于理解。比如，"这一章我不得不读上三遍，读完三遍后我觉得真正理解了"。这种说法混淆了熟悉与理解——重读谬误。第七部分第三篇文章《"教"被高估了吗？》，详尽地阐述了为什么积极和建设性的学习比重复更重要。

说法 5：尽量缩小班级规模。没错，班级太大，学习效果就会受到影响，但教师素质比班级规模更重要。一个水平高的教师带一个大班的教学效果会比一个水平低的教师带一个小班的要好。因此，学区和培训项目聘请更高水平的教师要比缩小班级规模更有效。一篇题为《机会神话》(TNTP，2018)的文章解释说，高水平的教师可以更有效地教学，布置更适合学生的作业，鼓励学生更多参与，提高对学生的期望。

一个说法一旦被接受，便很难被推翻。一些说法之所以站得住脚，是因为它们用起来太方便了：如果你是老师，关注学习风格要比找出个别学生学习困难的原因更容易。加快学习速度可以让你在更短的时间内完成训练。按顺序训练能让你一次只处理一个主题，减轻压力。熟悉则是洞察力的低成本替代品。显然，缩小班级规模比提高教师水平更容易实现。

我们认为，教育工作者、培训师和学习者不要让自己被那些已经证明有局限性甚至是错误的普遍看法所束缚。

——2020 年 9 月 1 日

培训与评估

同时都做才是大错特错

几年前，我听说得克萨斯州东南部的一家石化工厂打算将我们公司的一些情境决策法付诸实践。首席培训师设计了几个场景，然后将它们交给两名新晋升的控制室操作员。这两人原来一直在工厂外面工作，主要负责检查阀门、校准传感器和进行日常维护。如今两人都被调入厂内，在机组的控制室工作。

其中一人给人留下的印象很深刻——非常自信，其他人都愿意相信他的判断。第二位就显得犹豫多了，他对自己不够自信，主管们想知道他是否准备好了接受操作工厂子系统的挑战。

首席培训师带领他们分别进入决策场景。令他吃惊的是，第一位很费劲才完成了任务。他是找到了正确答案，但推理不够清晰。他根本不像大家想的那样准备充分。而第二位却做得非常好。他对工厂运作和故障排除的操作规则有着充分的了解。用这家工厂的行话来说，他"搞懂了"。

因此，工厂欢迎第二位受训者加入控制室操作员的队伍。主管们将第一位受训者又送回了厂外，他还需要一年的时间才能做好成为控制室操作员的准备。

自此之后，这家工厂里再没有人做过这种情境决策。没有人意识到这些情境会被用于评估，并被宣传为培训演练，就连工厂的主管们也把它们当作训练。只有在看到结果后，主管们才将这些情境用作评估工具。

这家工厂的情境决策培训就这样结束了。工厂发现，将相同的情境既用作培训又用作评估是一个错误，但为时已晚。

我把这个不同寻常的事件记了下来，但最近听到不少受训者被培训项目淘汰的事，便开始对它进行反思。我还听到关于学员跟不上进度，主管对学员进行仔细审查以决定谁可以继续学习的事。

就在这时，我终于想明白了。不少培训项目，也许还是大多数，都将培训与评估结合起来，学员在努力掌握技能和培训内容的同时，也在接受评估——这种做法往往会适得其反。

如果我是一名实习生，知道主管正在评估我的表现，我就会进入一种防御模式，我会尽量不出错。我的主要目标是在不被解雇的情况下完成培训。这样一来，我就不会尽可能地多学习。我不会探索不同的策略，我也不会想从错误中吸取教训。这些应该做的我都不会做。如果在培训期间被淘汰，那就不是培训了，不是吗？

现在各位明白为什么培训和评估不能混为一谈，为什么在培训的同时进行评估是不可取的了吧。

有什么办法可以让学员不再进退两难吗？我觉得有。只要让学员明白，他们的任何表现都不会被计入录用计划成绩，他们便可以随心所欲地进行尝试了。

学员们将在预先指定的测试中接受评估，这些测试项目将与培训活动分开。

将培训与评估分开的做法同样适用于学校。孩子们害怕考试，因为老师们是根据成绩来对他们进行评估的。若是不计分数，考试也可以是宝贵的学习机会。事实上，不应该对这些学习机会进行评估。老师可以对个别题给出分数以提供教学反馈，但没有必要将全部成绩制成分数表。考试可以成为令人兴奋的机会，而不应是让人伤脑筋的考验。

若需要通过考试来给出总体分数，那么这些考试可被专门标记，并与学习经验分开。

也许我们可以从得克萨斯州这家石化工厂具有警示性的故事中吸取教训。

——2018 年 2 月 5 日

"教"被高估了吗？

帮助学习者自我解惑可能会更好

我们都很清楚什么是大师级的教师——能让全班学生爱听课，能清楚地解释非常复杂的思想，能激励学生努力学习。

为支持这一观点，许多研究表明，与水平一般的教师相比，教学经验丰富、教学效果良好的教师可以使学生的学习成绩在一年甚至半年时间里有明显提高。

但也许我们对"教"的重视是错误的。

这就是我对美琪·池（Micki Chi）和她的同事们研究的评价。他们的兴趣在"学"上：一个人学到了什么，以及这种学习的效果有多大。在反复的研究中，他们发现，最重要的是让学习者自我解惑，而不是让学习者面对一个大师级的解惑者，即导师或老师。

在一项研究中，池、罗伊和豪斯曼（2008）发现，以教师为中心的方法（与以学习者为中心的方法相反）并未使学习者学到多少：

当教师与学习者进行互动时，学习者毫无收获；

当教师引入高质量的评论时，学习者毫无收获；

当教师根据需要来帮助学习者时，学习者毫无收获。

更糟糕的是，池、罗伊和豪斯曼的研究表明，新手教师不能准确地判断学习者是否理解了教学内容。之前的几项研究发现，即使是有经验的教师也不能很准确地评估学生的理解能力。如果在一对一、面对面的情况下，有经验的教师都不能准确判断学习者究竟理解了哪些，那么在一般情况下教师就更不太可能调整教学策略，以确定如何以及何时给学习者解惑、接收学习者的反馈、向学习者提问，并选择下一个让学习者解决的问题。

池、罗伊和豪斯曼的研究涉及的是家庭教师，而不是学校教师或企业培训师。但我认为，这些研究结果可能适用于不同的环境。因此，不同于采取以教师为中心的方法，池和她的同事们更倾向于采取以学习者为中心的方法，鼓励学生和受训者自我解惑，而不是被动地记忆学习内容。池和怀利（2014）阐述了一个提升学习效果的通用方案，即学生学会自我解惑，从被动转为主动，然后形成建设性的学习态度，最后达到互动的状态。

池和她的同事们在过去几十年的研究基础上提出了几条重要原则：

1. 让学习变得积极。减少（或消除）学习者花在听解释或讲座上的时间。这里的重点是要避免让学习者处于被动的学习模式。即使学习者在看视频，你也希望看到他们在做笔记、写下解题步骤、提出问题。这就是池所说的主动学习——与学习材料互动，而不只是坐在那儿，等着吸收知识。

2. 让学习更有建设性。要让学习者尽量自我解惑，而不是去死记硬背讲过的东西。有些学习者认为学习课本的方法就是一遍一遍地读课本，希望由此能记住大部分内容。这种策略的效果并不好——对学习者来说，更好的方法是质疑，在空白处做笔记，找到与之前所学内容的联系。有时甚至要省略一些关键细节，以鼓励学习者自己去补充。

3. 当教师不是一味地解惑，而是充当学习者的脚手架，为学习者提供辅助时，辅导课程的效果最好：提出问题，给出提示，用填空的形式做陈述。池和其他研究者（2004）列出了14种不同的辅助形式。

4. 教师在辅导学生时给出的点评越简短，效果越好，30个单词就可以，不要进行解释。这些点评会引起学生的反应。（解释往往用词较多，平均66个单词。）

5. 出错是学习的最佳机会。好的导师/老师善于利用错误，但他们不只是纠正错误。他们将错误当作一种与学习者对话的方式，讨论是哪些有缺陷的想法引起了错误。

池和她的同事们并不认为教学技巧不重要。毕竟，有经验的、大师级的教师确实和普通教师不一样。当学习者遇到困难时，他们会解难答疑；他们会激励学习者更加努力地学习；他们会充当脚手架，鼓励学习者自我解惑；他们会提供反馈，提醒学习者注意自身心理模型的缺陷，还会判断何时提供反馈以及以何种形式进行反馈。好的教学非常有价值，但光是教得好还不够。

绝大多数人把教和学等同起来，他们认为教得好就等于学得好，或者至少直接有效地对应学得好这个结果。即使是那些承认教师必须了解学生学习需求的教学项目，似乎也陷入这一观点，难以自拔。教对了，学也就自然而然地跟上了。

池的见解否定了这种有缺陷的假设，她将学习作为一种不同于教学的活动来关注。对于池来说，真正的问题是如何促进学习：通过鼓励使学习者采取积极的、好奇的、建设性的自我解惑的学习态度。

——2020年5月5日

培训乃人生之必需

不愿学习的学员如何变得超级有动力

工作场所技术研究公司（WTRI）是我所知道的最具创新性的认知培训公司之一，由我的朋友利亚·迪拜罗、戴夫·莱曼和斯特林·张伯伦经营。2018年，我在圣迭戈和他们见了面，听他们讲了下面的事。

工作场所技术研究公司被请来为世界第二大矿业公司力拓集团提供培训。这项培训是在一个地下矿井虚拟测试平台进行操作演练。培训似乎相当单调，矿工们认为没有任何理由花整整两天的时间来训练。他们经验丰富，对自己的工作相当熟悉，对必须参加该公司提供的培训颇为不满，说只是因为高层坚持才参加的。

但矿工们没有经历过工作场所技术研究公司设计的这种培训——在虚拟世界中呈现高度逼真的场景，每名矿工单独作业，在规定时间内做出关键决定。虚拟世界的场景经过精心设计，可以和矿山的真实场景相一致，因为矿山中的有些部分可能会在2025年开发出来，所以有些场景是矿工们所熟悉的，有些则是新的，但这也是众所周知的计划的一部分。事实上，这就是矿工们现实生活的未来样貌。这并不是千篇一律、毫无新意的训练。矿工们觉得这些场景都是真的。

第一天，从让矿工们在轮班前的小组例会上领到各自的任务开始，他们将要练习的是在探索的新地下区域中找到工作区而不迷路，完成刚领取的任务，并将任何需报告的问题用无线电向当班负责人报告。一项任务完成后，矿工们会用无线电向当班负责人领取下一项任务，找到工作区，等等。他们认为自己是在一个巨大的地下矿区中练习，以提高工作效率。

每名受训的矿工都单独待在一个房间里，每人一台电脑，戴着耳机，用操纵杆在虚拟世界行动。然而，虚拟世界可并不只有他们自己。矿工们可以在虚拟世界看到其他人，这些人就是他们在真实世界里的同事。虚拟世界中的当班负责人也是真实世界里的当班负责人。给矿工们分配的任务就是他们在现实工作中要完成的任务。他们在虚拟世界中用无线电来进行交流。年纪较轻的矿工认为这有些像他们玩过的大型多人在线游戏。进入虚拟世界大约20分钟后，无线电聊天记录表明矿工们完全沉浸其中，像在真实世界用无线电交流一样开起了玩笑，互相询问其他人在哪儿，报告各自发现的安全隐患，并询问任务指令。除登录运行程序的人员之外，这个虚拟测试平台有30~35人同时在线。

矿工们没有想到的是，一旦进入虚拟矿井的深处，就会在 45 分钟或一个小时后的某个时刻出现意外。通常情况下，意外是在矿区里的随机区域发生的火灾。这次培训的目标是提高矿工在事故发生后的决策能力。事故发生后，矿工需要撤离，如果无法撤离，则要迅速转移至通风良好、食物和水充足的安全区域。这次演练的真正目的是看矿工们如何处理紧急情况，而他们对此并不知情。在虚拟矿区中，地下隧道里充满烟雾，能见度极低。如果离火堆太近，就会听到震耳欲聋的声响。由于头盔上头灯的光在烟霾中发生反射，矿工所见的景物模糊不清，很容易迷路或错过标志。他们在虚拟矿区中的角色身体机能明显下降，缺少氧气，很快便躺在地上，无法起身，生命垂危。这些角色随身所带的呼吸器大约可供氧 30 分钟，所以矿工们必须决定什么时候戴上呼吸器，然后找到一条出路，或者一条只需 30 分钟就能到达救援室的路径。

测试前，培训人员已向所有参与的矿工简要介绍了流程，以及矿井的哪些区域离出口太远所以矿工无法从那里安全出来，也简要介绍了救援室的位置和情况。救援室空间狭小，是位于地下的小房间，里面有仅供一小部分人使用的食物、氧气和水，进入救援室的目的是等待救援人员到达。大家都不希望被一直困在那儿，这当然是可以理解的。有时虽然很容易就能找到一个救援室，但进去后发现里面人已经满了。

所有的矿工都觉得自己知道如何安全逃出矿井，觉得根本不需要进救援室。可事实却并非如此。在培训过程中，许多受训者（也就是矿工的虚拟角色）都没有活着出来。有些受训者死在矿井，是因为错误地估计了氧气能维持的时间，以为自己有足够的时间回去寻找能听到呼救声的人，这听起来让人心碎（见图 7.1）。

图 7.1　模拟采矿
资料来源：由工作场所技术研究公司的利亚·迪拜罗提供，经许可使用。

所有人都对结果感到失望——工作场所技术研究公司的培训团队、矿区高管，甚至矿工自己。最令人惊讶的是情感上的代价。尽管实际上没有人死亡，但矿工们在精神上还是受到了重创，他们意识到，如果这是一场真正的火灾，大约 30% 的矿工会死亡，而这种生命的损失是完全可以避免的。如果你也是一名矿工，这个测试的结果定会引起你的注意。

此次培训为期两天。这是工作场所技术研究公司典型的培训模式。第一天是仿真场景，作为对现实工作的检查，向受训者证明他们目前的工作方式或思考方法是行不通的。第二天是让惊魂未定的受训者彻底修正自己的心理模型和做事方法，从而使矿工工作变得更有效。

第二天的采矿演练定于早上 8 点开始。考虑到矿工们对第一天培训抱怨颇多，工作场所技术研究公司的培训团队不知道还会发生什么。第二天，培训团队很早就到达了训练地点，大约是早上 7 点 15 分，幸好到得不晚，因为矿工们早上 7 点就到了！整整早了一个小时。

若只说矿工们受到了刺激，那真是低估了前一天的演练带给大家的震撼。他们刚刚经历了第一天濒临死亡的感觉，特别是在模拟测试中死亡人数竟然占 30%。他们不再那么自负了。

在第二天的培训中，没有人抱怨，也没有人发牢骚。大家都知道自己该干什么。矿工们决心找出他们的方法有什么不对，以及要如何重新考虑应对措施。不用说，演练的第二天大家的表现就有了显著的改善。每个人都安全脱险了。那些第一天就安全脱险的人在第二天以两倍的速度顺利通关。他们说，会自动记下离自己被分配到的每个工作区域最近的出口和救援室。与第一天不同的是，矿工们第二天认真设计了逃生路线，尤其是那些在第一次逃生时就用尽了呼吸器里氧气的人。大家都不希望这种事再次发生在自己身上，至少是在模拟训练中。这种事再也不会发生了。所有人清楚地记得在第一次测试中迷路有多可怕，即使知道这只是模拟测试。通过广播听到其他人——那些没有及时到达安全地带的人——的遭遇确实加剧了自身的情绪反应，矿工们谈到这段经历给自己带来了巨大的改变，谈到即使假设是错误的，测试的结果也太过可怕，而这可怕的结果正是自己的过度自信造成的。矿工们还谈到了自己迷路或听到其他迷路者的声音时是多么沮丧。

怎么才能把一群爱发牢骚的人变成意志坚定的受训者？不是靠演讲，不是通过发布价值声明，更不是引用安全统计数据，而是让受训者们自己看到，他们做得远没有自己想象的那么好，让受训者们体验失败带来的恐慌。工作场所技术研究公司的研究表明，精心设计的虚拟情境演练不失为达成这一目标的有效方式之一。

八个月后，工作场所技术研究公司的培训团队回来进行后续采访，发现之前培训的影响仍在矿工们身上奏效。矿工们报告说，他们现在对地下矿井的看法已大大改变。在不熟悉的矿井里，他们做的第一件事就是想象一个问题，并在心理上模拟如何到达安全地带。一些矿工说，他们更能注意到危险了，也更能注意到会出问题的事情了，比如火灾。

矿工们最开始在虚拟世界经历的那场灾难足以令他们实现思维模式的转变——也许在这个案例中，我们可以称之为"矿井思维"的转变，也就是对危险和自我保护等问题更加敏感。

——2018 年 3 月 4 日

认知指导

培训师应该改变的六种思维模式

大多数培训师和教练的出发点都是好的，只是他们中的许多人对诸如更好的决策、更准确的意义构建、更有创造性的即兴创作以及更快发现问题等认知技能持有错误的观念。

所有这些技能的掌握都以专业知识的获得为基础。绝大多数培训师和教练不了解这些认知技能，因此，他们所依靠的教学技术实际上会阻碍学员的成功表现和专业知识发展。

本文对如何帮助培训师和教练更有效地发展认知技能展开了探讨。培训师和教练还有其他职责——对学员进行激励、评估等。我们不打算在这里讨论这些职责，我们的主题是如何让人们了解该领域的最新进展，让他们的思维更清晰、更敏捷。

本文针对的是工业、体育、急救（如警方和消防）、军事、医疗保健、石化工厂运营商等领域的培训师及教练。若培训师能做得更好，那么所有这些领域都可从中受益。

本文分为两个模块：第一模块探讨了培训师和教练需要做出的思

维模式的转变，第二模块为培训师和教练提供了一些建议，告诉他们在采取新的思维模式时应注意什么。

第一模块：改变思维模式

思维模式决定了我们能看到什么、我们会怎样理解，以及我们将做何反应。大多数思维模式都可以归结为一个核心观念。抨击有缺陷的观念，我们便可实现思维模式的转变。如果有人被有缺陷的观念所困，我们可以让他看到这个观念的局限和不足，同时向他描述一个更有希望的观念，代替原先的那个。

以下六种思维模式的转变，有助于培训师和教练提高认知技能。

1. 从批评向好奇转变。这里所说的观念是，培训师的工作就是发现错误并立即改正。一位高级培训师告诉我，这是他刚入行时的想法，但从业多年后，他已经学会了好奇。在他刚开始当培训师时，如果学员犯了错，他会很高兴地予以指正，虽然自己感觉很好，但似乎并没有什么效果。随着时间的推移，他的思维模式发生了转变。现在如果有学员出了错，他会想知道是为什么，并试图追本溯源，与学员一起找出原因。这种新的思维模式让他在事业上更加成功。绝大多数培训师只是对错误感到恼火，而并未把它们看作机会。这些培训师把错误理解为学员没有集中注意力、没有把培训当回事儿以及培训师做得不好的信号。在以批评为导向的思维模式下，错误就是瑕疵。而以好奇心为导向的思维模式将错误视为机遇。如果培训师采取以好奇心为导向的思维模式，培训师便有希望找出学员的困惑，帮助学员明确想法。培训师应该想办法从错误中取得收获，而不是避免犯错误，也不是让学员对犯错感到内疚。

2. 从遵循程序向获得隐性知识转变。有问题的观念是，几乎所有的工作都可以归结为程序和步骤，而培训师的工作就是教授这些步骤。虽然程序既重要也必要，但仅有程序是不够的。专业知识不是一系列的步骤。几乎所有具有挑战性的任务都有太多的偶发事件和可能性，这些都是无法通过程序来解决的。当我们不清楚程序能否适用时，专业知识就派上了用场，特别是当我们不得不自行判断时。专业知识是一种隐性知识，是无法通过程序和步骤获取的知识。隐性知识包括注意细微线索、弄清模式、发现异常，以及运用我们的心理模型来判断事物如何正常运作、为何无法运转，这就是我们所说的认知维度。受训者想要接受程序观念——想要在学习越来越多的程序中寻求庇护，就要将这些程序添加到自己的工具箱中，相信程序可以解决可能面临的任何问题。培训师必须帮助学员摆脱这种程序性思维模式，走上通往专业知识的道路。

3. 从阅读学习材料向激发好奇心转变。有问题的观念是，学员需要学习的大部分内容都在PPT（演示文稿）和讲座的材料中。因此，培训师必须确保自己读完所有这些材料。课堂讨论和提问只会浪费时间，妨碍学员对材料的学习。如此一来，培训师常常在不知不觉中阻挡了学员的好奇心。他们阻碍好奇心发展的方式多种多样（在此感谢来自诺瓦化学有限公司的埃德·诺布尔所做的观察），培训师们不希望学员提问。他们通过嘲笑，甚至还配合面部表情，让学员们害怕自己看起来很傻。他们给学员们灌输大量繁复的细节，在一开始就让培训内容显得很复杂，以至于学员们不再有好奇心，而是退回到一种被动的姿态，拼命地去记大部分要记的材料。扼杀好奇心的方法有很多。好的培训师已经学会了控制自己的倾向，因为这种倾向会减少学员的好奇心。

4. 从提供全面的解释向提供有针对性的解释转变。有问题的观念是，培训师应该向学员讲授可能出现的所有细节和意外情况。正如前文所提到的，过多的细节和复杂性会扼杀好奇心。优秀的培训师已掌握了相应的技能，即判断学员困惑或惊讶的原因。优秀的培训师不会口若悬河地讲个不停，他会诊断出学员惊讶的原因——是什么理念被违背了，还是什么假设受到了质疑。然后，优秀的培训师可以直接与学员的观念对话，即需要调整的那部分心理模型。培训师会问自己："困扰学员的假设到底是什么？"优秀的培训师可以提供有针对性的解释，而不是全面的解释。

5. 从解释向发现转变。有问题的观念是，培训师的工作就是解释。而情况往往是这样：当学员自己取得发现时，他们能学到更多。培训师和教练面临的挑战是精心设计能让学员取得发现的练习和体验。这比仅仅给出一个解释要难得多。

6. 从评估向培训转变。有问题的观念是，在培训期间，培训师应该评估哪些学员有困难，应退出培训项目——培训师可以通过剔除不适合的学员来令其他人节省精力。这种方法的问题在于，它对培训造成了严重干扰，这一点我在第三篇文章中已做了解释。如果我知道培训师在看着我，看我做的是否符合标准，我就会在培训中变得有防御性和戒备性。我要小心，别在做傻事时被抓到，肯定不会探索不同的策略。我也一定不会急于得到关于我做错了什么的反馈。如果我确实受到了批评，我会找借口，而不是接受它。通过将培训与个人评估相结合，组织机构对培训过程造成了干扰。组织机构确实需要对受训者的表现进行评估，但与其把评估和培训混在一起，不如进行专门的测试，并告诉受训者哪些是测试，哪些是培训。这样一来，受训者就知道什么时候需要提高警惕，什么时候可以放松，尽可能多地学习。

第二模块：掌握专业知识

专业知识是建立在隐性知识基础上的，这就是我们很难描述它、很难注意到它的原因，正如第五部分所解释的那样。培训师和教练能做些什么呢？这里有几条建议。

1. 注意不易察觉的线索。留意学员需要注意的视觉、听觉甚至触觉线索（如机械振动）。无论是培训师还是专家，任何人都很难清楚地解释自己捕捉到了哪些不易察觉的线索。这就是培训师只喜欢解释过程的原因。但这些不易察觉的线索却至关重要，培训师应尽量在培训过程中对这些线索保持警惕，同时引起学员们的注意。即使学员们不能进行感知上的辨别，但知道专家可以进行辨别，也能激励他们进行练习。（参见安德斯·埃里克森关于刻意练习的著作。）我采访过的一位海军电子战协调员解释说，在职业生涯的早期，他无法区分两架大型飞机的信号波形——可能是KC-135或波音737（我记不得了）。他知道经验丰富的电子战协调员是可以分辨出不同的信号特征的，所以他决心也要做到。因此，每当这两种大小相同的飞机出现时，他就会格外注意，试着预测它是KC-135还是波音737，然后再通过其他信息来源去检验自己的判断。在比预期更短的时间内，他掌握了所需的技能。

2. 事后回头看。另一种识别相关线索的练习是事后进行复盘，不管受训者做得好还是不好。培训师可以这样问："事后来看，当时应该更注意什么？"

3. 预测。与其事后再做诸葛亮，不如事前就有先见之明。许多受训者都被发生在眼前的事所吸引，没有提前思考。培训师可先暂停培训，然后问受训者："在X分钟之内可能会发生什么？"通过这种方式，培训师可以试着鼓励受训者建立一种前瞻性思维模式，一种想象接下来可能发生什么的思维习惯,无论是可能发生的还是危险的事件。

4.转移关注点。这是培训师可以尝试促进受训者完成的另一种思维模式的转变——着眼于大局。受训者经常被所做之事的微观细节所吸引,深入细节中,忘了抬头看看以及评估其他正在发生的事。有经验的决策者已经从经验(通常是痛苦的经验)中学会摆脱微观细节,时不时地从细节中钻出来喘口气。这种关注点的转移是另一种需要反复灌输的思维习惯。培训师要留意学员什么时候停留于微观细节的时间太长,此时可以鼓励他们暂时转移关注点。如果可能的话,培训师可以在情境训练或模拟训练中引入一个事件来"惩罚"那些没有足够关注全局的学员,这样就更有效果了。

5.固着。我们都有固执的倾向。在试图理解一个令人困惑的情况时,我们往往会四处寻找解释,而第一个看似合理的解释便俘获了我们的心。培训师不是要告诉学员保持开放的心态(这个建议并不好),而应注意学员有时会得出一个结论,即使此结论并不正确,他们也要坚持下去。记住,一开始做出错误假设并没什么不好意思的。只有在越来越多的证据表明该假设是错误的,可我们还继续坚持时,固着才会发生。只有在我们为异常证据进行辩解,而不是开始担心或至少是好奇时,固着才会发生。因此,培训师可以尝试培养学员养成一种对异常现象好奇的思维习惯,而不是对其熟视无睹。如果学员走在花园的一条小径上,没有注意到一路上的警告标志,培训师可以记下学员错过的所有警告标志,并通过复盘让学员发现自己是如何对事实视而不见的。刚刚把事情搞砸的学员们都很愿意找出自己的错误所在,就像我们在第四篇文章中看到的为了让矿工们重视安全问题,不得不让他们在虚拟采矿作业中死去一样。

6.假设检验。为了帮助学员养成前文所讨论的以好奇心为导向的思维习惯，培训师可以在培训后讨论学员本应参与哪些类型的测试。什么样的数据可以轻易地验证最初的假设？如果这个假设是正确的，会发生什么样的变化——这些变化发生了吗？我所观察到的有经验的决策者在注意到一些差异时，就非常擅于检验他们做出的假设。

7. 变通之法。我们的程序性思维模式越强，我们就越相信有一个"正确"的程序可以解决各种各样的难题，而我们的工作就是回忆这个程序是什么。但如果我们想让人们更具适应性，我们就得让他们知道其他的策略。我们希望他们注意到可能性。培训师可以监督学员，看他们遇到问题时能否灵活处理，看他们对变通的办法有多了解。在事后进行复盘时，学员们都不再有压力，培训师可以对事件进行回顾，并与学员一起考虑在典型行动受阻时的其他选择以及突发事件。

总之，本文描述了六种思维模式的转变，可以帮助培训师更好地掌握认知技能，以及一系列与这些思维模式转变相关的实践技能。本文聚焦于受训者在正常操作期间的工作，但也与课堂、模拟训练和基于情境的培训有关。

注：本文的观点是在与约瑟夫·博德斯和罗恩·贝苏伊在合作项目中的几次谈话中得出的，该项目旨在深入研究石化工厂控制室操作员的心理模型。此项目由"经营者能力提升中心"完成，由比维尔工程公司的戴夫·斯特罗巴尔和莉萨·维亚赞助。

——2018 年 9 月 29 日

通过洞察力来"教"

以洞察力为中心的教授策略

如果把"教"看作创造洞察力的过程，将会怎样？

自从2014年7月31日收到斯特凡·埃利斯的一封电子邮件,过去整整一年里,我一直在思考这个问题。他在邮件中是这么写的:

非常感谢您的书《洞察力的秘密》,我刚刚读完。它真是打开了我的眼界,不仅让我看到了洞察力的世界,还让我开始具体思考那些感觉偶然或不由自主发生的事。

我是一名教师,我从中知道了如何获得洞察力,这意味着我可以将这些原则融入日常教学中,帮助孩子们获得洞察力,建立它与学习的联系,找出它与学习的矛盾。此外,一想到我作为学校的领导,就觉得您的这本书将帮助我培养与我一起工作的员工,使他们成为更好的老师。这本书真是非常实用的暑期读物。

斯特凡的评论让我开始思考洞察力和教育之间的联系。

像词汇练习和算术练习(例如,背诵乘法表)这样的课堂活动,与洞察力没有什么关系。我并不是说乘法表不重要——背诵乘法表就是要让答案不假思索地脱口而出。但是记忆的任务不同于发现的过程。

相比之下,像以问题为导向的教学法和杜威的体验式教育这样的教学法似乎确实可以作为洞察的平台。几十年前,匹兹堡大学学习研究与发展中心的劳伦·雷斯尼克和罗伯特·格拉泽研究了学习算术等科目所需的发现过程。长期以来,理科教育一直在考虑重组和适应等概念,这些概念起源于让·皮亚杰对适应的描述,以及卡尔·波普尔的可误论。

此外,像使用奎逊纳棒来帮助低年级学生掌握基本的算术运算规则这样的课堂教学法,也是通往发现和洞察力的跳板。

长期以来,教师们在课堂上一直都在探索培养学生洞察力的技巧,虽然他们并不经常用这个术语。这里有一个众所周知的例子。现任密歇根大学教育学院院长德博拉·鲍尔，以前在给三年级上数学课时，一名叫肖恩的学生解释了6既是偶数也是奇数的原因。鲍尔没有纠正肖恩，而是认认真真地听完了肖恩的陈述，并要求他对自己的观点做出解释。肖恩说6是由3个2组成的。6包含一个2，这样它就成了偶数，还包含一个3，这样它就成了奇数。

肖恩做出解释是一种健康的迹象，它表明一个积极参与课堂的学生对可能存在的不一致的探索。（我觉得这也有可能是一个自作聪明的学生想让老师难堪的解释，但却代表有价值而积极的态度，应该给予鼓励。）鲍尔让学生们在课堂上讨论了什么是偶数，全班同学还给奇数下了定义：如果让2来分，最后剩下1的就是奇数。甚至肖恩也接受了这个定义。全班同学都对肖恩表示支持，还创造了一个名为"肖恩数"的新类别，用于处理像6和10这样可以用2来分同时还包含一个奇数的情况。这个例子展示了一名老师和全班学生是如何对一个有缺陷的想法进行诊断的，并得出了一个更丰富的心理模型。在这个例子中，德博拉·鲍尔让肖恩纠正了自己的想法。后来，鲍尔解释说，教学取决于学生怎么想，而不是老师怎么想。鲍尔继续为教师创建了一种测试，帮助他们诊断给出错误答案的学生的错误想法。

在这篇文章中，我想探讨如何使用最近关于洞察力本质的发现来提供一些有用的课堂原则。

在开始之前，让我们来回顾一下已经了解的关于洞察力的一些内容。我将洞察力定义为我们理解事物方式的意外转变。我们的理解是基于观念的，而我们的观念结合起来形成了一个关于事物如何运作的心理模型。洞察力改变了这种心理模型，通过在原有的观念中加入新的观念、重要的想法，或者通过抛弃错误的观念或误导我们的观念。拥有了洞察力，我们理解问题的方式便会发生改变。洞察力还可以改变我们采取的行动、我们应该注意到的线索、我们追求的目标，以及我们的感觉。

不仅如此，第六部分的第三篇文章还说明了获得洞察力的三种途径：将新信息与我们的心理模型相联系，重视矛盾的数据而不是弃之不管，以及发现给我们造成影响的假设。

下面，我们将对以洞察力为中心的教学法提出一些看法。

诊断。教学不仅仅是在学生已知的知识基础上增加更多的知识。早期的心理模型很可能存在不少缺陷，教师需要帮助年龄较小的学生修正他们现有的观念。这意味着教师要对学生们得到错误答案的原因感到好奇。错误的答案揭示了有缺陷的观念，也代表了诊断问题的机会。肖恩的例子展示了教师是如何用一个错误的答案——6既是奇数也是偶数——来加深全班同学的理解的。以洞察力为中心的教学法不是非让学生说出正确的答案，而是对错误的答案更有耐心，对错误答案背后的原因更好奇，更重视被这些原因困住的学生。

忘却学习。教师可以通过几种方式帮助学生忘记有缺陷的观念。在肖恩的例子中，教师并没有试图纠正肖恩，而是请其他同学提出看法。结果，肖恩放弃了自己有缺陷的有关奇数和偶数的心理模型，其他和他想法一致的学生可能也纠正了自己的观念。只要肖恩，也许还有其他学生，持有错误的观念，他们就难以进步。另一种策略是教师通过提供不确定的信息来制造认知冲突，让学生努力理清与自己想法不一致的地方，在进行思想斗争的过程中失去对有缺陷观念的信心。教师可以识别有问题的想法，或建议学生选择替代性的想法，让固执的错误想法不再那么可怕。教师可以使用类比法，一项理科教育研究对一个反直觉的概念进行了解释，即桌子对放在上面的书施加向上的力。教师将一本书放在学生伸出的手掌上，这样学生就能感觉到自己是在向上用力，由此再来思考桌子对书施加的向上的力。教师又将书放在弹簧或木板上，这样桌子对书施加向上的力的道理就不那么难理解了。

反馈。就本身而言，反馈在教学领域中算不上什么新概念。然而，如果学生不理解反馈，或者未能把握反馈与刚刚采取的行动之间的联系，反馈就没有多大帮助，所以教师会反复说明反馈的含义。但一些研究（Schmidt & Wulf, 1997）表明，让教师提供反馈可能会适得其反。这样做虽然可以加快学习进程，但会减慢迁移进程。学生可能会对教师提供的反馈和已消化过的反馈形成依赖，而不是培养自己发现和解释反馈的能力。这就是倡导体验式学习的理由之一。在体验式学习中，学生确实获取并真正理解了他们自己形成的反馈。在肖恩的例子中，如果教师只是简单地纠正了肖恩的错误，就不会使肖恩有缺陷的观念发生改变。

知识屏障。一涉及反馈，知识屏障就会带来额外的麻烦。我们往往会通过各种方式抵制反馈或任何与自己的观念相冲突的信息，一些研究人员（Chinn & Brewer, 1993）已对这些方式进行了证实。知识屏障使我们通过消除不一致来维持我们原有的心理模型：我们可能会因此而忽略新数据。我们还可能会发现一些小缺陷，以此来拒绝新数据。我们可以暂时将这些数据放在一边，直到找到理解它们的方法。我们可以重新解释这些数据，使它们不那么令人头疼。我们可以对观念做表面上的改变，使其与异常数据相符合。为了使以洞察力为中心的教学法有效，教师会期望学生使用知识屏障来维持他们的心理模型。德博拉·鲍尔对肖恩坚持 6 既是奇数也是偶数的观点并不感到苦恼。她不想让肖恩屈服于集体压力，人云亦云地说出正确答案。她希望肖恩能真正理解奇数和偶数到底是怎样构成的。

通往洞察力之路。我的研究揭示了获得洞察力的三种途径，每一种都在课堂上发挥着作用。

第一种途径是形成联系。学生们对找出联系通常都很积极，虽然其中大多数的联系都无关紧要。教师不应将其视为异想天开，所以打击学生的积极性，而应将其视为学生专注学习的宝贵倾向，并与学生一起讨论如何判断哪些联系比其他联系更有效。

第二种途径与矛盾有关。有些学生会注意到不一致的地方，尤其是与教师观点的不一致。这种行为可能会让教师不快，但这种倾向本身却也是认真学习的标志。一项研究发现，优秀的学生往往对异常保持警惕，并受其刺激进行思考，而成绩差的学生则试图避免相互矛盾的证据，因为它们增加了太多的认知负担。有些教师会提出一个错误观点，激励学生去推翻它。教师也可以将学生的错误观念，例如6既是奇数也是偶数，作为课堂讨论的跳板。

第三种途径是通过发现那些让我们陷入困境的假设来有意克服障碍。这些发现往往令人兴奋。实际上，这三种获得洞察力的途径都令人兴奋，因为最终的结果，灵光乍现的时刻，就能激发出人们这样的情感。以洞察力为中心的教学法的一个好处是，可以利用洞察力带来的冲击，而这正是人们在有所发现时需要经历的。

洞察状态。教师可以鼓励学生采取由好奇心驱动的状态或思维模式，而不是害怕得出错误答案，从而提高他们的洞察力。教师可以帮助学生注意到自己已经获得的洞察力，并鼓励他们获得更多的洞察力。教师可以建议学生注意联系和矛盾，当学生被难题困住时，教师可以帮助他们重新检查所做的假设。

请注意德博拉·鲍尔是如何尽力让她的学生获得洞察状态的。她尊重肖恩坚持错误观点的原因。她鼓励全班同学探索矛盾，看看能从中学到什么。她赞成"肖恩数"的想法，尽管这是个无用的概念，但却是全班同学的新发现。

我猜，一些经验丰富的教师会对鼓励积极、好奇的思维模式的想法不屑一顾，对鼓励学生一个接一个提问的想法感到害怕。他们的自然反应是让学生们别再提问题，好好听讲并把课上完就行。我能理解他们的这种反应，但却让我感到不安。经验丰富的教师也能够在不扼杀学生积极性的前提下鼓励学生获得富有成效的好奇心。

以洞察力为中心的教学法似乎很适合数学、科学等课程。它也可能对文学等其他课程有用，有助于发现人们的动机及与众不同的观点。教师会发现，对解决困惑和冲突的社会洞察力进行研究很有价值。在历史课上，教师可以让全班同学进行思考，让他们弄清为什么领导者会以那种方式行事，以及各类社会团体和各种运动为何会兴起，又因何而败落。

教学确实依赖于传递信息和掌握教学内容，提升洞察力只是教学过程中的一部分。绝大多数教师似乎都对洞察力不敏感，对学生没耐心。以洞察力为中心的教学法寻求一种不同的平衡，即尽可能地培养洞察力，并认可洞察力在教育过程中的价值。

优秀的教师用我所描述的方式来考查学生的能力。以洞察力为中心的教学法最适合那些缺乏耐心或不想诊断问题并解决问题的教学手段较匮乏的教师。以洞察力为中心的教学法可以帮助这些教师看到帮助学生建立更丰富的心理模型和采用寻求发现的思维模式的价值。

——2015年7月29日

认知审计

识别复杂任务的认知训练挑战指南

许多培训项目都以人们应该遵循的程序为中心，这确实有它的道理，因为程序必不可少，是成功完成任务行之有效的手段。通过程序，培训师可以确定受训者是否取得了进步、是否学会了该如何完成任务。

程序虽然必要，但只有程序却还不够。有时复杂的任务根本没有程序可遵循，即使我们可以建立一套程序，受训者也需要掌握隐性知识（感知技能、模式识别、丰富的心理模型），这样才能处理棘手的任务。培训不能只教程序，培训内容还应包括做出更可靠的决策、完成更准确的意义构建、更快发觉问题的认知技能，以及处理不确定性、模糊性和管理风险的能力。

培训师如何将认知技能引入培训计划中？

我称为"认知审计"的工具可能会对此有所帮助。"认知审计"是一种方法，用来评估培训师可能希望解决的认知训练需求。此工具以先前的概念为基础，如隐性知识（Polanyi，1958）、宏观认知的描述（Klein et al.，2003），以及知识审计（Militello & Hutton，1998；Klein & Militello，2004）。

但"认知审计"在这些概念基础上又有所发展，它结合了我和同事从"影子对手训练"项目中学到的认知技能训练知识。

"认知审计"与之前那些概念的区别在于，它包括可训练的认知技能。其他概念体系确定了专业知识的各个方面，这些自然非常重要，但其中许多方面是无法通过直接训练获得的。例如，"认知审计"不包括做决策，这是无法训练的，也不包括意义构建，因为意义构建不是一种可训练的通用技能。此外，"认知审计"也不包括获得典型感

（典型感能使人发现异常）——它是隐性知识的一部分，但仍是不可训练的。最后，"认知审计"还不包括知识审计中对认知任务分析有用的元素，但在我看来，这些元素并不是可训练的认知技能。

当然，认知训练，使用"影子对手训练"或其他训练手段，可以帮助人们提高决策和意义构建能力，因为受训者将获得更丰富的心理模型、更好的思维模式和更多的专业知识。只是这些结果不能作为直接通过训练就能取得的技能。

思维模式。思维模式通常指的是单一观念，它会对一个人理解和处理情况的方式产生影响。例如，一个培训项目可以帮助受训者从程序思维模式转变为问题解决思维模式。执法部门会想设计相关的训练方案，帮助人们转变思维模式，在每次与平民的接触中都努力建立信任。

程序的边界条件。程序通常是必不可少的，但对于认知训练而言，要描述遵循程序的边界条件——在这些条件下，也许会有人放弃程序或对其进行修改。

权衡目标。描述一份工作的几个相关目标当然可以，但困难的部分是我们必须处理好目标之间的取舍，因为通常会有几个目标需要进行权衡，而且这些目标还可能相互冲突。对目标进行权衡也需要练习。

工作的智慧。这个组成部分直接来自知识审计——人们需要学习该技巧，从而有效地完成工作。

应变之策。即兴发挥的能力取决于经验和资源的丰富，无法通过训练获得，但我认为，可训练的是一种适应的思维模式，而不是固守程序的思维模式。应变之策是知识审核最开始的一部分。《海军陆战队》杂志上刊登的许多战术决策游戏都要求对计划进行调整或替换，以解决不可预见的问题。

管理不确定性和模糊性。此处讲的也是培训思维模式的转变。我认为不存在管理不确定性的通用技能——培训要解决的问题是，必须在不确定的情况下做出决定，而不是为了获得更高的清晰度而拖延。

问题的发现与诊断。早期注意到的微弱信号和发现的问题会让决策者受益匪浅（Klein，Pliske，Crandall & Woods，2005）。没有理由认为，发现问题是一种普遍技能。恰恰相反，这种技能存在于关注微弱信号并想象其重要性的思维模式中。问题的发现的另一部分是要求决策者拥有经验，以预测微弱信号可能意味着什么。

注意力管理。什么该注意，什么该忽略？随着经验的积累，人们会更擅于分配自己的注意力，这就是为什么注意力管理似乎是一种可训练的技能，并在"知识审计"中被提及。"影子对手训练"的一个版本是找出视频中的线索，直接掌握注意力管理技能。

感知歧视。正如克莱因和霍夫曼（1992）与克莱因（1998）所讨论过的，专家已经学会区分新手没有注意到的微妙线索。

共同点和协调性/可预测性。由于团队成员学会了预测彼此的反应并发现了更多的共同点（Klein，Feltovich，Bradshaw et al.，2005），团队在一起工作时获得了更多的经验，从而提高了团队的协作能力。团队成员也更擅于注意到什么时候共同点慢慢消退。因此，可预测性和共同点成为重要的培训要求。

"认知审计"可能有助于评估特定活动的培训需求，还有助于指导培训方案开发和培训策略。在使用现有的培训方案时，"认知审计"可能会建议"认知"这些方案的方法——修改培训方案，以利用本文所描述的"认知审计"的几个组成部分。这是下一篇文章的主题。

——2017年7月7日

设计认知方案

制订具有高影响力的培训方案

绝大多数的培训方案都困在了在不同的决策点应该采取什么行动这一问题上。当然，选择何种行动确实重要，但选择往往取决于对情况的理解、注意到的内容，以及推断出的信息，而对这几方面的考虑并没有纳入培训方案的设计中，事实上，应该将其考虑在内。"认知"方案，即利用背后的心理活动来开发培训方案。

与其把培训方案固化在应做什么上，不如借它来提出如何思考这一问题。与其通过增加危机和需求来增加培训方案的难度——"世界末日逼近"法只会增加挑战，使其越来越多，直到决策者不堪重负，不如采取更实际的方式来增加难度，比如在培训方案中加入模棱两可、微妙的线索，甚至错误的数据。

第七篇文章描述了如何运用"认知审计"使培训方案满足更高的认知要求。我列出了一组可训练的技能：转变思维模式，探索程序的边界条件，在相互竞争的目标之间进行权衡，在工作中加入技巧，采取应对之策，管理不确定性和模糊性，发现和诊断问题，以及管理注意力。我们可以通过它们进行感知辨别，以及通过修复共同点来实现协调。

然而，实现对培训方案的认知比识别认知训练要求更重要。当我和同事们开发"影子对手训练"的培训材料时，我们已经找到了修改现有培训方案的方法，它的引入使常规方案更具挑战性。

模糊性。想办法让正在发生之事变得模棱两可。

误导性信息。加入一些错误的数据，看看学员是否能发现这些数据与整体不匹配。

遗漏的信息。在一个按需传递信息的时代，我们可以通过留下一些信息空缺来给学员施加压力。许多人在未掌握所有相关信息的情况下，极不愿意做决策——他们必须学会在不确定的情况下采取行动。

信息过载。在一个按需传递信息的时代，提供过量的信息，即远远超过做出及时决策所需的信息量，可以让学员学会如何决定哪些信息无须关注。

被违背的期望。给学员设立特定的期望，看看需要多长时间、多少相反的证据，才能让学员对情况进行重新审视。（许多学员可能永远不会对情况进行重新思考，直到培训结束仍难解困惑。）

过时的指令。给学员一套明确的行动指令——明确无误的"指挥官意图"[①]，但要根据具体事件来判断学员是否可以对自己的目标进行调整。

时间压力。让学员在时间压力下、在不确定的情况下做出关键的决定。

相互竞争的目标。目标不会只有一个，任何时候都存在多个目标，因此，目标之间就有可能发生冲突。看看学员是如何处理这些目标间的冲突的。

问题的发现。以一种极其微妙的方式呈现麻烦的最初迹象，它也许会被更戏剧性的事件所掩盖，看看学员能否在问题小到还可轻松处理的时候就发现它。

这些关于设计认知方案的建议可为传统的培训方案增添趣味，使

[①] 美国陆军在 20 世纪 80 年代修改了一贯遵循的规划流程，提出了一个名为"指挥官意图"（commander's intent，简称 CI）的概念。"指挥官意图"是位于每道命令最前面的一种直白表述，它能清楚地说明计划目标，明确指出该项任务所期望达成的最终结果。——译者注

其更有难度，更具吸引力，更有助于让学员为处理复杂和不确定的情况做好准备。

——2017 年 8 月 6 日

思维模式

何为思维模式，它为何如此重要

思维模式是一种观念，为我们提供处理情况的方法，为我们理清处理正发生之事和应做之事的方式。我们的思维模式帮助我们发现机会，但也会让我们陷入自我挫败的循环之中。

本文讲的并不是我们持有的所有观念，而是让我们的生活变得不同的观念——区分那些事业上取得成功的人与那些仍在拼命努力的人的观念。

斯坦福大学心理学家卡罗尔·德韦克（2006）对比了关于能力来自何处的不同看法，普及了思维模式的概念。如果我们的思维模式是固定型的，认为自己的能力是天生的，那么失败会让我们不安，因为它会让我们怀疑自己的能力。相反，如果我们的思维模式是成长型的，我们就会期望提高自己的能力——因此，失败会告诉我们需要在哪些方面努力。

有固定型思维模式的人往往想要证明自己，当有人暗示他们犯了错，他们可能会极有戒心——换句话说，他们用失败来衡量自己。另一方面，有成长型思维模式的人在犯错时通常会更有毅力，也更具适应性——他们拥有更努力工作的动力。你可以想象固定型或成长型的思维模式会对我们的生活产生多大的影响。

我对洞察力本质的调查表明，专注于想办法减少错误的人（和组织机构）和因有机会获得发现而感到兴奋的人（和组织机构）之间存在巨大差别，虽然后者也担心犯错。对错误的关注——相信取得成功的唯一方法就是减少错误——看似与固定型思维模式相符；而对获得发现感兴趣——相信成功的取得既取决于减少错误，也取决于获得洞察力——体现的是成长型思维模式。

其他类型的思维模式也会带来不同的结果。

有一次，我和妻子海伦研究了那些在与平民打交道方面展现出杰出技能的警察、士兵和海军陆战队队员。我们想看看他们和那些恐吓平民、让平民服从命令的同事有什么不同。我们发现，这些"善良的陌生人"（平民对他们的称呼）有一个共同的特征——他们都有一种同事所没有的思维模式。

当然，他们也会担心自己和同伴的安全。他们也想完成任务，遵守规则。但除此之外，"善良的陌生人"还试图赢得平民的信任。一名警察向我们解释说，在每次与平民的接触中，即使是在逮捕违法者的时候，他都尽量表现得让平民在与他接触结束时比刚开始接触时更信任他。他认为，作为一名专业人士，要以一种增进信任的方式工作。回想一下你与警察的接触——我怀疑其中一些接触并没有增加你对警察的信任。

我们在与警察和军队的合作中发现了第四个重要的思维模式。他们中的许多人认为，要想让对方做自己想让对方做的事，唯一的方法就是通过恐吓或其他方式让对方服从命令。但"善良的陌生人"相信民众会自愿地与警方合作。这需要技巧，也需要更多的时间，但却会迎来长期的回报——它建立了信任。

其实，思维模式不仅仅是一般观念，它还是引导我们的反应和倾向的观念。同时，思维模式具有很多认知功能。有了思维模式，我们才能构建情境，它将我们的注意力引向最重要的线索，这样我们就不会被信息淹没。思维模式为我们提出合理的目标，这样我们就知道该努力实现什么。思维模式为我们提供了合理的行动方案，这样我们就不必为该做什么而苦苦思索。当我们的思维模式成为习惯性的存在时，思维模式就决定了我们是谁，以及我们可以成为谁。

还有一种思维模式产生自我的科研小组开展的一个项目，这个科研小组的负责人是埃米莉·纽瑟姆，她带领团队与儿童保护服务机构的社会工作者共同完成此项目。平庸的社会工作者认为工作就是遵循程序，但优秀的社会工作者则认为工作是不断地解决问题。

我们发现，其他行业的从业者，如护士和石化工厂的操作员，也存在遵循程序与解决问题之间对立的情况。我们在另一项关于警察的研究中也发现了这一点。刚从警校毕业的学生会尽力多地背些守则规定，他们相信如果学会了足够多的程序，就能胜任这份工作。

相比之下，经验丰富的警官则认为程序远远不够，必须做好解决特殊问题的准备。事实上，当事情进展得太顺利时，一些经验丰富的警官会感到有点无聊。他们希望遇到的是能给自己带来提升的挑战——显然，他们具备的就是成长型的思维模式。

思维模式最强大的一点是其转变速度之快，带来的后果之强。与需要反复练习的技能不同，思维模式有时会发生戏剧性的转变。花一两个小时阅读德韦克的《终身成长》一书，便足以改变我们对自己能力的看法，并激励我们向成长型的思维模式转变。在我与警察共事的过程中，我听过几个故事，很多警员本以为要命令民众服从，直到他们看到自己的上司轻声细语地同民众讲话，民众仍对指令表示服从。

一位警官回忆起几十年前他刚当警察时发生的一件事。那是一个漆黑的夜晚，事情发生在一个危险的街区。他和他的上司雷蒙德（两人都是白人）发现了一名黑人嫌犯，俩人慢慢靠近，准备将他逮捕。在接近嫌犯的途中，他们遇到了一个无家可归的黑人，那人坐在门廊上，有点醉醺醺的，低声说道："他有枪，雷蒙德。"果然，嫌犯有武器，两名警官最终顺利将其逮捕。

事后，这名警官问自己的主管为什么流浪汉要警告他们。雷蒙德解释说，这人并无恶意，自己平时会尽量关照他，必要时把他送到避难所。就在那一刻，这位新手警官决定要和自己辖区里的居民建立一种良好的陌生人关系。他希望民众信任他、关照他，而不是害怕他。

当然，事情并不总是这么顺利——在我所遇到的警察和军人中，也有些人太固执，不愿冒不必要的风险。我怀疑德韦克遇到的人中就有一些人无法摆脱他们对失败的恐惧。但是其他人却能够改变自己的观念和思维模式。

德韦克在书中讲述了吉米的故事，吉米是一名初中生，对学校的课程几乎没有兴趣，直到他听完了一堂讲成长型思维模式的课。这堂课结束后，全班同学都离开了，吉米含泪问德韦克："你是说我也可以变聪明？"从那时起，吉米开始勤奋学习。思维模式是强大的，并且思维模式的改变会突然发生，带来翻天覆地的变化。

——2016年5月1日

如何驾驭好奇心

好奇吗？有好奇心的可不止你一个

好奇心是我们生活中的一股强大力量。但好奇心究竟是什么呢？它又是如何起作用的呢？我们如何才能更好地利用它的力量呢？在本文中，我将对这些问题进行逐一探讨。

何为好奇心？很简单，就是想知道一些事情。这可能听起来微不足道，但好奇心却可以对我们产生巨大的影响——我们努力工作来满足自己的好奇心，将饥饿、口渴、困倦都抛之脑后。

好奇心会让我们止步不前，即使我们有明确的目标，比如写一篇这样的文章。如果我们愚蠢到打开网页浏览器，然后点击那些吸引眼球的文章的链接，我们就会掉进另一番天地。

但好奇心消失起来也很容易。勒文施泰因（1994）观察到，在超市排队结账时，我们可能会对电影明星婚变的最新消息产生强烈的好奇心，但一旦我们继续往前走，远离这些花边新闻，这种好奇心也就消失了。

好奇心是如何起作用的呢？研究人员对好奇心的研究已有几十年了。（请参阅勒文施泰因优秀文章的摘要。）

不同的事物都能激发我们的好奇心，如图7.2所示。

- 一个被违背的期望——让我们惊讶的事、没有预料到的事、无法解释的事。
- 一个我们试图解开的谜题或一本吸引我们的悬疑小说。
- 缺失甚至无法获取的信息——勒文施泰因指出，我们拼命去偷听别人的谈话，或者渴望知道是什么让别人在阅读杂志时暗自发笑。我们会因为"话到嘴边现象"[①]而沮丧，会因为记不住应该记住的事而抓狂。
- 一个获得新想法的机会——也许是通过探究故事中对我们来说似乎不可信的部分，这样我们就可以收集更多的信息并做出假

[①] 话到嘴边现象（tip-of-the-tongue phenomenon），主要表现为：说话者说不出某个单词，但是认为自己肯定知道那个单词，觉得它就在自己的嘴边，只是说不出来。——译者注

掌控思维

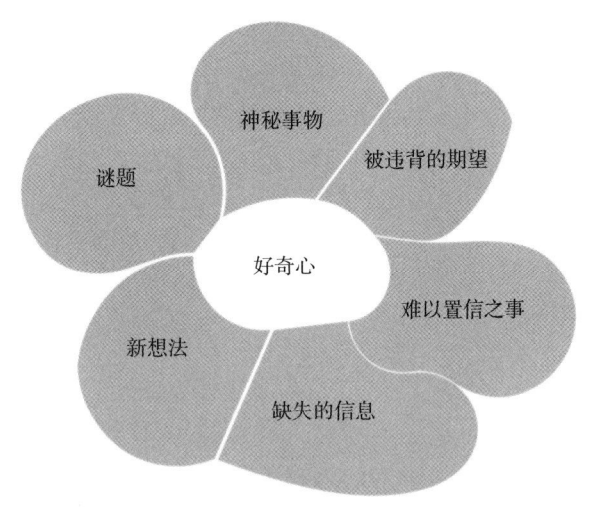

图7.2 激发好奇心的事物

设。例如，反事实让我们着迷。如果_____（填空），历史将会怎样？

勒文施泰因的模型以我们已知和我们想知之间的信息差距为特征。在所有这些触发因素的背后，好奇心是由我们构建意义的倾向来驱动的——寻找指令，发现模式和意图。

阻碍好奇心的因素。不幸的是，很多事情都可能成为好奇心的阻碍。

- 过度自信——我们以为自己知道的比实际上知道的要多。
- 太过专注于自己，以至于未能意识到周围的环境。
- 消极情绪，如内疚、恐惧和焦虑，以及外部压力，如威胁和惩罚，都能削弱我们的好奇心。
- 为获得外部奖励，而不是因为自己感兴趣而去完成某项任务。

教师经常会问"是"或"否"的问题，或非要学生得出正确答案，或强调死记硬背，或急于纠正学生的错误，或更多地关注学员在做什么而不是为什么这么做,结果却在无意之中扼杀了好奇心。教师向学生灌输大量的细节,过早地引入太多复杂的内容,这会让学生感到不安,他们可能不再会产生好奇心,转而倾向于死记硬背。

有时,教师不鼓励提问和课堂讨论,因为他们想把所有的材料都讲完。甚至还有些教师喜欢让学生觉得自己很愚蠢,也许是用嘲弄的方式。

令人惊讶的是,教师可能会通过提供过于完整的解释来抑制学生的好奇心,不给学生留自我解惑的空间。

驾驭好奇心。优秀的教师有很多方法让学生感到好奇:可以向学生提问;可以向学生展示一些结果未知的情况——可以通过让学生做预测来增强好奇心;可以通过向学生展示他们的知识差距并非不可弥补来减少学生的焦虑;可以考察学生某个过程是如何完成的,而不仅仅是让学生学习步骤。

要求学生问问题可能不是一个好主意,因为这一点与我们的直觉相反!通常,这样做要么导致令人不舒服的沉默,要么学生只能无奈地提出一些肤浅的问题来结束这种沉默。最好是向学生提问,来激发他们的积极性。

也许教师能做的最重要的事就是让自己保持好奇心——对导致学生犯错的原因保持好奇心。这需要思维模式的转变,从对错误的批评转变为对错误的好奇。

——2020 年 12 月 3 日

变得更聪明

掌握专业知识的九点建议

我们能做些什么才能更有效地了解某个领域最新的进展呢?在之

前的文章中，我对辨别谁是专家（第五部分），以及认知指导（第七部分）的方法进行了研究——培训师需要完成思维模式的转变，以便让受训者更好地掌握专业知识。

本文讲的是，在没有教练的情况下一个人该做些什么。这个话题我已经思考了几十年，甚至为此专门写了一本书——《直觉定律》（2005），但这都是十多年前的事了。基于过去四年我在"影子对手训练"方面的经验（Klein & Borders，2016），我认为我还是学到了一些东西。本文中的部分建议来自 2005 年那本书中的观点，但还有一些是新的观点。一些建议来自霍夫曼等人（2014）的一本书《飞速发展的专业知识》——这是该领域非常有价值的研究概述。其他建议则可以在费德和克莱因合写的一篇文章（2012）中找到。

在我看来，专业知识依赖于隐性知识，而不是事实、规则和程序这类显性知识。我所指的隐性知识是进行精准辨别、发现相关模式、判断熟悉程度（从而注意到异常情况）、利用丰富的因果关系心理模型所需的感知技能。这些是图 7.3 中水面以下的内容。

图 7.3　显性知识与隐性知识

那么如何巩固我们的隐性知识呢？以下是帮助我们具体实施的九个想法。

1. 寻求反馈。不少专业人士认为他们所要做的就是按部就班地工作，然后就会奇迹般地越来越专业，这个想法让我吃惊不小。他们要么不想得到反馈，要么就是找借口——太难了，太耗费人力了，太多隐私限制了，等等。的确，获得反馈是不太容易，但许多人甚至都不去试试。就算他们收集了反馈，也只是勉强收集显性知识（事实、规则、程序）的反馈，而不是隐性知识的反馈。反馈对于获取知识或理解知识来说并非微不足道，在《街灯与阴影》一书中，我已对所有原因进行了讨论，我的建议是，我们不应该仅满足于结果反馈。相反，我们应寻求过程反馈。如果我想提高射箭水平，我就需要得到每支箭落在何处的反馈（结果反馈），但我也需要关于自己射箭姿势的反馈（过程反馈）。如果我从事的是大型投资的承保工作，那么在几年甚至几十年里，我都不会得到关于投资结果的反馈，但我却可以得到关于我所采用估算方式的反馈，以及我考虑到的或忽略的关于变量类型的反馈。若没有反馈，特别是没有过程反馈，我们就无法在专业方面取得较大的进步。

2. 咨询专家。一方面，有意义的反馈来自愿意花时间给我们提供帮助的专家。哪些人可算作专家呢？请参阅本书第五部分中关于鉴别专家的文章。我们可以了解专家对我们所选择的行动的看法，还可以了解他们对我们所经历的过程的看法。我知道专家往往令人望而生畏，我们也不想老是打扰他们。我们在寻求反馈时甚至也有风险，因为我们会让自己变得脆弱。另一方面，许多专家很欢迎我们专门向他们求助，他们会对帮助我们前进怀有浓厚的兴趣。

但我们不应该用一些无用的问题来浪费专家的时间，比如"您觉得我做得怎么样？"，我们很可能得到无用的答案，比如"挺好的，保持下去"。相反，我们应该具体一点，比如问一个特定的事件，一个艰难的局面。听听专家们是怎么想的。他们会优先考虑哪些目标？他们问了哪些我们没有考虑到的问题？有哪些是他们注意到而我们忽略了的？他们对我们采取的策略有什么看法？在这里，我们要进行的是以实际案例为中心的有价值的在职培训，是富有成果的对话，是探究专家的想法，而不是简单地寻求建议，如果我们不同意他们的观点，就得提出来，以便让专家进行更深入的思考。

3. 间接经验。从别人的经验和错误中学习，比从我们自己的经验和错误中学习更容易、更安全，只要我们与专家对话，就可以向专家询问他们遇到过的棘手案例——比如，是什么让这些案例如此难办。事后再想：若换成专家，他们会有什么不同的处理方法；专家会希望自己一开始重点关注哪些方面。

4. 好奇心。显然，好奇心是学习和获得专业知识的强大动力。我见到过一些压制好奇心的方法，我们可以对这些方法保持警惕，看看它们是否会造成负面影响。这些压制好奇心的方法包括过于担心犯错，以至于不敢进行探索；还包括一种强制性的学习态度，即要学习所有的材料，而不是对那些看起来有趣或与众不同的话题进行深入探索；还包括不敢在课堂上提问，因为害怕自己看起来很蠢。前面的文章《如何驾驭好奇心》就对好奇心这个话题进行了详细阐述。

5. 成长型思维模式。卡罗尔·德韦克（2006）对固定型思维模式（我要么擅长某项技能，要么不擅长某项技能）和成长型思维模式（通过练习，我可以做得更好，甚至可能做得非常好）进行了区分。显然，成长型思维模式有助于激励我们获得专业知识。关于德韦克的发现是否可以被直接拿来使用，各种报道说法不一，但对我来说，这些发现仍有意义。

6. 克服程序性思维模式。我们中的不少人都相信，即使是复杂的任务也可以分解成一些程序，只要我们掌握了这些程序，就会成为专家。正如我过去所说的，掌握程序是成为专家的必要条件，但却不是充分条件。程序不能反映隐性知识，而隐性知识才是专业知识的核心。为了获得专业知识，我们需要从程序性思维模式向对隐性知识和好奇心敏感的思维模式转变。我们也应该从程序性思维模式向问题解决型思维模式转变，这意味着要对特定情形下正在发生的和需要做的事情保持警惕，而不是采取核对任务清单的态度，遵循官方的例行程序来完成工作。

7. 从错误中取得收获。无数的自助手册建议我们利用错误来成长，鼓励我们把错误视为机遇。这条建议是没错，但却不现实。我讨厌犯错，我犯错的时候并无半点感激之情。错误会一直困扰着我，直到我弄清楚自己为什么会犯错，当时应该怎么做。

这就是错误激励我的方式——不是欢迎错误，而是对错误仔细琢磨，对自己感到恼火，这种情况通常会持续好几天，直到我能把所有的错误搞明白，发现我本该注意、推断或应做的是什么。毕竟，如果我不能在事后变聪明，那么可能永远都变不聪明。

失败本身只是一种惩罚，我们需要做的是找出失败的原因。

8. 适应和发现。当人们向我讲述他们的旅行经历时，通常不会描述预订过程顺利的航班和酒店。相反，他们会告诉我旅途中遇到的小问题——因为天气造成的延误而错过航班，酒店不知怎么弄丢了预订信息，以及他们是如何解决这些问题的。他们通常对自己的适应能力引以为豪。这并不意味着我们不需要仔细准备，这只是意味着当准备工作没有达到我们预期的效果时，我们不必慌乱。根据我的经验，有些领域的专家有时似乎很享受正常程序之外出现的挑战。

也许我们可以培养这样一种思维模式，欣赏这些意外的机会，用我们的足智多谋给自己惊喜。我们甚至可以考虑在自己的孩子身上培养这种思维模式，让他们更具适应性。有一次，我带着我的孙子科比乘公交车去一家餐馆，科比一直担心我们会迷路。我没有试图说服科比不要担心，而是把事情变成了一个游戏：如果我们迷路了，我们怎样才能知道自己的前进方向呢？我们如何才能重新定位？除了乘公交车，还有别的办法去餐厅吗？当公交车真的送我们到了目的地时，我想科比肯定有点失望。

9. 不要让评估干扰培训。当导师对我们的表现进行评判时，我们自然会紧张，会尽量避免出错。即使没有导师，当我们对自己进行评估时，也很难给自己对一项任务或一种情况进行探索的自由。

到目前为止，这就是全部，这就是帮助我们精益求精、更加专业的九条建议。

——2018 年 11 月 6 日

放马过来！

欣然接受绊脚石，而不是害怕它们

我最近听说了一件事，说的是一位幼儿园老师在开学前和家长见面。其中一位家长说："这些四岁的孩子不听话，您的工作可真辛苦。如果他们都听大人的话，生活就轻松多了。"

这位老师却不同意。她解释说，她认为课堂是让孩子们学习、变得更加文明的地方，也是孩子们慢慢学会不再和家长对着干的地方。这就是她对自己工作的看法。她对孩子们的不听话行为欣然接受，并将其视为逐渐使他们学会和老师合作的机会。

这件事深深打动了我，我意识到，我认为是障碍，这位老师却把它看作机会。对我来说，这是一种思维模式的转变，也改变了我与孙辈相处的方式。我没有因为孙儿们的不听话而生气（他们都是真正的小可爱），而是对他们充满好奇。"这不公平！"他们中的一个坚持说道。我会问他们所说的"公平"是什么意思。我知道这对他们来说有点没意思，我尽量不做过头。我的目标是消除他们的不公平感，帮助他们思考如何公正地解决争端，让他们冷静下来。至少，能让我平静下来。我觉得这让我成了一个更好的祖父，若没有思维模式的这一改变，我未必能做到。

在某些方面，这种思维模式的转变可能还是老一套——还是"尽力而为"的那些说法。但我认为这件事当中思维模式的转变已远远超越了那些老生常谈。这位老师说的是："这是我的工作，如果我有机会，就一定会把它做到最好——只要孩子们表现出来，我就有机会帮助他们成长。我希望孩子们在我的课堂上把自己真实的一面展现出来，因为帮孩子们成熟起来就是我的技能，也是我的职业。"与许多家长不同的是，这位老师不会因孩子们不听话而生气，也不会非要孩子们听话。她让孩子们知道，他们为了对抗父母而搞的恶作剧对她没有任何影响。

这位老师的故事让我想起了我研究的许多领域的专家。我想起了一位警官对我说过，以前他逮捕的人咒骂他或违抗他的命令时，他就会生气。现在，他期待这种不合作，因为这可以让他测试自己赢得对方自愿合作的能力，也让他有机会尝试新的方法来缓和冲突。

还可以想一想销售人员在推销时进行的宣传。他们希望马上就有人买，可当潜在客户似乎不信时，他们便会倍感沮丧。也许销售人员可以将这种推销受阻视为一种挑战、一个了解客户的机会、一个与客户建立感情的机会，至少是一个面对未来客户打磨销售策略的机会。他们可以发现客户更多的想法，可以看看自己掌握的信息中是否有哪一部分与客户产生了共鸣。

从将困难视为障碍转变为将困难视为机遇，这种思维模式的转变有两个方面：内在方面是获得技能的机会，外在方面是帮助我们周围的人。

这又一次让我们想起了前文我从幼儿园中学到的一课，或者那个例子是我们上幼儿园之前就应该学到的一课。

——2019 年 9 月 6 日

改变海军陆战队的思维模式

培养批判性思维的案例研究

我在本书的第六部分的一篇文章中讲了批判性思维的第二波浪潮——自己对情况进行判断，而不是不加思索地接受别人告诉我们的东西。

这种批判性思维可以教会吗？我之所以有这个疑问，是因为我在美国海军陆战队看到过这种情况。我看到海军陆战队队员在好奇心的驱使下由程序性思维模式转变为调查性思维模式。这种思维模式的转变鼓励海军陆战队队员质疑他们被赋予的目标，而不是盲目地向着目标前进。

在战斗甚至是维和任务如此复杂的情况下，制定好的目标很可能赶不上变化，或者更常见的是，制定好的目标可能不那么明确，以至于必须在追求目标的过程中再进行明确。

这种转变又是如何发生的呢？

20世纪80年代，为应对越南战争中的作战不利，美国海军陆战队经历了一次较大的机构及管理改革，这就是"机动战运动"。作为这一运动的一部分，时任海军上尉约翰·施米特和一些同事引入战术决策游戏，将其作为培养决策技能的一种方式。战术决策游戏是围绕地图创建的迷你场景，地图上显示了地形和友军的位置，以及敌军可能的位置。战术决策游戏包含一个两难困境，需要在不确定和模棱两可的情况下做出选择，并决定如何继续。这种战术决策游戏旨在让在战斗中可能要制定决策的指挥官进行练习。

从1990年开始，美国海军陆战队的专业刊物《海军陆战队》每月发布一个新的战术决策游戏，并鼓励读者提交解决方案，其中部分方案将在两个月后公布。战术决策游戏有一个主题从来没有明确地告知读者，那就是质疑目标。这些战术决策游戏的练习都是以执行命令开始，然后其脚本将出现意想不到的转折——原命令作废。海军陆战队队员会怎么做？

从历史上看，质疑命令并不是美国海军陆战队行动或文化的一部分。美国海军陆战队以不惜一切代价完成任务而闻名。但施米特和同事们认为，这种对命令的盲目服从不符合海军陆战队的最大利益。施米特没有宣布他的具体想法，只是发表了前述类型和其他类型的战术决策游戏。

施米特想知道战术决策游戏是否能够产生影响。所以，在写了四年的战术决策游戏之后，施米特决定进行一项小研究。他找出了他写的第一款战术决策游戏，发表于1990年4月那期杂志上的《过桥的敌人》。这款游戏的特点是命令不再具有意义。游戏中的主人公是一名营长，他接到命令，要求将他的营转移到一个集结区，为第二天穿过一座桥去配合友军发起的攻击做准备。然而，在接近集结区时，营长发现这座桥已经被敌军占领！他还了解到这座桥无人防守，敌军正在从桥另一侧涌来。

施米特评估了《海军陆战队》读者发来的解决方案。读者提交的方案主要分为以下四种：（1）向集结区发起攻击（这也是最常见的解决方案——与既定任务保持一致）；（2）就地展开防御；（3）报告目前情况，等待命令；（4）发动攻击，夺回这座桥。施米特认为第4种是最好的决策，因为集结区没有任何实质价值，而桥梁才是地形中的关键。

1993年，施米特又出了一款战术决策游戏——《牛津的行动》，这款游戏的核心是提出与《过桥的敌人》相同的困境。然而，这一次海军陆战队队员发来的书面解决方案完全一样：忽略上级指挥部发出的指令，解决意料之外的问题（类似于《过桥的敌人》中的桥）。大多数解决方案都强调要通知上级指挥部，但没有人建议再等等，以寻求指导。没有人主张坚持最初的目标，而这却是四年前大家最常见的反应。

看来战术决策游戏至少在一定程度上改变了阅读和评论这本杂志的海军陆战队队员的思维模式，也许还改变了美国海军陆战队的文化。美国海军陆战队的高级指挥官一直在推动海军陆战队向机动作战转变，战术决策游戏帮助海军陆战队队员转变了思维模式，从积极服从命令者转变为具有批判性思维的思考者，随时准备随着形势的发展而改变目标。

——2020年7月30日

反思

第七部分由三个板块组成。第一板块的文章与我们常听到的观点大相径庭，针对我们笃信不疑的有关教授和培训的观念提出了一些问题。对这些观念的挑战与认知维度或自然主义决策没有太大关系，但这些文章写起来很有趣，更重要的是，读起来也很有趣，甚至可能很有用。第一篇文章批评了关注学习风格的说法，也批评了加快学习进度的策略和"搭积木"式教学法，批评了重复的价值，此外，还批评了学校应该尽量缩小班级规模的说法。各位读者不大可能认同所有这些批评，其中一些可能会让你吐槽，但我认为每一个批评都有一个恰当的例子对其进行解释。

第七部分解释了为什么在培训的同时进行评估不是个好主意。如果一个人在培训期间就被淘汰了，那只能说明这个培训并不成功。在我看来，第三篇文章是第七部分中最令人惊讶的，这篇文章认为"教"被高估了。我自己没有勇气这么说，但我非常敬佩的美琪·池的文章表明，学习和自我解惑要比教得好更重要，我觉得她的论点令人信服。前述文章的结论是，我们不应该只将注意力集中在教学过程和加快学习进度之类的事情上，我们应该关注学到了什么以及学得有多深。

第七部分的第二板块描述了将认知维度应用于教学和培训的不同想法。这些文章涵盖了以下内容：使用虚拟世界来纠正有缺陷的心理模型，教练和培训师思维模式的转变，教练和培训师可以尝试传达的隐性知识类型，将培训视为获得洞察力的机会，帮助培训师专注于重要的认知需求而不是效果衡量指标的认知审计，以及建议为锁定和强调任务中重要的认知挑战而改变培训方案。这些文章为你提供的应该是一个更强的培训认知导向，而不是行为导向。

第七部分的最后一个板块通过研究该如何帮助教师、学生转变他们的思维方式，进一步对认知取向进行了阐述。思维模式转变的主题已在第五篇文章中介绍过，但在这里我们对其意义进行了更深入的探讨。教育领域思维模式的概念是由卡罗尔·德韦克进行推广的，他对固定型思维模式和成长型思维模式进行了区分。第七部分还展示了如何将思维模式的概念扩展到固定型与成长型之外。思维模式的转变一次又一次地出现，这与对学生和教师的好奇心进行鼓励有关，由此各位读者也已经掌握了一套驾驭好奇心的方法。你也可以考虑改变思维模式，提高决策能力。我最喜欢的是第十二篇文章，这篇文章描述了一位天才教师的反直觉思维。她并不害怕幼儿园学生的错误行为——她还有点儿希望这种行为发生呢，因为这给了她重新认识孩子的机会。我不知道各位读者对这个想法会做何反应，但我觉得它令人耳目一新，很鼓舞人，让人从原有的束缚中解脱出来。

　　说到摆脱原有的束缚，第七部分的最后一篇文章描述了决策方案如何有助于海军陆战队队员从思想上解放，让他们能够对危险情况做出自己的评估，而不是被原有的预期所困，认为自己应该服从命令，而不管命令是否有意义。第七部分的第三板块向各位读者介绍了思维模式转变的拓展概念。第七部分通过展示认知维度在培训和教育中的作用来加深各位读者对认知维度的理解。

8 他人的想法——团队合作

概述

  当我们将认知维度应用于团队和组织机构时，我们会在其他人身上"看到认知"。我们在这一点上做得越好，就会越成功。然而，做起来可并不容易。有些人说这可能是办不到的，当我们认为自己正在"看清"他人的认知时，我们是在欺骗自己。许多人似乎对观察别人的认知能力不感兴趣——要么是因为成功观察和准确推断的概率太低，要么是因为他们认为自己不具备这种技能，或者是因为他们真的对别人的想法不感兴趣，认为每个人都要做好自己的工作，而不是操心其他人。我不同意最后一种观点，也难以接受其他观点，但我能理解为什么人们会对看清他人的认知能力这一想法有所抵触。然而，这样做的回报却是巨大的，我认为我们有办法提高自己的这种认知能力。

  我们需要改进的核心是我们看问题的视角——我们准确识别他人想法的能力；别人是如何解释我们一直试图理解的情况的；他的思维模式是什么；他可能会注意到什么，也许更重要的是，他可能会忽略的是什么或对什么感到困惑。有了换位思考的思维模式，如果一个人不同意我们的观点，我们就不应该很快就下结论说这个人愚蠢。相反，我们应该稍做思考，是什么激发了不同观点的产生，也许对方知道我们不知道的事情，或者未能掌握我们所掌握的知识。也许他的目标和我们的不同，打算优先考虑的事和我们的不一样。他优先考虑的是我们没有考虑过的目标或不认为某事项应优先考虑。也许这个人的价值观和我们的是不同的，我们有的价值观他没有，我们认为重要的价值观他认为不重要，或者他被那些对我们来说并不重要的价值观所引导。每个人对情况的判断都不一样，这当中有很多值得考虑的问题，令人心生畏惧，但也有很多让人好奇的问题，也会很有趣。

努力提升换位思考的技能是为了更好地与他人协作。协作的本质是可预测。我对你行动的预测越准确，我和你的协作就越顺畅。增加可预测性的一个常见方法是双方都遵循相同的行动计划、相同的理念，以及相同的最佳实践。然而，当面对模棱两可、复杂混乱的情况时，行动计划、理念和最佳实践就会开始受到影响，这时我们就需要了解队友的想法，而不能只知道他们下一步该做什么。

协作面临的另一个挑战是共识不复存在。当队友之间存在不同观点时，彼此的共识就不再能达成；或者，更糟的是，大家没意识到自己持有不同的观点；或者，最糟糕的是，大家欺骗自己相信彼此仍持有相同想法，即使并非如此。许多造成严重后果的意外之所以发生，就是因为队友间不再有共识。不幸的是，我们无法彻底解决这一问题。我们不能在一项任务或项目开始时就建立共识，并确保这种共识能一直持续下去。然而，通过进行换位思考，我们可以更准确地找出共识出现的问题，并在可以补救之时采取行动，纠正问题。

若我们对此仍视而不见，则无法通过简单的行动来使一切恢复正常。最近就发生了这样件事，我被安排与总部位于英国的客户通过云视频开研讨会。我当时是在美国东海岸，遵行的是东部时间。一周前，美国时区已转为夏令时（美国是 3 月的第二个星期日开始）。研讨会定于美国东部夏令时上午 10 点开始，即英国时间下午 3 点。到目前为止，一切顺利。

可后来就不太顺利了。客户没有意识到美国当时已进入了夏令时，英国是 3 月的最后一个星期日才进入夏令时。因此，客户发送了一个英国时间下午 3 点的云视频会议链接，即会议在美国东部时间上午 11 点开始，比原计划晚了一个小时。直到研讨会召开的前一天晚上，我在查看了所有的通信记录并更仔细地查看了云视频会议的链接后，才注意到这个小问题。

以下是我、保罗（我的主要客户）、雷吉娜（保罗公司的联系人，为研讨会支付费用）和安娜（雷吉娜的助理）之间的电子邮件记录。（这些不是他们的真实姓名。）第一封邮件是我在研讨会召开前夜发的。请密切注意"原定时间"中的"原定"一词，因为对我来说，这意味着美国东部时间上午 10 点，英国时间下午 3 点。然而，保罗和雷吉娜一直把云视频会议通知上的时间理解成原定时间，所以通知上的时间是美国东部时间上午 11 点，这与我们最初商定的美国东部时间上午 10 点不同。保罗、雷吉娜和我似乎都没有注意到原定时间对美国东部来说发生了怎样的变化，尽管英国时间保持不变。这就是我们的共识出现了问题。

我：我刚注意到明天的云视频会议链接时间是美国东部时间上午 11 点，比我们原来计划的晚了一个小时。我们该怎么做？维持原定时间不变还是改成后来的时间？我可以调整安排，但我不想让与会者感到困惑，他们可能已经按照我们原定的时间安排了日程。

保罗：雷吉娜，多亏加里指出邀请函比之前讨论的时间提前了一个小时。我才意识到，每年只有这个星期美国东部时间和英国时间相差四个小时而不是五个小时，所以才会出现这个错误。

你觉得我们是对邀请函中的时间不做更改，因为与会者可能已经考虑到这一点，还是更改邀请函中的时间？

雷吉娜：保罗，您好，请接受我诚挚的道歉！我们可以维持原定时间不改吗？我希望没有给各位造成太多的麻烦。因为有这么多人参会，更改时间可能会带来问题。如果您能接受我的提议，我将不胜感激。如您有任何意见，请尽快通知我。再次向您致以歉意。

保罗：哈哈！也就是说，邀请函上的时间不再更改？

雷吉娜：我说的原定时间是指现在每位参会人员日程表上的时间。

保罗：嗯，每个人的日程表上的时间。

雷吉娜：没错。

保罗：邀请函不再更改，期待明天的会议。

雷吉娜：非常感谢您！我们也都对明天的会议充满期待！

我：确切地说，原定时间是几点？具体地说，我们明天什么时候（美国东部时间）开始？

保罗：雷吉娜指的原定时间是现在会议日程里的时间。她明确表示不希望改变原定时间，因为很多参会者都根据这个时间安排了自己的日程。

我希望这么安排不会出问题，我们对造成的混乱感到非常抱歉。

我：确切地说，原定时间是几点？具体地说，我们明天什么时候（美国东部时间）开始？（没错，我又说了一遍，因为这些问题没有得到有用的回应。这一次，得到了回应，但仍然没用。）

保罗：（把安娜的话又给我复制了一遍）我们在邀请函上注明的原定时间。

我：那就是美国东部时间上午 11 点到下午 2 点。没错吧？

安娜：加里，早上好。给您带来不便，我深表歉意。会议定于美国东部时间上午 11 点开始，您看这样可以吗？

我：好的，美国东部时间上午 11 点。

这个案例中的共识问题很容易解决——只需对会议开始的确切时间（美国东部夏令时）进行简单的声明即可。但为了解决这个问题，我们发了很多封电子邮件，还有一位助理从中干预。事情令人困惑的部分原因出在"原定时间"中"原定"这个词上，因为会议原定的英国时间并不是原定的美国时间，但保罗和雷吉娜似乎都没有意识到这个问题。更令人困惑的是，有一名参会者来自加拿大，而加拿大使用的夏令时与美国的相同，加拿大几乎所有省份都是如此。其他几位参会者则来自不同的国家，其中一位来自南美洲国家。幸运的是，我们对会议开始时间进行了校准，研讨会进行得很顺利。

上面这个案例牵涉的人并不多，要是扩大到一个组织呢？在组织机构这个层面上，认知维度有很多含义。第八部分只讨论其中的两个含义，对洞察力的反应和对警告的反应。关于这两方面，情况都不是很好。

现在来看看第八部分都有哪些文章。

第一篇文章《读心术的力量》回顾了一系列令人沮丧的实验，这些实验表明，人们不能站在他人的角度准确地看问题。这些研究是经过精心设计的，研究过程精确无误，研究分析也很清楚。然而，我却认为我们不该接受这种结论。

在第二篇文章《换位思考学得会吗？》中，我认为我们可以做得到，我提出了一些有关如何做到换位思考的建议。

第三篇文章《拍摄器材管理员》展示了一个例子，反映了如果我们尽力向他人描述自己看问题的角度，会发生什么。

第四篇文章《换一换！》讲了一个一家人可以在共进晚餐时玩的简单游戏，帮助孩子建立一种站在他人角度看问题的思维模式。

团队要一起做决定，完全可以使用各种不同的策略。电影《火星救援》（马特·达蒙主演）描述了一个当下流行的策略——让团队的每位成员决定自己是否要执行冒险任务。第五篇文章《不要像火星人一样做决定》解释了为什么这不是个好主意，以及团队应该怎么做。

第六篇文章《减少困惑》提出了一个简单的策略，团队和组织可用之来减少可能会出现的困惑。

当我们陷入争论时，该怎么做？第七篇文章《如何化解纷争》提供了一些建议。

第八篇文章《疫情是黑天鹅事件吗？》表明事实并非如此，黑天鹅事件并不像人们想象中的那么普遍。一些事件看起来像黑天鹅事件，是因为各种组织机构向来擅长忽视它们收到的所有早期警告。

接下来就是坏消息了。第九篇文章《洞察力与组织机构》解释了为什么很多组织机构即使声称它们需要更强的洞察力，并且它们相信它们确实如此，但仍然没有任何改变，原因是难以改变。

读心术的力量

为什么换位思考仍然重要

在各种各样涉及陌生人、配偶关系等的试验性测试中，我们没有发现任何证据可以表明，与对照条件相比，换位思考系统性地提高了一个人准确理解他人想法的能力。

——埃亚尔、斯特菲尔和埃普利，《视角错误：准确理解他人的思想需要观点获取，而不是观点采择》，第 567 页埃亚尔、斯特菲尔和埃普利（2018）进行了25项研究，以探索不同的方法，促进换位思考，上面这句话就是他们得出的令人沮丧的结论。没有任何一项研究表明，换位思考在准确预测他人的反应、态度或观点方面有任何用处。结案。

真的是这样吗？

在本文中，我将对读心术的过程进行更深入的研究，或者，正如科学文献中所说的，换位思考。（注：我所说的"读心术"，并不是某种神秘的技能或超感官知觉。）我对埃亚尔等人的研究进行了深入思考。但是，让我们先来快速考虑一下换位思考的技能可以通过哪些方式帮到我们。

换位思考的潜在好处

如果我们能读懂别人的思想，即使是读懂一点点，我们也会获得不少好处。二十多年前我就对换位思考产生了兴趣，在我1998年出版的《如何作出正确决策》一书中就有"读心术的力量"一章。

格拉德韦尔（2014）试图解释1993年大卫·考雷什在和联邦政府（美国烟酒枪炮及爆炸物管理局与美国联邦调查局）对抗时的想法，以及考雷什的"大卫教派"[①]在得克萨斯州的韦科市和政府对抗时的想法。对抗以悲剧收场。考雷什及其追随者死了，联邦调查局与烟酒枪炮及爆炸物管理局的特工，包括联邦调查局的谈判代表，表现出的都是无能，这种无能非常危险。媒体对这场双方对峙的报道让考雷什的行为显得不可理解。在读了格拉德韦尔对这一事件的分析之后，我就觉着不是这样了。不幸的是，联邦调查局无法理解考雷什的想法，

[①] "大卫教派"，也称"大卫支派"，1934年该支派从基督复临安息日会分离出来，是一个邪教组织。——译者注

给他贴上了不可理喻的标签，在与他打交道时也是这样的想法。

在阅读这篇文章时，大多数读者都能想到自己身上发生的换位思考的例子，有成功的，也有不成功的。换位思考（读心术）只要能起作用，价值便毋庸置疑。

埃亚尔、斯特菲尔和埃普利得出的结论是，换位思考没有用。

埃亚尔、斯特菲尔和埃普利的研究

埃亚尔等人报告了他们进行的25项研究。

一些研究使用了实验室任务，比如从脸部照片或身体姿势判断情绪，从短视频片段中分辨真笑还是假笑，或者根据短视频判断一个人是否在说谎。

其他研究中的观察对象则更自然，是现实生活中的搭档，如夫妻、恋人和朋友。研究任务是预测搭档对活动、电影、笑话、视频、艺术和观点的喜好。在这些研究中，实验组要按换位思考的要求设身处地为自己的搭档着想。而对照组接到的指令则很简单，"我们希望你们使用自己认为最好的策略"。

正如我在本文开头所讲的那样，埃亚尔、斯特菲尔和埃普利并没有发现任何证据表明，换位思考可以提高预测或评估的准确性。"我们的实验没有发现任何证据能够表明，在心理学文献中广泛研究的想象站在他人立场上的认知努力，能增加一个人准确理解他人想法的能力。"

埃亚尔、斯特菲尔和埃普利的那篇文章有很多我喜欢的地方。他们进行的大量研究，他们研究时的谨慎，以及分析数据时的谨慎，都给我留下了深刻的印象。

他们清晰的结论也让我印象深刻。没有闪烁其词，没有把要说的话藏在"提醒"后面，没有用"还需进一步研究"给自己找台阶下。

他们得出了肯定的结论，并公之于众。我希望在科学报告中看到更多这样的勇气和信心。

尽管如此，我还是认为他们得出的基本结论是错误的。

这些研究真的表明换位思考没有用吗？

实验组只是被要求站在实验目标的角度，仅此而已。例如："在看图片的时候，请想想图片中的人。试着站在图中人的角度，就好像你就是回答问题的人一样。尽量接受对方的观点，设身处地为对方着想，就好像你就是那个人一样。记住，图片中的人可能与作为图片观看者的你有着不同的视角。"

对照组没有得到任何具体的指示，却与实验组有着相同的任务，例如，尽量识别图片中人物的情绪，描述此人的想法、感受，预测此人的喜好。

然而，对照组的参与者可能会试着从图中人的角度出发，即使他们没被要求这样做。他们没有被告知不能换位思考。既然任务是预测他人在想什么，那么他们试图站在对方的角度思考似乎是合理的。

因此，实验组和对照组的对比不够清晰。两组可能都在进行换位思考，这就可以解释为什么研究人员没有发现他们之间的区别。埃亚尔、斯特菲尔和埃普利在他们文章的结尾对这一点进行了简要的说明，"在我们实验的控制条件下，实验的参与者已经对他人的观点进行了推断"，但他们却未对这一观察结果详加叙述。

因此，我不认为他们的研究证明了换位思考没用，即使几位作者都认为。研究仅仅表明，换位思考并没有起多大作用——换位思考的指导不足以使实验组的表现优于对照组。研究并没有告诉我们换位思考的真正价值。

几位作者似乎也明白这一点——他们承认其他几项研究表明，人们在理解他人时，对他人想法的预测比随意揣度的要更准确，即使预测结果也并非完全准确。

问题不在于是否可以通过换位思考来提高预测结果的准确性，而在于明确指示要求进行换位思考是否有任何效果。研究清楚地表明，这些指示并没有起到作用，尽管我们中的许多人可能认为它们会起作用。

结论

在各种情况下，我们都试图从别人的角度考虑问题，这样我们就能准确理解他人的立场，对此我表示怀疑。仅仅与一个人交谈，就要求我们能推测出对方知道什么、想知道什么、能理解什么，这合理吗？

事实上，当他人换位思考做得不好时，我们会感到沮丧。当对方讲得过于详细，向我们解释我们已知之事或他认为我们应知之事时，我们就会显得不耐烦。反过来说，当对方闪烁其词，未能提供必要的细节时，我们又会生气。我们的挫折感表明，我们期待的是合理准确的换位思考。

对我来说，怎样才能培养换位思考的技能，这才是需要解决的问题，这也是我下一篇文章的主题。

——2020 年 2 月 11 日

换位思考学得会吗？

培养换位思考能力的几点想法

怎样才能培养换位思考的能力？我在本篇文章中提出了几点建议。

实践与反馈

实践和反馈是训练的主要内容。我们可以让人们进行实践并给他们反馈。这个建议似乎稀松平常，但我们就是这样学会换位思考的。我们甚至可以使用埃亚尔、斯特菲尔和埃普利所使用的任务：让人们执行各种任务，做出预测，然后得到反馈。

诊断

我们可以引导人们尝试诊断预测不准确的原因，或许他们可以识别可能错过的线索和模式，从而将来对这些线索和模式更加警惕。

通过诊断，我们可能会发现预测者（做预测的人）和被预测者（其行为被预测的人）之间的思维不匹配。以下是值得注意的关于不匹配类型的简短清单：

- 知识不匹配——一个人知道的事另一个人不知道。
- 优先级不匹配——每个人的目标存在差异。
- 对环境的理解不匹配——两个人对所处环境的判断不同。
- 思维模式不匹配——每个人对所处环境有不同要求。

校准

像"影子对手训练"（Klein & Borders，2016）这样的场景法就可以非常有效地培养换位思考的能力。我们可以给团队成员一个具有挑战性的场景，其中包括询问其他成员会做什么（从一组选项中选择），以及估计其他成员会做什么。无须从专家那里收集反馈——我们可以利用两个合作伙伴的反应。我们会让他们尝试预测对方的行为，然后让他们研究对方实际做出的选择，以及做出这些选择或预测的根本原因。

角色扮演和角色互换

我们可以使用角色互换这样的练习，让人们站在对方的角度。例如，一位军事指挥官向我解释他为何要把地图转过来，从对手的角度看整个战场。

我还记得听说过的海军陆战队的一次实战演习。第一天的训练科目是攻击敌军的阵地。专门有一个小组扮演敌军，但由于调度错误，这个小组一直未出现。因此，其中一个演习小组被指派为对手，防御我方的攻击。这个小组是"被指定的守方"，面对着不同小组的进攻，非常恼火，因为再没机会练习如何进攻。

第二天，所有演习小组都接受了进攻能力测试，令所有人惊讶的是，名列前茅的竟然是"被指定的守方"。学习如何防御不同的进攻战术，使他们具备了换位思考的能力，最终成为高效的攻击者，即使他们根本没有机会进行自己的攻击练习。

在团队环境中，仅仅一场练习就对预测他人将要做什么十分有用。而培训则可以更进一步，标记出协作效果不佳的实例，然后使用前面讲过的不匹配清单来讨论团队成员如何以不同的方式看待问题。

在对抗性条件下，回顾对手的历史数据对自己是有帮助的。第二次世界大战期间，巴顿将军看着隆美尔的强攻，吼道："你这个出色的浑蛋，我读过你写的书。"

结论

这些只是我们关于如何培养换位思考能力的几个想法。毫无疑问，还有很多其他的。最基本的策略是为参与者提供反馈。

研究人员可能还会对个体差异进行研究。有些人可能比其他人更擅长换位思考。有些人可能比其他人从培训中受益更多。

我比埃亚尔、斯特菲尔和埃普利要乐观。我看到了一些令人兴奋的可能性，我们可以培养换位思考的能力，可以帮助人们更好地站在他人的角度考虑问题。

——2020 年 2 月 16 日

拍摄器材管理员

个案研究：欣赏的力量

我哥哥丹尼斯是好莱坞的作家、导演和制片人。几十年前，丹尼斯正在拍一部每集时长半小时的电视喜剧《水牛比尔》，由达布尼·科尔曼领衔主演，吉娜·戴维斯主演。丹尼斯是这部电视剧的制片人，大部分剧集都是由他所写，其中几集由他做导演。

作为制片人，丹尼斯的注意力不仅在演员身上，还在工作人员身上，甚至还要关注"拍摄器材管理员"——专门指男性工作人员（当时影视工作人员都是男性），在片场，所有繁重的、有时甚至是危险的体力劳动，都由他们来承担。拍摄器材管理员通常被看作粗人和苦力，在整个拍摄团队中无论是承担的角色，还是受尊重程度都是最低级的。

在拍摄这部电视剧的第一周，丹尼斯注意到一位拍摄器材管理员推着拍摄用的三台摄影机中的一台，这些摄影机都是带轮子的。控制每台摄影机的是摄影助理和调焦员。

这位拍摄器材管理员操作的是摄影机 B，也是三台摄影机中最重要的一台。摄影机 B 的位置在正中间。它的拍摄角度比处在两侧的摄影机 A 和摄影机 C 更大，摄影机 B 的操作员在舞台上移动的频率比其他两位摄影机操作员要高，因为他要在拍摄现场不断地尝试，以便拍到演员的最佳角度。演员们不断地移动，组成新的造型。

摄影机 B 的操作员是个身材魁梧的中年人，尽管如此，他却能轻松地操纵沉重的摄影机。他平稳而迅速地将摄影机推过舞台，就像芭蕾舞演员一样，完美地完成了规定动作。他总是能按丹尼斯说的去做，在节目的拍摄过程中一直笑得很开心，但却并未笑出声。因为丹尼斯决定在没有观众的情况下进行拍摄，所以拍摄现场必须非常安静。

采用这种多机位但无观众的拍摄策略（丹尼斯后来在另一部他参与创作和制作的每集半小时的电视情景喜剧《拉里·桑德斯秀》拍摄过程中再次使用了这一策略）可以大幅削减开支。丹尼斯还认为，不再将观众请进演播室，演员们可以将更多的精力投入所扮演的角色中，而不用像现场表演者那样努力让观众发笑。

对丹尼斯来说，负责听台词的这位操作摄影机 B 的操作员就是他的观众。当这位操作员弯腰操纵摄影机时，他颤动的大肚子在告诉丹尼斯，剧本的每一处写得多有趣或多没意思。

丹尼斯发现摄影机操作员的笑容给了他不少鼓舞。深夜，丹尼斯独自一人在办公室里写剧本，他会拼命想出足够有趣的点子和台词，好让摄影机 B 的操作员笑到忘记自己该做的事。

丹尼斯的这个目标却未能达成。他觉着有几次差点儿就成功了，但他也尽力了。这对这部剧来说无疑是很好的。

后来，有一周丹尼斯去片场，却看到一位新来的操作摄影机 B 的操作员！

丹尼斯问摄影师："原来的那个去哪儿了？"丹尼斯甚至不知道原来那名器材管理员的名字。摄影师告诉丹尼斯那名器材管理员已经在《鲍勃·纽哈特秀》剧组找了份工作。这部剧的拍摄现场是在大型拍摄场地的另一边，而且是在观众面前现场拍摄，这意味着剧组人员每周工作三天，而《水牛比尔》每周只拍摄两天。如果这名器材管理员接受《鲍勃·纽哈特秀》剧组的工作，就可以赚更多的钱。

那天，在《水牛比尔》剧组的中午休息时间，丹尼斯一路走到《鲍勃·纽哈特秀》的片场。他走到那名器材管理员跟前，和他打招呼，握手，向他解释了自己是多么喜欢和他一起工作，看着他笑自己有多开心。丹尼斯甚至向对方坦白，自己经常在写剧本的深夜想起他，想写出一些非常有趣的东西，能让他开怀大笑，希望能让他笑到把工作都耽误了。

丹尼斯说自己知道这份新工作的薪水比《水牛比尔》的高得多，也完全理解为什么对方会接受这份工作。丹尼斯说他来只是想感谢对方的出色工作，并祝这位器材管理员在新剧组一切顺利。

事情就这样结束了。

但在接下来的周一，当新一季开拍时，丹尼斯发现这位器材管理员又回到了《水牛比尔》的片场，又一次开始有力地操作摄影机 B。

——2018 年 5 月 3 日

换一换！

帮助孩子看到不同的视角

解释为什么换位思考很重要并不难，制定出行之有效的方法也容易，真正困难的是具体到个人——能够想象出一个和自己的想法不同的观点。有些人是非常具体的思考者，无法运用假设性思维来尝试不同的假设。有些人太争强好胜了，他们就是坚持自己的观点，毫不让步，即使一小点儿也不行。另一些人则习惯于用对错、好坏的二分法来看世界，一想到自己的对手会有一些支持他们自身观点的正当理由就不舒服。站在对手角度进行思考的建议很难实施。

也许我们可以向孩子们介绍这种换位思考的技巧。不是年龄很小的孩子，而是十几岁的青少年。这样，等他们长大成人，他们就已做好同情他人、与他人共情以及同他人合作的准备了。

下面这个游戏是我在女儿们成长过程中经常和她们玩的一个游戏。大女儿 11 岁、小女儿 8 岁时我们就开始玩。我们共进晚餐，然后进行友好的争论。为了让讨论变得更热烈，我会采用极端的立场。我愿意看到女儿们笑得直咧嘴，因为这表示她们把我逼入了绝境。然后我会举起手说："换一换！"游戏的目的是让女儿们立即改变立场，为我的观点辩护，而我则为她们的观点辩护。我妻子海伦本应是一个中立的旁观者，但当女儿们就我原先的观点辩护得比我还好时，她就成了啦啦队长，为女儿们加油。

我的女儿们玩这个游戏玩得很好——实际上玩得比我还好。我一喊"换一换！"，她们便会毫不犹豫地来了个 180 度大转弯。女儿们一开始可能会因为眼看马上要赢却要交换角色而不愿意，但她们喜欢这种挑战，因为她们能比我更好地表达我的观点。她们偶尔也会喊"换一换！"，让我保持警惕。任何人都可以喊"换一换！"，而且不能事先告知对方。

我认为将"换一换！"这个游戏用在非个人私事的讨论上，如社会和政治问题，会有所帮助。后来，当这种角色互换的习惯在我们的家庭文化中固定下来，我们偶尔也会在解决个人冲突时用到它。

"换一换！"游戏会产生什么影响？我不知道。但我的小女儿丽贝卡曾经讲述了一个六年级的课堂项目，该项目是就不同的社会问题采访居住在同一社区的人。丽贝卡和她的搭档选择了堕胎的话题，并得到了一份名单，上面列着哪些人反对堕胎，哪些人支持堕胎。两个女孩都支持堕胎。丽贝卡的搭档一想到要采访反对堕胎的人就有些畏缩。相比之下，丽贝卡就因有机会听到反对方的意见而感到兴奋，所以两人就这样把名单分好了：丽贝卡的搭档和支持堕胎的人交谈，丽贝卡则采访反对堕胎的。我认为并不是我们玩的这个角色互换的游戏让丽贝卡做出了这样的选择，但这个游戏可能让她充满了热情，期待遇到一个似乎无法理解的观点。

最近，我问大女儿德沃拉对这个家庭游戏有什么看法。她解释道，她坚信正是"换一换！"游戏帮助她成为今天的专业人士。德沃拉觉得在自己的专业领域——设计研究领域，她比其他人更有优势，因为"换一换！"游戏帮她学会了如何快速、顺利地调整方向，从另一个角度出发。

以上这些只是家庭趣事。我还没有任何证据证明"换一换！"游戏的有效性。如果你和你的孩子或其他人一起试着玩这个游戏，希望各位会有一些有用的发现。

——2016 年 4 月 1 日

不要像火星人一样做决定

最常见的团队决策策略却可能最糟糕

个人做决策已经不易，但团队做决策可能更难，因为我们必须想办法协调种种问题，如相互冲突的日程安排、彼此不一致的理解，以及猜测团队成员的意图。

团队做决策常见的方法有：领导者直接行使权力做决策，团队可以尝试制订一个反映成员意愿的行动方案——达成共识，或者还可以投票做决策。

现在让我们加大做决策的赌注。假设决策的结果关乎整个团队的生死，这样一来，许多领导者会拒绝行使做决策的权力，这也是可以理解的，因为他们希望团队成员对自己是否准备好承担风险进行权衡。

让我们来想象一下，若这个决策是通过/不通过，没有可商量的余地，那么就不能指望通过斡旋达成妥协。

那就只剩下一个选择：投票。但是团队该怎样投票呢？

在下面的情境中就会出现这个问题。我们和一群朋友在乡下越野滑雪。最安全的滑雪场地非常平坦，但却不够刺激。于是我们便去寻找那些滑起来很有趣的坡地，就刺激这一点来说，越陡越好。现在我们已经到了一处新滑雪场地。我们面前的坡很陡，积雪很厚，有发生雪崩的危险。我们应该冒险继续滑，还是打道回府？安全的做法是了解整个团队的意愿，看看谁想滑，谁不想；而且是投票决定，任何一位神经脆弱的队员都有否决权。

但是，想一想那些典型的投票现场。想碰碰运气的请举手，想让团队放弃挑战的请举手；或者是团队里的每一位队员都被询问。投票给人们带来了必须顺从的巨大社会压力。投票带来了一种压力，即不能让远道而来的冒险者失望；投票还带来了另一种压力，即你不想自己看起来像个窝囊废。大多数时候，这些投票都是不反映投票人的真实意愿的。

更好的投票方式是对选票保密。发给每位队员一颗黑色珠子和一颗白色珠子。每人都要选出一颗珠子（比如，白色的代表退出，黑色的代表继续），然后把所选的珠子放进一个不透明的袋子里，这样就没有人能看到"选票"。队员们会把另一颗未选的珠子放进第二个袋子里。所有人都投完后，队长就会公开展示第一个袋子里的珠子，让队员们看看大家选的是什么——看看里面有没有白色的珠子。

我最近看了部电影《火星救援》，心里有些不安。（剧透警告——

如果你还没有看过这部电影,准备去看,你可能会暂停阅读,等电影看完了再来读这篇文章。)我喜欢这部电影,所以向各位读者推荐,但我却不喜欢电影所传达的关于团队决策的信息。面对是否要返回火星拯救受困的队友(马特·达蒙饰)这一生死攸关的抉择,飞船全体船员采用了典型的投票方案——每人都公开自己的选择。那些最有可能选择救人的队员首先亮出自己的选择,给那些犹豫不决的人增加了社会压力。因此,全体船员就一个极其冒险的决定达成了一致意见。

我不是在抱怨这个投票过程的现实性。我是对这部电影模拟的糟糕的团队决策方式感到不满。出于现实考虑的队员被迫进行一场可能赔上性命的豪赌。我担心,电影观众如果也面临生死攸关的团队决策,他们会模仿在银幕上看到的场面,被困在几乎毫无胜算的条件中。

我不反对英雄主义,只要这一选择是自己做出的。我反对的是强迫别人去冒他们不想冒的险。

希望观众可以忽略《火星救援》那种好莱坞式的结尾,想象一下另一种结局——团队遇难。比较一下《火星救援》和纪录片《绝命海拔》(剧透警告见前文)。登山队队长罗布·霍尔应承担全部责任。他打破了自己关于下午两点前还没登顶的人不可返回营地的规定。在继续攀登的过程中,他自己和探险队的几名成员在途中丧命。我怀疑,如果继续攀登的决定是像《火星救援》那样进行投票做出的话,探险队全体队员都会投票选择登顶。《绝命海拔》并没有美化过度冒险。相反,它促使观众反思过度自信和不想让他人失望带来的后果。

我们不用假装自己是不可战胜的好莱坞电影中的英雄。所以,不要像《火星救援》所呈现的那样做决定。

——2015 年 11 月 6 日

减少困惑

发现和拆除语言地雷的策略

语言是沟通的手段，但它也可能会导致沟通不畅。

本文讲的不是生活中的小迷糊，比如记错电话号码，忘了约会时间。本文的话题围绕那种深层次的困惑，它让谈话各方都摇头，争论到底是哪里出了问题，甚至差点儿动拳头。本文讲的是共识难以达成的问题。

原有的共识不复存在是悄然发生的，因为每个人都错误地认为自己和他人永远在同一波段。等发现问题时，损失已来不及避免。

举个例子，许多年前，我应邀参加一个会议，讨论如何帮助军队训练军官的领导能力和决策能力。会上一位陆军上校解释说，在1991年的"沙漠风暴"行动中，许多分队的指挥官就因领导能力差而被撤职。一位来自陆军实验室的代表迫不及待地插话，介绍了他的实验室刚刚完成的新的三部分领导能力训练计划。接下来，一位技术开发人员解释了他公司的新虚拟环境平台如何对训练过程进行了完美的呈现。会议室里的每个人都对这个新项目充满热情，除了我。

我请上校解释一下困扰他的领导能力问题。上校承认他不知道。所有的记录都表明，中尉和上尉因为领导能力问题被撤职。我接着问："原因可能是管理得太细或缺乏管理。要么太严格，要么太纵容。要么太严，要么太宽。您能提供更多的细节吗？"上校承认他提供不了。

我解释说，"领导能力问题"这个概念非常模糊，它能包括任何内容。如果我们不知道真正的问题是什么，我们怎么能对这个培训项目有信心呢？让我感到困扰的不是参会者对"领导能力问题"有不同的理解，而是大家都认为自己和别人理解的一样。而他们正准备将大笔资金投入一项可能与军队需求毫无关联的培训计划。

最近，我见了一位朋友，又想起了这件事。我的这位朋友是名医生，刚辞去医院的工作。之前医院雇她来接管安全工作，把医院改造成具有安全意识的模范医院。几年过去了，她仍然对上级主管阻挠她的举措耿耿于怀。"他们不是真的想要提高医院的安全意识。"她抱怨道。我不这么认为。我认为医院的主管没有误导她。他们是真的想把工作做好，但他们对于"安全文化"的理解与她的不一致。只有当她向他们提出新的想法时，这种概念的不匹配才变得清晰起来。

这类问题该怎么解决呢？我认为我们需要的是分两步走的策略。第一步是找出那些可能打破共识的语言地雷。一个解决领导能力问题的项目，就是一个地雷引爆点；按医院的要求建立安全文化又是一个；再比如同意对办公室进行改造，或者把孩子培养成一个好公民。这些情况都包含了语言地雷。

第二步是一旦发现了语言地雷，就要予以拆除。有一种方法是使用故事。故事和例子可以把我们从模棱两可的语言中解救出来。我刚上大一的时候，第一门课就是哲学导论，第一份阅读作业是阅读柏拉图写的一篇对话录，题为《游叙弗伦》。在这篇对话录中，苏格拉底与雅典的一位重要公民游叙弗伦进行了对话。苏格拉底问游叙弗伦是否知道什么是"虔诚"。游叙弗伦解释说很难用语言表达，想给苏格拉底举些例子，但苏格拉底拒绝了他。苏格拉底想让他用语言表达。游叙弗伦试着说出来，却说得结结巴巴，结果还是没说清楚。苏格拉底证明了游叙弗伦真的不理解什么是"虔诚"。这是苏格拉底的功劳。

然而，多年后当我回想起这段对话时，我意识到游叙弗伦试图用故事和例子解释"虔诚"——专业术语叫"指物释义"。不让对方举例子，苏格拉底关上了启用故事力量的大门。故事是具体的，而语言却是出了名的滑头。在军队的那个例子中，我让上校讲有关领导能力问题的具体事例，这样我的团队就可以在遇到同样类型的问题时拿来做参照。

我向我的医生朋友建议，在她以后的工作面试中，即使医院的管理人员坚持说他们需要安全文化，她也可以通过举一些其他医院在安全文化方面做出改变的例子来增强自己论述的力度。她可以解释说，她想了解医院管理者的舒适区。她可能会试图拓宽他们的舒适区，但如果她的想法明显超出了他们的舒适区，结果就是自己的工作失败，医院的工作也不会有进展。与常见的陈词滥调和空洞的价值观陈述相反，她可以针对具体案例与对方进行更有意义的对话——哪些案例与医院的计划相符，又有哪些案例与医院的需求不相符。

采取两步走的策略并不需要做很多工作，我们只需要训练自己在做安排时注意那些难以捉摸的字眼，然后花几分钟时间用故事和例子把这些字眼解释清楚就可以了。我们可以邀请同事用自己经历的事来解释这些说法。这个办法也并非万无一失——我们不可能不再有困惑。采用两步走策略不仅能消除导致人们之间共识消失的困惑，还能避免许多不必要的误解。

——2014 年 11 月 2 日

如何化解纷争

解决分歧的五大策略

最近，我的一位客户使用我和同事开发的"影子对手训练"决策培训方案召开了一次小组会议，结果陷入了困境。对于第一个决策点，小组中有六名成员的选择一致，另外两人选了不同的。当一组人的观点不一致时，该怎么做？我的客户解释了这六名成员如何向另外两名成员施压，想让他们改变主意，但效果并不好。后来，客户打电话征求我的意见。

一种典型的做法是通过实行少数服从多数原则、动用权威、威胁、胁迫等方式使与己意见不同者妥协，从而消除分歧。我的客户的团队就是这么做的。这听起来很粗暴，但许多民主国家就是这样做的：有权势的群体在自己的势力范围内将自己的意志强加给弱势群体。[雅典的民主政权却不是这样运作的。正如保罗·伍德拉夫在《最初的民主》（2006）一书中解释的那样，当时的多数派希望找到一个折中方案。]但少数服从多数的原则却对我的客户不利。通常的情况是，它使团队内部产生了怨恨，削弱了团队的和谐。

当我们在一个团队中遇到人际分歧，甚至与另一个人当面发生冲突时，我们该怎么办？下面将提出几个策略。它们都以换位思考为基础，使我们能够从有利于另一方的角度来看待争端。

1. 保持好奇。在与客户的谈话中，我建议客户下次使用不同的策略——保持好奇。两名小组成员反对的理由是什么？他们为什么坚持自己的立场？说不定他们能说服小组中的其他人。（还记得亨利·方达在电影《十二怒汉》中饰演的 8 号陪审员是怎么说服其他十一名陪审员吗？）或者，如果多数派能谨慎地陈述他们的理由，少数派可能会主动改变立场。我们都遇到过这种人，他们问我们理由只是为了攻击我们。这种人都会说："我只是想知道你为什么会采取这种立场。"一旦你进行解释，他们就会转而攻击你。这种对话并没有什么建设性。我认为认真对待持不同意见者并尊重他们会更好。我们需要问一些自己还不知道答案的问题。

2. 修复共识。我看到的很多分歧都不是本质上的，而是由困惑引起的。人们经常使用相同的说法来表示不同的事物。争论双方各执一词，争论越来越激烈。在上一篇文章《减少困惑》中，我讲了这样一个冲突，我的一位朋友被一家医院雇来创建安全文化，却发现医院管理层没有按当初承诺的那样给她支持。她感到自己被辜负了。然而，她对安全文化的想法与医院管理层的截然不同。双方都使用了"安全文化"一词，但期望却不同。像"安全文化"这样的术语便是常见的语言地雷，就等着被引爆。对待这个案例中的情况，首先是要警惕这些语言地雷。如果分歧是由此类误解引起的，也许可以化解。有时，我们可以通过解释这类术语来避免语言地雷，不是泛泛地用语言解释，当然也不是用衡量指标，而是用例子，这样各方都对要达成的目标有一个更具体的认识。

3. 理清知识差异。有时一方知道的事，另一方却不知道。一方可能在其他各方没意识到的约束和限制下拼命努力。通过仔细倾听，我们或许能够通过提供信息来化解分歧。我们可以问问自己："有没有哪些事是对方不知道的？还是说有些事对方以为我知道，其实我根本不知道？"

4. 认可动机差异。争论中的双方可能有一些目标相互重叠，但肯定也有很多目标完全不同。双方永远不会按同样的方式安排目标，但他们可以更深入地理解彼此在目标优先选择上的差异。有时候，人们不会公开自己的目标，或者可能不完全理解自己的目标，但尽量支持对各方目标进行对比可能比假设每个人的动机都相同更有效。

5. 发现有缺陷的观念。如果我们仔细倾听对方的观点，也许我们可以发现对方思维中的错误，以及对方犯的错误或做出的不必要假设。如果我们对自己的立场进行解释，也许对方也可以注意到我们正在犯的错误。人们通常会对这样的缺陷有所戒备，所以描述起来便格外注意。坦陈往往是最佳解决之道。

若各方都希望更好地合作，却被真正的分歧所阻碍，那么前述策略就都是有用的。

但并非所有的分歧都是真实的，人们常常会陷入具有欺骗性的分歧中。其中一人可能心怀怨恨或怀有敌意，便想方设法贬低他人、质疑他人的动机、抨击他人的性格、否定他人的判断、蔑视他人的能力。具体的分歧只是攻击他人的工具。不断恶化的敌对情绪以分歧的形式表达出来。本文描述的五种策略都不适用于解决不真实的分歧，因为这类分歧旨在将争端作为武器，而不是寻求解决方案。

当真实的分歧愈演愈烈，进而引起对立，不惜一切代价在争论中胜出的欲望占先时，真实的分歧和具有欺骗性的分歧之间的界限也变得模糊。绝大多数的争论都是这样被激化的。这就是为什么在争论失控之前设法使之降温尤为重要。

——2016 年 3 月 1 日

疫情是黑天鹅事件吗？

也许黑天鹅真的不存在

如果说有什么黑天鹅事件，那就是席卷全球的新冠疫情。塔勒布（2007）描述了一个意外事件如何摧毁了我们所有的计划和准备。

我们都痛苦地意识到，在疫情大规模暴发之前，一切都很好。美国经济持续向好，道琼斯指数和标准普尔 500 指数在 2020 年 2 月 12 日创下历史新高。

从 2 月 24 日开始，股市直线下跌。不仅美国和全球经济面临着崩溃，连我们自己也被封在了家里，不敢出门冒险，我们不知道还会发生什么，不知道需要多长时间才能恢复正常——甚至不知道正常意味着什么。

然而，我并不认为疫情是真正的黑天鹅事件。我曾经对塔勒布的观点笃信不疑。我曾经认为黑天鹅事件这一概念很有价值，但现在不这么想了。

我知道很多人热衷于使用这一概念，这的确是个问题，因为对于黑天鹅事件，一些最常见的应对措施并不是特别有用。更糟糕的是，使用应对黑天鹅事件的措施可能会妨碍使用更有效的策略去及时发现问题，阻止问题，或至少减轻问题的严重性。

让我们从疫情是否是黑天鹅事件这一问题开始。事实证明，流行病学专家多年来一直在提醒人们提防疾病的大流行，所以他们对此并不感到惊讶。当中国武汉的情况开始变得清晰，一些流行病学专家就发出了警告。2019年12月武汉发生了疫情，世界卫生组织于2020年1月5日发出疫情警告。

因此，疫情的发生并非意外事件。2020年1月，疫情暴发的警钟开始敲响。所以我不认为2月中旬的股市崩盘是黑天鹅事件，就连塔勒布也表示，此次疫情不是黑天鹅事件。

当我进一步调查其他"意外"之灾时，如"9·11"恐怖袭击事件、2007—2008年的股市崩盘、1989年柏林墙的"意外"倒塌、1973年的"赎罪日战争"（以色列"意外"遭到埃及和叙利亚的袭击），我总能发现有人提前发出了警告。

这些事件并非凭空出现。它们皆可预测——因为有人预测到了。这就是我不再相信黑天鹅事件存在的原因。（可以肯定的是，确实有一些出乎意料的事，但它们也极为罕见，通常不会涉及我们所担心的如此引人注目的灾难。）

这看似是一个学术争论，但确实有实际影响。对黑天鹅事件的一种应对措施是，国家和组织机构加大对数据收集技术的投入，并应用大数据分析技术，以发现最早的预警信号。如果可能的话，用技术来挽回黑天鹅事件造成的损失——只是这种投入似乎没有多少回报。

对存在黑天鹅事件的相信伴随着一种错觉，即一旦得知受到了威胁，我们就能迅速采取行动。可我们知道这不是真的。在我看来，问题不在于缺乏数据，而在于决策者的自满。

伴随着这种自满而来的才是我所认为的真正的问题——让那些试图发出警报的人保持沉默。这些人之所以被压制，是因为他们的信息并不为他人所知，因为他们警告的事件我们还闻所未闻。我曾经听过这样一件事：一个初级情报分析师发出了关于某国发生政变的警告，但他的主管拒绝将这个消息上传到所属机构的链接上，因为该国从未发生过政变，所以发生政变的可能性不大。三天后，该国发生了有史以来的第一次政变。我听说这件事后，就在想美国政府为什么要资助这样一个机构，因为它似乎打定主意只发布对所有相关人员都显而易见的警告。

这就是为什么我对尝试通过技术来发现黑天鹅事件表示怀疑。当决策者决心忽视坏消息时，投资技术又有何用？如果决策者决心将坏消息的发布者边缘化，因为他们的消息并不为他人所知，因为他们描述的危险如此难以置信、毫无发生的可能，那么投资技术又有何用？

我们根本不需要更多的危险探测器。在国家和组织机构里，已经有人发出了警报，而这些人的声音根本没人去听。

当然，大多数警报都是假的。我们不可能对每一个警报都做出反应，否则我们会让自己越来越麻木。

因此，我们应该制订出相应的方案，对危言耸听者的警告认真倾听，即使我们未必会按照他们的警告采取行动。我们应该展开行动，让决策者不再对不太可能的警告下意识地置之不理。我们应该进行演练，以帮助决策者预测被标记事件的后果，并跟踪这些事件的发展状态，以衡量其重要性。如果警告是有价值的，我们应该注意到越来越多的确认该警告的证据，我们可以部署技术，对值得注意的警告的数据进行集中收集。

然而，只要我们继续相信黑天鹅事件的存在，前文所说之事我们一件也做不到。

——2020 年 5 月 11 日

洞察力与组织机构

组织机构是如何减少洞察力的

大多数组织机构声称并且真的相信，它们能够增强洞察力，并对其加以利用。我们不该被这种真诚所欺骗。

组织机构会在不经意间压制员工的洞察力，而且这种压制的方式已深深根植于组织机构中，且难以察觉。组织机构之所以会扼杀洞察力，是因为它们的基因有一种倾向：重视预测能力，害怕意外，渴望完美，摒弃错误。在急切地减少不确定性和尽力将错误降到最低程度时，组织机构陷入了可预测陷阱和完美陷阱。

可预测陷阱是指让项目尽可能顺利地运作。为了取得成功，管理者们仔细地对步骤进行从头到尾的规划。他们列了个时间表，显示每一步开始和结束的时间。他们对分配给每个步骤的资源进行计算——将花费的费用或所需的时间。当计划受到干扰时，管理者们可以快速检测干扰并重新安排资源，这样进度就不会减慢。如果管理者们能够准确地预测工作流程、资源和进度，他们的工作就会顺利得多。如果管理者们能够准确把握朝着官方目标前进的项目进程，他们的工作就会更顺利。

洞察力是可预测性的对立面，洞察力是颠覆性的。洞察力的出现毫无征兆，洞察力的形式出人意料，洞察力带来的机会人们无法想象。但是，洞察力给组织机构带来的是干扰，洞察力会扰乱进度审查，因为它会重塑任务，甚至修改目标。洞察力会带来风险——让管理者陷入麻烦的看不见的陷阱。

2012年，米勒、梅尔瓦尼和冈加洛发表了一项研究，研究人们为什么讨厌创造力，即使人们声称需要创造性的想法。研究人员发现，如果一个想法是新颖的，人们会自动认为它不实际、不可靠或难免出错。新想法总是与失败联系在一起。参与者认为，创造力总是与不确定性联系在一起。如果鼓励人们减少不确定性，他们对创造性想法的评价就会降低。管理者不喜欢不确定性和不可预测性，因此也不信任创造力。

组织机构对颠覆性的见解和创新持怀疑态度。想想人们刚开始对电话、谷歌搜索引擎、电子表格办公软件和施乐914复印机充满敌意的反应吧。

完美陷阱指的是尽量减少或消除错误。组织机构自然倾向于减少错误。错误易于界定，易于测量，且相对易于管理。

对完美、无差错的追求，与对可预测性的追求是一致的。这些都是一个依赖于管理人员和项目的组织机构所固有的追求。在秩序井然、目标清晰、标准明确、条件稳定的情况下，追求完美的确有意义。但当我们面临的情况复杂又混乱时，就不一样了。

组织机构不喜欢错误的理由有很多——错误会带来严重的安全隐患、破坏协作、导致浪费、降低项目成功的机会、侵蚀企业文化，还会招致负面宣传。管理者们会不断地检查员工是否达到了绩效标准。当发现偏差时，他们会迅速做出反应，让一切回到正轨。通过减少错误来实施管理要比努力提高洞察力来实施管理容易得多，也不会让人有挫败感。管理者们知道如何发现错误，但却不知道除了在墙上贴出鼓舞人心的海报以外，还能鼓励员工产生洞察力。

不幸的是，组织机构为减少错误而采取的行动实际上会对产生洞察力造成阻碍。将员工的注意力和精力都消耗在减少错误上，这样一来便挤走了产生洞察力需要的思维模式。

图 3.2 中的等式表明，要提升工作表现，我们需要做两件事。向下的箭头表示要减少错误、降低不确定性。向上的箭头是我们想增加的内容——洞察力。为了提升工作表现，我们需要减少错误、降低不确定性，同时还要增加洞察力。

大多数组织机构都过于关注向下的箭头。比起取得新发现，它们更关心的是减少错误和降低不确定性。这些对可预见性和完美的渴望，并不是组织机构选择的价值观，而是组织机构本质上所固有的存在。

——2013 年 7 月 3 日

反思

了解认知的能力，看清他人的认知，并能够站在他人的角度看问题，这就是第八部分的要点。前两篇文章探讨了换位思考的技能，并就如何训练这一技能提出了一些建议：基本训练和反馈，对不准确的换位思考进行诊断，列出可能造成不匹配的原因（知识不匹配、优先级不匹配、对环境的理解不匹配、思维模式不匹配）的清单，以及进行角色扮演练习。这两篇文章都热衷于探讨换位思考训练可能带来的效果，以及这种训练可能对团队合作产生的影响。然而，即使充满研究热情，文章中的这些猜测也缺乏数据支撑，而且许多提高换位思考能力的努力都无果而终，因此这方面还有许多工作要做。

第八部分接下来的文章延续了这种热情。我描述了让他人（在文中是摄影机操作员）知道自己被欣赏会产生何种影响。我分享了和我的孩子们共进晚餐时一起玩的游戏的规则，通过突然要求她们在辩论中站在对方立场来培养她们换位思考的能力。我用一部电影（《火星救援》）提出了一个决策策略，通过让谨慎的成员匿名投票来增加团队或小组的安全性。我解释了团队或小组的共识被打破所产生的问题，并提出了一个两步走的策略：找出潜在的语言地雷，然后用具体事例来拆除这些地雷。我列出了一套可以用来处理分歧的策略，这样争端就不会升级：我们可以对争端中立场不同的观点保持好奇；我们可以准备对共识进行修复，因为许多激烈的争端实际上是源于共识被打破，而不是在实质性问题上的分歧；对于知识不匹配或动机不匹配而引起的分歧，我们应保持警惕；我们可以从有缺陷的想法中找到分歧的根源，理想情况下，是我们对手的想法有缺陷，但偶尔也会出现尴尬的情况，那就是我们自己的想法有缺陷。

写疫情的那篇文章提出了另一个建议——我们可以变得更具适应力，能更快地发现问题，不是通过在报警和预警方面增加投入，而是通过倾听组织内部人员的意见。这一建议降低了成本，加快了预警速度。在许多危机中，我们往往会忽视那些试图拉响警报的人。

不幸的是，第八部分以令人沮丧的基调收尾。组织机构可能声称需要更多的洞察力和发现，但它们也是在欺骗自己。组织机构中固有的倾向会对洞察力进行抑制而不是促进。洞察力既具有开拓性，也具有破坏性，因此常常威胁到组织机构的系统运行方式。组织机构通过消除错误来追求完美，但消除错误又会对培养洞察力所需的混乱复杂局面造成干扰。我不确定有多少措施可以对抗组织机构的这种倾向。

9

掀起浪潮——改进工具、提升策略

概述

第九部分的文章专门讲方法和建议。该部分所介绍的工具和策略可以让各位读者应用于前面几部分介绍的思想和概念。本书前八部分确实也提出了一些方法,但第九部分的重点是给出实用的建议。

第九部分将"掀起浪潮——改进工具、提升策略"作为标题,就是为了回顾第一部分自然主义决策的内容(见图9.1),提醒各位读者认知维度的主题。第九部分中描述的方法旨在帮助各位读者处理真实环境中的复杂情况。

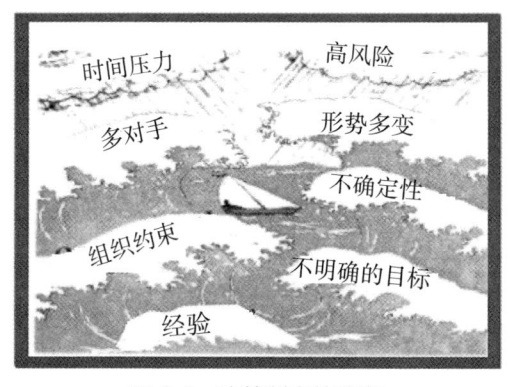

图 9.1 决策制定的浪潮

第九部分是前八部分提出的概念的应用部分。第九部分的重点是"将心比心"，即回答"这对我有什么好处"这个问题。认知维度能带给我们什么？另外，第九部分还展示了将"了解认知"这一技能付诸行动的不同方式，以此加强我们对它的了解。

第九部分共有十三篇文章，阐述了如何让个人获得提升，并介绍了如何让组织机构得到改进。

第一篇文章《自然主义决策工具》，是对第九部分的总体介绍。我在文中列出了自然主义决策研究者和实践者开发、使用并推荐的四十二种工具。第九部分的其他几篇文章对其中一些自然主义决策工具进行了拓展。

接下来的六篇文章涵盖了对个人提升有帮助的工具和策略。

第二篇文章《何时该同你的直觉商量》将我的观点与丹尼尔·卡尼曼的观点进行了对比。我得出的结论可能会让各位吃惊，尽管我觉得它们相当合理。

第三篇文章《了解自己》，以严肃的眼光看待一个长期存在且相当没有意义的建议，并将此建议放在一个不同的角度去考察——希望是一个更有用的角度。

考虑到各位读者的兴趣点，在第四篇文章《你在做白日梦吗？》中，我瞄准了许多嘉宾在毕业典礼上所青睐的传统的老腔老调。如果不出意外的话，这篇文章可能会让未来的毕业典礼变得不那么难以忍受。

接下来的两篇文章讲的是一种技巧——"因果景观"，它以一种可管理的方式呈现因果关系的复杂性。第五篇文章《因果景观》，综合了我最开始写的关于这个主题的两篇文章。第六篇文章《希拉里为何会输掉大选？》在展示人们尝试理解2016年美国总统大选的同时，给出了一个有关因果景观的例子。

第七篇文章《想改变就够了吗？》的作者是德沃拉·克莱因和格蕾琴·乌斯特拉克，这篇文章就是根据她们在一家设计与创新公司艾迪欧（IDEO）工作时主持的项目和研究所撰写的。这个问题的答案是，只想改变是不够的。如果你的目标是不断创造变化，那么你就需要考虑很多因素，这篇文章展示了怎样才能让改变发生。

从第八篇文章开始，第九部分就开始"换挡"了，从向个人提建议转向了对组织机构提建议。

第八篇文章《事前检讨法》写了我在20世纪80年代末提出的一种技能。当时我是为自己的公司设计的这项技能，我对它如此受欢迎，以及如此被广泛使用感到惊讶，尽管我没写过多少与它有关的文章，也从未进行过宣传。

第九篇文章《决策记分卡》提出了一个使个人评估更有趣和更有意义的想法。

第十篇文章《发现式管理》提供了一项制订计划的准则，当我们面对棘手的问题，对所面临的情况和想要实现的目标感到困惑不解时，可以参照这一准则。

在第十一篇文章《提高组织机构运营效果的九大方法》中，我列出了组织机构可以改变员工行为的时机：不仅仅包括通过培训和激励措施，还包括通过其他许多措施。领导者和管理者可用的策略比他们想象的更多。

第十二篇文章《变政策为行动》解释了为什么仅仅发布政策声明是不够的，并提出了一些让政策执行下去的方法。

第九部分提了不少建议——人们真的能采取行动让自己的组织机构发生巨大而持久的变化吗？第十三篇文章《让改变发生的人》讲述

了四个成功让各自的组织发生持久变革的人，不是通过个人的力量让改变发生，而是通过关键点的确定。这篇文章是对第七篇文章《想改变就够了吗？》的回应，两篇文章都是关于如何带来持久变化的。第十三篇文章着眼于组织机构层面而非个人层面，它会激励各位读者采取大胆的行动，使自己所在的组织机构获得提升。

自然主义决策工具

自然主义决策研究人员开发的方法汇编

最近，我对自然主义决策研究团队的带头人做了个调查，询问他们开发和使用的工具和方法都有哪些。我所说的"工具"是指可以用来完成工作的，包括概念模型。然而，我们没有将那些主要为实验室研究而设计的方法包括在内，这里的实验室研究包括了控制实验。

帮我确定这些工具的有辛迪·多明格斯、朱莉·戈尔、罗伯特·霍夫曼、德沃拉·克莱因、劳拉·米利泰洛、布赖恩·穆恩、埃米莉·罗思、简·马尔滕·施拉根和尼兰·纳卡尔等几位同事。

整理出的结果是一个包含四十二种工具的列表，工具数量比我预想的多得多。毕竟，自1989年以来，自然主义决策的研究势头就一直很强劲。

这些工具分为九大类。各位读者可以在"自然主义决策研究协会"的网站上找到完整的工具集以及有关每种工具的关键参考资料。亚当·扎雷姆斯基带头为这些工具添加了简短的介绍和相关参考资料。

知识获取工具，主要是进行认知任务分析的方法，如关键决策法、态势感知记录、应用认知任务分析（ACTA）、知识审计、认知审计和概念图。

指定和表示任务认知需求的方法，如认知需求表、关键线索清单、认知量表、人机合作综合认知分析、情境活动模板和工作组织可能性图。

训练方法，包括影子对手技巧练习、战术决策游戏、人工智能商数、在职培训和观察员认知任务复盘指南。

系统设计方法，如决策中心设计法、协作自动化原则、以人为中心的计算原则。

评估技术，如超零协议、概念图、决策记录、工作中心评价。

团队协作辅助，如态势感知校准问题、文化透镜模型。

风险评估方法，如事前检讨法。

测量技术，如宏观认知测量、霍夫曼的"任务统计绩效评估"，以及可解释性人工智能的四个量表。

概念模型，像识别启动决策这类模型已通过各种方式被广泛应用。

毫无疑问，这套汇编中的工具肯定会在几年后有所扩充，但作为参考和指南，在身边常备总是有用的。

——2021 年 4 月 5 日

何时该同你的直觉商量

<u>直觉该出现在分析前还是分析后？</u>

丹尼尔·卡尼曼和我对如何运用直觉有着不同的看法。

我们都认为，在一个合理连贯的环境中，通过反馈和经验获得信息时，直觉是有价值的（Kahneman & Klein, 2009）。我对消防员和其他类型决策者的研究（Klein, 1998）表明，直觉判断非常重要。卡尼曼与以色列国防军（IDF）的早期合作（Kahneman, 2011）让他对直觉的价值笃信不疑。卡尼曼的经验与本文的主题尤为相关，所以下面我们将对其进行更详细的研究。

20世纪50年代，以色列国防军让训练有素的评估人员进行15~20分钟的面试，以形成有关新兵将在军队中表现如何的总体评估。然而，以色列国防军发现，这些预估对于预测新兵未来的表现几乎没有价值。这就是以色列国防军要求卡尼曼想出更好办法的原因。卡尼曼设计了一套更客观的程序来取代原先的面试方法：他让面试官使用一套客观标准，从六个不同的维度（如责任感和社交能力）对新兵进行评估。为了克服光环效应，卡尼曼尽量让面试符合客观实际情况。他希望面试官不要凭直觉行事。面试官们拒绝这个要求后，卡尼曼让步了，并在收集了所有客观数据后，增加了一个环节：让面试官们用直觉把新兵想象成老兵，并在五分制的量表上给新兵打分。正如卡尼曼所预料的那样，新设计的面试方法比以前的方法大大提高了预测的准确性。

但令卡尼曼惊讶的是，这个最终的直觉评级方法的整体效果非常好。这个方法既包括了客观部分，又包括了直觉部分。以色列国防军至今仍在使用卡尼曼的这个评级法。

这个项目充分说明了一个问题，当面试官给出整体评分时，准确性就很低。但当他们在收集事实材料后再做出整体判断时，准确性就高了不少。收集客观数据提高了直觉的准确性。这就是为什么卡尼曼建议在收集客观数据之后，而不是之前，运用直觉做出判断。

正如前文识别启动决策模型所描述的那样，我的观点是，我们以模式匹配的形式从直觉开始，然后退一步经过深思熟虑，进行慎重的评估，还可以通过心理模拟的形式，想象一下如果我们采取行动可能会发生什么。

卡尼曼和我，究竟谁对？

我认为这个问题提得不好。在面对有分歧的观点时，应该这么问：在什么情况下应该先运用直觉，在什么情况下应该把直觉放到最后？

我认为先做分析是有好处的，把大的选择分解成一些小的部分，可能的话对这些部分使用客观标记，再据此做出判断。根据一组候选人的经验水平、抗压能力、在不同测试中的表现，以及是否愿意表现出主动性，可以做出比考虑是否提拔一个人所进行的全面判断更准确、更精细的判断。如果先出现总体直觉，它势必会影响单个维度上的判断。一旦认定某个候选人不合适，你就很难对他的个人特质做出公正的评估。用卡尼曼的话说，你会对个体特质产生偏见。

在我看来，要想解读直觉，就得从直觉开始。一旦你已经按组成维度和特征对选择进行了分解，你的第一印象——直觉就已不复存在，或者至少已经扭曲。想想抛硬币的练习，看看到底该做什么。你一定不想受硬币反弹的摆布。抛硬币的目的是评估你对结果的感觉——是感到欣慰还是失望。这就是你对直觉进行评估的方法。

以直觉开始或以直觉结束的条件是什么？以下是需要考虑的几个方面：

1. 你的经验水平是高还是低？如果经验水平低，应该用卡尼曼的方法，因为你的直觉不可靠。即使经验丰富，你可能仍然会听从卡尼曼的建议，但如果经验水平低，那么你的直觉就不会有什么帮助，应该最后再考虑直觉。

2. 你的时间压力大不大？如果时间紧（想想消防员），那么你就无法按照卡尼曼的建议对选择进行分解。

3. 你对分析框架有多大信心？如果分析框架的各个方面是经过时

间检验的，且已被证明有价值，那就没问题。但如果分析框架的各个方面是动态创建的，那就不一样了。仅仅能够分解一个决策并不一定会对你有所帮助，因为各方面可能出现重叠，你有可能会错过选择的重要方面，也可能看不到所选方面没有反映出来的问题。

4. 你在做的是什么样的决定？要是人事选择决定，我建议采用卡尼曼的方法。在我自己的职业生涯中，我能想到好几次自己凭直觉雇用候选人的经历，结果证明，这类决定简直就是灾难，还有几次我放弃了候选人，结果证明，他们是明星员工——可已经为别人工作了。这类决定有时被称为"砍树"，因为你一旦做出了选择，就再无回转余地。你不可能在砍树砍到一半时再改变主意。相较之下，如果你正在做的是"修剪树篱"的决定，就可以根据你喜欢的结果做出调整。你可能在经营一家餐馆，正拟订菜单，你会观察你的顾客喜欢吃的是什么，不喜欢点的又是什么。你会改变菜品的种类、对菜品的介绍或菜品的制作方式。此时，你正在获得反馈并有所发现。你不希望被最初的分析所困，也不希望因此产生偏见。

5. 你自己是什么样的人？如果你是思想开放的人，则更有可能对自己的观点进行调整和修正。相反，如果你倾向于固定不变，不想受直觉影响，拒绝改变想法，那么就应该推迟做出直觉判断。

6. 目前的形势稳定吗？如果情况变化没那么快，你可以不慌不忙地开始分析。如果形势极不稳定，那么可能你的分析还没做完就已经没用了。

7. 目标有多明确？如果你正在处理的任务结构不合理，目标也不明确（比如一个棘手的问题），那么你就需要依靠直觉来适应，这样才能学到更多。而最开始的分析不能也不应该指导你很久。

8. 你在和他人共同协作吗？如果是的话，他们可能想要你提出坚持自己选择的理由。因此,将整体选择分解成更小、更容易理解的部分进行分析,比仅仅说"我觉得这是对的"更有可能让团队成员满意。

9. 你能先把直觉搁在一边吗?人事选择的决策可能意味着在面试候选人之前,而不是之后,就得对每个人的证明材料进行审查,并进行细致的评估。

以上内容带给了我们什么样的思考?我想我们对客观数据的价值和直觉的价值都会认同。决定如何考虑这九个因素并非易事。做出这个决定需要良好的判断、仔细的分析、丰富的经验和及时的反馈。希望本文能带给各位更多的思考和分析,也希望本文能加强各位的直觉。

——2018 年 5 月 3 日

了解自己

为了更好地了解自己,我们应该先试着了解别人

别人经常告诉我们要"了解自己"。不同的哲学家、宗教领袖和心理健康专家都给出了这样的建议。古希腊人把"认识你自己"刻在德尔斐的阿波罗神庙墙壁上,将其作为智慧的源泉。老子说:"知人者智,自知者明。"

但是了解自己意味着什么呢?这些只是朗朗上口的箴言,还是背后确有内容?也许我们正在考虑培养一种新型的洞察力,一种抛弃过时的自我概念并以更合适的概念取而代之的方法。让我们先来对自我认识的不同方面进行区分。

第一,我们需要理解我们如何进行思考,以及我们想法的背后是什么。这是我将在本篇文章中进行探讨的,但在此之前,我想简要地列出一些自我认识的其他方面。

第二，我们想要了解自己的情绪。我们或许认为我们应该有的是这种感觉，但实际上产生的却是另一种感觉。比如，当我的岳母贝茜去世时，我并没有感到特别难过。我很爱她，但她年纪大了，身体也不好，所以她的去世也在意料之中。令我惊讶的是，我打电话给报社要登载贝茜去世的消息时——我发现自己哽咽了，之前毫无征兆。这是一种情绪化的反应，尽管我没有意识到这一点。

第三，我们可以更清楚地了解自己的目标。我们可能会被不确定性所困扰，所以我们要寻找真正想要的东西。

第四，如果我们能更深入地了解自己的优势和短板，便会从中受益。人们很容易被过度自信冲昏头脑，或因自己处处不足而气馁。如果我们能对自己的能力和弱点进行客观的评估，我们就会做得更好。

第五，我们可以更好地了解支配我们选择的恐惧和吸引力。我们可以了解这些恐惧和吸引力的基础，甚至它们的来源，这样就可以防止它们让我们做出错误的决定。

毫无疑问，自我认识还有其他方面。我只是想说明我们在考虑时应顾及各个方面。

现在回到第一个方面，也就是我想更仔细研究的：我们的观念。我们很容易认为别人和我们的想法一样。当我们对情况进行判断、确定事件的原因、制订行动方案、产生预期时，我们很可能会认为其他人也会这样想，认为其他人对于事情的发展有着同样的心理模型。

但我做过很多基于情境的决策训练，我对人们思考方式的差异感到震惊。在小组会议中，一名小组成员会描述自己的理解，然后下一名成员会对同一场景有着完全不同的理解。而第三名成员又会生出和前两位不同的想法。每个人却都会有相同的反应："我以为这再明显不过了，从没想过还有这么多其他的解释和分析。"

我猜测，发现我们自己的想法和思维过程与他人的不同之处及相似之处是有价值的。通过比较，发现什么是独特的，什么是共同的，这是有价值的。我们可以试着去理解别人的观点。我们不一定要认同，但如果我们能开始理解他人的想法，我们就能正确地看待自己的想法。只有努力了解别人，我们才能更好地了解自己。

——2015 年 12 月 1 日

你在做白日梦吗？

根扎在哪里，就在哪里开花

高中和大学毕业演讲经常围绕着"追随你的激情"这一主题给出各种各样的建议。这个主题之所以经久不衰，是因为它听起来让人感觉如此解脱又笃定，也因为它肯定会获得观众的认同。选择这类演讲主题的确是一种安全的方式，演讲者想怎么说就怎么说。

不幸的是，"追随你的激情"的呼吁实际上不是什么好建议，会助长一些破坏性倾向，应届毕业生应该努力克服这些倾向。

经验不足。是谁的激情？一个高中毕业生的激情会随着年龄、经验和成熟度增长而改变。我们为什么要鼓励年轻人执着于童年的梦想呢？这些梦想很可能根本不现实，显然也是幼稚的。许多应届毕业生的人生经历都很有限，那么他们能想到什么样的职业选择呢？成为时尚模特？设计电子游戏？成为 YouTube（优兔）或抖音网红？玩摇滚？把学生时代表演舞台剧的乐趣转化为戏剧或电影事业？

自我放纵。"追随你的激情"是以自我为中心的，这对已经过于自我放纵的人来说是错误的信息。"追随你的激情"传达的信息是，重要的是自己满意，而不是服务于社会的需要。

懵懂无知。许多年轻人根本不知道他们热爱的是什么。然而，他们却认为，如果选择了自己不感兴趣的道路，那就是在出卖自己。他们在大学期间和大学毕业后一直在徘徊犹豫，不愿做出决定，一直在等待自己激情之源变得清晰的那一刻。有些人等待了很长时间，却还未想明白。他们稀里糊涂地度过了十年，一直都在不停地选择，拒绝了一条又一条的职业道路，因为他们总能找到一些理由来怀疑那条道路不是他们的激情所在。

收入难以保证。社会不会为自我放纵者提供丰厚的回报。我认为高薪的工作是为了造福他人，而不是为了迎合自恋者的兴趣。一个健康的社会有赖于社会成员的合作、牺牲和互相帮助，有赖于如生物医学工程师、临床护理专家、软件架构师、水库工程师、数据库管理员、信息系统质量保证分析师、会计师、职业治疗师、验光师和生物化学家等的职业人士。我们喜欢艺术，但确实不需要源源不断的演员和舞蹈家——这些专业领域从业人员的储备已相当充足。

想法神奇。我们不要忽视运气的重要性。鼓励年轻学子找到自己未来之路的毕业演讲嘉宾往往是有智慧、有毅力、有运气的人。而他们运气不那么好的同事则很少被邀请去做励志演讲。我指的是那些在前进道路上碰壁但仍然坚持下去的人，因为他们不想浪费已经耗费的时间和精力。他们找到了自己的激情之源，却又为其所困。

也许我们应该向年轻的毕业生提供另一种建议：根扎在哪里，就在哪里开花。学会寻找成长和成功的方法，即使环境不那么完美。我的一个朋友说，在他职业生涯的后期，上司给他分配了一项通常只有那些即将退休的人才会执行的任务。他很失望——他还没准备退休，他希望升职，也希望获得更多的挑战。但这时他想起了母亲的劝诫：根扎在哪里，就在哪里开花。他放弃了继续晋升的希望，投入新的工作中去。不用担心主管的评估，他发现自己可以做一些彻底而必要的改变。他工作做得很出色，令他吃惊的是，他升职了。可没过几年，他又被派去做一份毫无前途的工作。这又是一次从失望到接受再到释然的循环。他又一次表现出色。他再一次意外地获得了升职。

工作和生活满意度如何可能更多地取决于做出了多少贡献，以及是否成为值得奉献的组织机构中有价值的成员，而不是是否找到了自己的激情所在。太多的毕业生都在充满怀疑地审视每一条职业道路，衡量这些是不是他们的理想之路，犹如在炼狱中挣扎一般。还是学会在哪里扎根就在哪里开花吧。

不过，我们也不想劝哪个人踏入什么可怕的境地，所以即便对于"在哪里扎根就在哪里开花"的建议，是否采纳也要视情况而定，没有哪一种方法能适用于所有的情况。工作或职业的满意度也取决于我们的智力优势和情感优势，取决于我们的性格与工作性质的契合程度，以及我们与老板和同事的关系。职业选择并不简单，这就是为什么不应只根据简单的口号就选定你的职业。

——2014年6月1日

因果景观

如何理解一个多原因、不确定的世界

当我们得知熟人或名人去世的消息时，要问的第一个问题就是：去世的原因是什么？我们希望得到一个明确而简单的答案，就一两个词，比如：癌症，心脏病，车祸，中风。我们会将死因归入已知的具体类别。

但是，进一步的调查往往使原因变得扑朔迷离。也许死者在吸烟

多年后患上了癌症，拖到病情恶化时才去看医生。那他到底是死于癌症、不健康的生活习惯，还是固执己见的态度？致命的心脏病发作的原因可以是不健康的饮食、遗传因素导致的胆固醇偏高、大量吸烟、缺乏锻炼、未能坚持他汀类药物治疗、没有朋友、没有配偶、抑郁以及许多其他与心脏病发作相关的因素。我们已经从用一两个词出发来解释死因这条路上走了很久很久。

问题是，复杂的情况包含了导致单个结果产生的多种原因——通向结果的道路有好几条，有些道路还存在交叉，每条道路上还有多个站点。然而，我们往往想要的却是只有一两个词的答案。

由于人们偏偏想要只有一两个词的答案，所以这无疑增加了挑战的难度，好像生活就是一系列机械操作，并且可以附加指责责任方和诊断故障。如果复印机出问题了，通常是机械故障——比如一张纸卡在机器里了，把纸取出来，问题就解决了。像这样的机械故障往往很明确，原因只有一个，肯定能找出来。

然而，我们的大多数问题都不是机械故障，这些问题是不确定的，原因不止一个。许多原因交织在一起，我们可能永远无法发现最重要的原因。我们生活在一个多原因同时存在又充满不确定性的世界里，我们想要理解事件发生的原因，但这种努力往往是徒劳的。我们不能指望找出具体的单个原因，更不必说只有一两个词的答案。

幸运的是，我认为有一种方法可以应对所有的复杂性：因果景观。因果景观是指对一系列广泛的原因进行描述，以帮助人们摆脱他们的单一原因决定的思维模式，但要突出几个最重要的原因。要突出的这些原因要么是对结果的影响最大（如果没有它们，结果也不会发生），要么是最容易被推翻。当我们想要采取措施以防止恶性事件发生时，最应该突出的节点便是开始工作的地方。

因果景观是一种混合的解释形式，试图对简单和复杂两方面都兼顾。因果景观描述了原因的复杂范围和相互联系，但随后它确定了几个最重要的原因。如果不降低一些复杂性，我们就会对如何行动感到迷茫。

想想 1994 年的友军误伤事件，两架美国空军 F-15 战斗机在伊拉克北部击落了两架美国陆军"黑鹰"直升机，造成二十六人死亡。没错，军方击落了自己的飞机。这起事件发生在大白天，附近没有其他飞机。空军的 F-15 和陆军直升机都在同一架装有机载警戒与控制系统（AWACS）的预警机的监视下，而这架预警机未能阻止自相残杀。斯科特·斯努克在他 2002 年出版的《友军交火》一书中对这一事件进行了精深的分析，指出了其背后一系列的广泛原因，如图 9.2 所示。正是多种原因导致了该图中右下角的结果——其中的原因不胜枚举。

建立因果景观的下一步是在前文提到的两个维度上对每个原因进行评估——原因对结果的影响有多大，以及推翻这一原因有多容易。在这两个维度上得分较高的原因则是需要强调的，如图 9.3 所示。

友军误伤事件说明了何为因果景观。因果景观会对航空和医疗等领域的事故调查有用。一般来说，它可以帮助人们获得洞察力，以便找出他们所关心的事件发生的多种原因。

在我发表了关于因果景观的第一篇文章后，我收到了不少评论。一些心理治疗师建议对他们的客户使用因果景观。例如，寻求缓解焦虑的客户可能会描述一系列引发焦虑反应的条件和因素，因果景观可能会是减少未来焦虑发作的起点。

我还收到了斯科特·斯努克本人关于伊拉克北部友军误伤事件原因的评论（斯努克是一名退休的陆军上校，目前在哈佛商学院任教）：

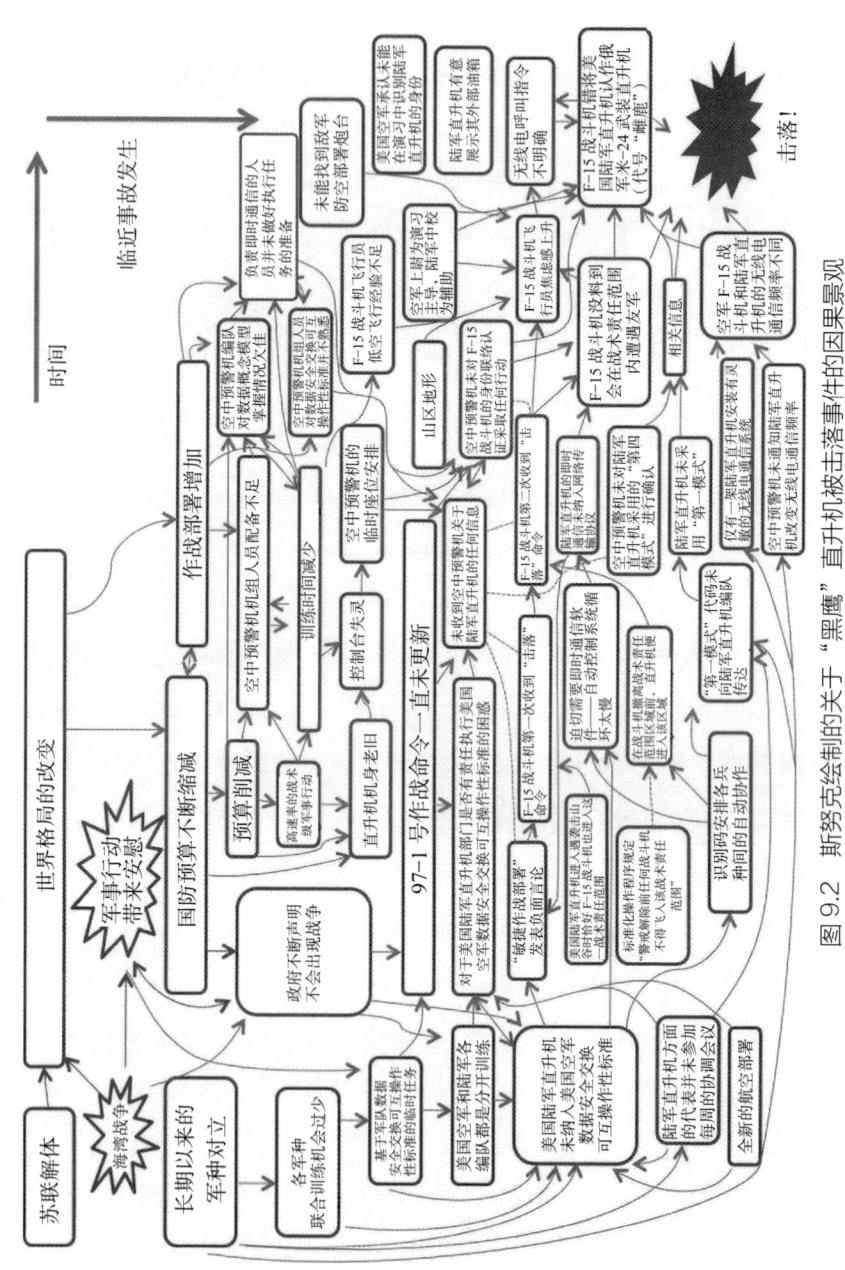

图 9.2 斯努克绘制的关于"黑鹰"直升机被击落事件中的因果景观

资料来源：《友军交火》（普林斯顿大学出版社，2002 年），经斯科特·斯努克授权转载。

掌控思维　　320

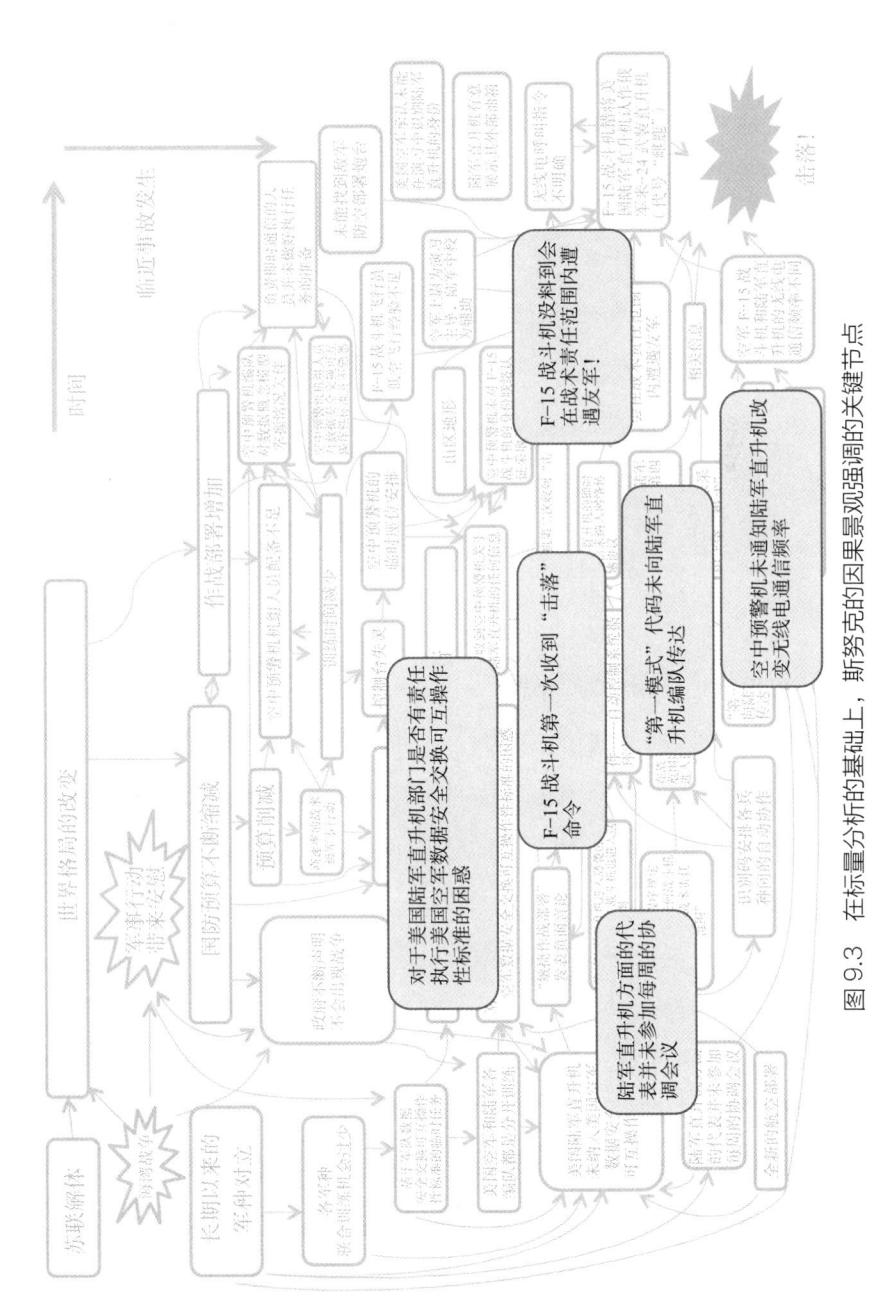

图 9.3 在标量分析的基础上，斯努克的因果景观强调的关键节点

资料来源：《友军交火》（普林斯顿大学出版社，2002 年），经理查特·斯努克授权转载。

9 掀起浪潮——改进工具、提升策略　　321

这个问题一直困扰着我：我们这样逆流而行还要行多远？"设定事件"以增加事件发生可能性的"通常状况"与事件实际发生的必要条件（反事实法）之间的区别到底是什么？在这篇文章中，您似乎采取了一种更务实的方法：我们实际上可以对哪些节点进行修改或进行一些合理的处理？如果有一天是我说了算的话，我更愿意去改变那些根深蒂固的常见条件（如各个军种间的竞争、联合演习搞得太少等），这些条件不仅增加了这一特定事故发生的可能性，而且还增加了其他相关事故发生的可能性。（斯科特·斯努克私人通信，2014年4月23日。）

有一些方法可以引导因果景观向前发展，防止未来发生事故，而不仅仅是对以前事故的反思。

一种策略是通过给影响力打分来标出问题的类型，而不是局限于当前的事件或结果。因此，军事规划人员可以利用这起误伤悲剧，看看是否有办法改善美国陆军和空军之间的协调。心理治疗师可以强调导致客户焦虑发作的条件和因素。

另一种策略是修改可撤销性评分。更改容易程度评级可以使用四分制评级量表：

4 = 不可改变。对于这次直升机被击落事件，不可改变的因素包括苏联解体。同样，焦虑的客户想要了解自己为何如此容易情绪失控，童年时期被忽视以及遗传等原因可能是关键，但却无法消除。

3 = 难以改变。对于直升机被击落事件来说，难以改变的因素有削减国防预算。对于焦虑的客户来说，难以改变的因素可能包括财务问题和慢性疼痛。

2＝只要努力就能改变。斯努克提到了他想改变的两件事——军种间的竞争和联合演习太少。只要改变这些，便可预防甚至减少各种问题。收益远大于成本。同样，心理治疗师可能会帮助焦虑的客户学习一些常用的策略，比如应对焦虑的技巧。

1＝容易改变。军方只需做一些小事，比如安排陆军直升机方面的代表参加每周的协调会议，就可避免直升机被击落事件的发生。像这样的简单弥补之举可以防止击落事件的发生，但不会产生更广泛的效益。同样，用抗焦虑药物治疗焦虑，对于客户来说的确容易办到，但这也只能暂时缓解症状。

此外，我们要区分触发原因和使能原因。触发原因是直接而明显的原因。就像将一根点燃的火柴扔到一沓报纸上，然后房子就着火了，点燃的火柴是触发原因，房子里有氧气是使能原因。触发原因得到了关注，但却未必是要解决的最恰当原因。消防队员可能会在火上喷泡沫来消灭火势——让它隔绝氧气。心理治疗师可能会倾听一位客户的抱怨——她专横又麻木的丈夫最近的武断行为让她感到无助和焦虑，但治疗师可能会在使能原因上花时间——客户无法坚持自己的主张，这在她同丈夫、女儿和同事的交往中都有所体现。

最后的建议是，我们有时会发现对不同的因果景观进行比较是有用的。因此，心理治疗师可能会将客户绘制的因果景观与自己根据客户遇到的难题所绘制的因果景观进行对比，或者将客户在治疗开始时的因果景观与治疗几周后的因果景观进行比较。

这种对因果景观的扩展保留了最初的目标，即在更大的因果领域中对可操作的事项进行描述。采用本文讲述的方法对因果景观进行扩展，会对诊断问题及制订计划有所帮助。

——2014 年 4 月 22 日

希拉里为何会输掉大选？

有用的解释都由哪些因素构成？

本文的目的是检验有用解释的构成因素有哪些。我用 2016 年的总统选举来说明，因为我们对这次选举都记忆犹新，而且还有许许多多的评论。民意调查和权威人士预测，在美国东部标准时间晚上 8 点东海岸选民投票停止时，希拉里·克林顿获胜的概率为 80% 或更高。显然，有很多解释要做。

我将采用因果景观这一方法，整理导致意外结果发生的各种原因。该方法有两个阶段：第一阶段，它扩大了事件的潜在原因集，以提供更广阔的视角；第二阶段，它缩小了范围，以突出对事件产生重大影响的原因。

需要注意的是，本文不是什么政治声明。我不支持希拉里，也不支持特朗普，我也尽量谨慎地不发表任何失之偏颇的言论。我只想用美国大选作为例子，说明我们需要怎样的解释——当我们问"怎么会这样？"时。

此外，我也不打算列出所有的原因。我收集了希拉里·克林顿大选失利的一小部分原因。希望大多数读者都能找出我没有提到的原因（见图 9.4）。

我所要做的就是证明原因有很多，不止一个。这个结论似乎显而易见，但我看过的大部分报道都将希拉里·克林顿的大选失利集中在一个原因上，这是我和罗伯特·霍夫曼在研究可接受的解释由什么构成时遇到的一个趋势（Hoffman et al., 2011）。人们喜欢把所有事情都归结为一个原因，这几乎成了一种相当普遍的过度简化。

当然，适度简化是必要的。我们会发现，如果每一种可能的原因

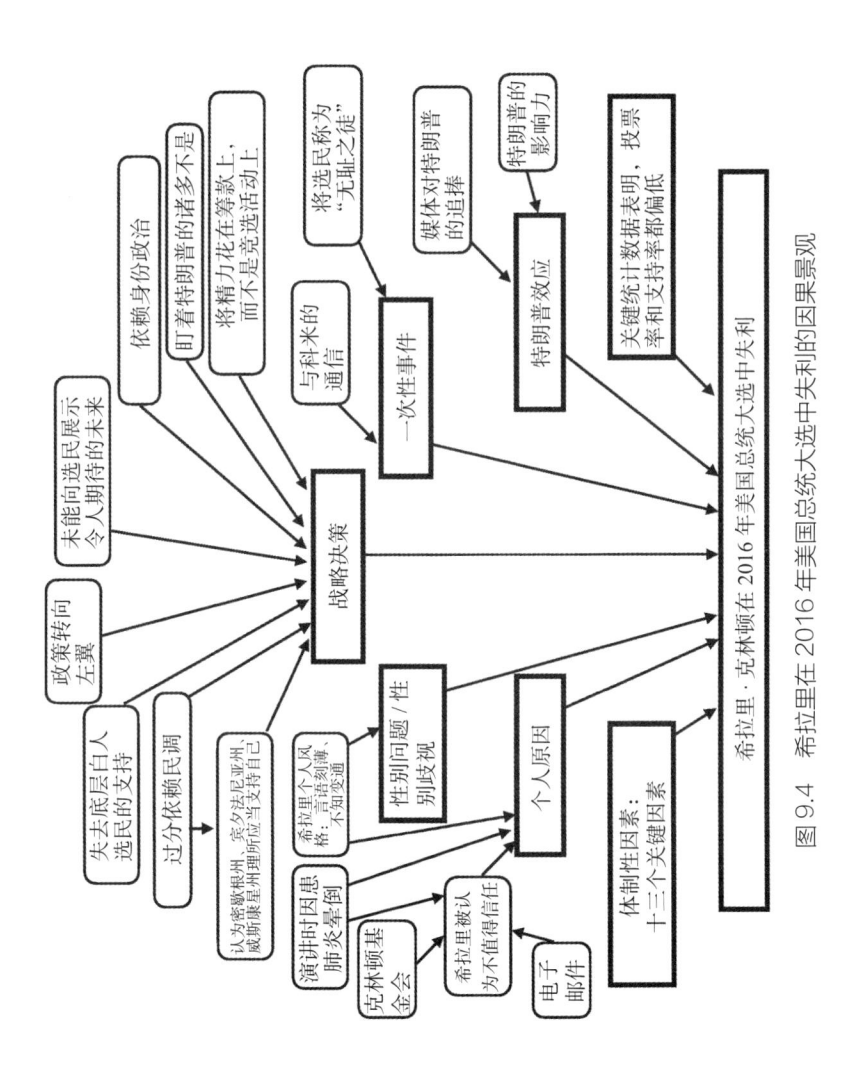

图 9.4 希拉里在 2016 年美国总统大选中失利的因果景观

9 掀起浪潮——改进工具、提升策略 325

都要考虑到的话，那会让人不知所措。趋于简化既顺理成章，也十分必要。但在某些时候，有用的简化却成了误导人的过度简化，这就是我认为我们应该避免的问题。就 2016 年美国总统大选而言，把希拉里·克林顿失利归结为单个原因似乎过于简单化了。想必专家们更了解情况，为了更清晰地传达信息，他们选择过度简化，但这种鼓励简化而不是通过深思熟虑进行分析的做法对读者来说是一种不负责任。

因果景观是抵制过度简化倾向的一种手段。第一阶段将一组可能的原因作为起点，让人们摆脱单一原因的思维模式。图 9.4 展示了一个因果景观，以解释希拉里·克林顿为何会输掉大选。

我们不需要探究图中所示的所有细节。以下是我从一篇非系统的新闻评论中挑选出来的主要原因。这些原因并不是我自己想出来的，而是由经验丰富的政治分析人士所确定的，并在大选后发表在评论文章中。

体制性因素，诸如艾伦·利希特曼为预测总统选举所确定的十三个关键因素，具体包括：

- 有相关党派的授权。执政党在上次中期选举中是否获得了席位。
- 现任执政党的提名竞争是否激烈。
- 现任执政党候选人是否为现任总统。
- 是否有重大政策变化（现任政府是否对国家政策进行了重大改变）。
- 社会动荡。
- 外交/军事失败。
- 现任执政党候选人是否有号召力。
- 在野党的候选人是否有号召力。

利希特曼依据自己的模型，而不是当时的普遍看法，大胆地预测了特朗普将在 2016 年 9 月的大选中获胜。

个人原因，尤其是希拉里·克林顿私人账户中的机密电子邮件令人产生她不值得信任的感觉，选民还对她利用克林顿基金会以权谋私感到担忧，再加上对希拉里·克林顿在电视节目中突然晕倒的种种猜测——后来被认定身患肺炎。

性别问题/性别歧视，使得一些选民不愿意投票给女性候选人。

一次性事件，如美国联邦调查局局长科米在大选前几天与希拉里·克林顿的通信，以及希拉里·克林顿公开称特朗普的一半支持者是"一群无耻之徒"。

特朗普效应——特朗普的影响力，包括媒体对他的追捧，使特朗普得以控制新闻报道，尽管希拉里竞选团队的筹款效率要高得多。

投票率低于预期，原本被认为是希拉里强有力支持者的黑人和西班牙裔选民的投票率低于预期，女性选民的投票率也低于预期。

战略决策。希拉里竞选团队所做的战略决策有：大打怀旧牌、过分依赖民意调查——导致竞选团队想当然地认为在密歇根州、宾夕法尼亚州和威斯康星州胜券在握；将精力花在筹款上，而不是竞选活动上；未能向选民展现希拉里当选后令人期待的未来，而是寄希望于提醒选民特朗普的诸多不是；提名过程中为在民主党初选中打败伯尼·桑德斯而提出更具左翼倾向的议题；严重依赖身份政治，排斥底层白人选民，并将他们中的许多人说成是"一群无耻之徒"。

其中有些原因是相互重叠的。例如，我在一次性事件，以及战略决策这两项原因中都提到了"一群无耻之徒"，这就使竞选活动与部分选民群体拉开了距离。

如前所述，这一系列原因未必全面，但它们确实说明了为什么任何单一的解释都不充分。选民投票给特朗普的原因有很多。

我要继续重申在本文开头提出的观点，我没打算用这一系列原因来批评总统候选人希拉里·克林顿。这份原因清单旨在探讨希拉里在胜券在握的大选中落败的原因。

这类分析存在一个问题，即它会使希拉里的失败看似不可避免，但事实却并非如此。在这次大选中，特朗普的胜出并不是像尼克松对麦戈文或者里根对蒙代尔那样压倒性获胜。2016年11月8日星期二晚上7点59分，就在选举结果开始公布之前，我们还想当然地认为准备一份特朗普败选的因果景观要更容易，因为这是大家预料的结局。

图9.4的因果景观包括很多原因。如果希拉里的竞选团队打算想象一下他们能改变什么，这张因果景观可能会让人一时间不知从何下手。现在我们来到因果景观的第二阶段：盯紧回报最高的行为。这一阶段我们就问两个问题：图中显示的原因中，最容易消除的是哪个？如果这个原因消除了，剩下的原因中带来最大影响的又将是哪一个？我们对图中的每个节点都进行这两项评估。最后，我们总结了最容易消除，且消除后可能会使结果向有利于希拉里的方向发展的原因。

下一张因果景观显示的是我自己的判断。（我并不是说我有什么政坛经验，只是想说明这一过程是如何运作的，见图9.5。）我筛选出的原因有以下四点：希拉里关于"一群无耻之徒"的言论，以及希拉里竞选团队的三项战略决策。

要改变其他影响因素，如利希特曼所指出的体制性因素、认为希拉里不值得信任的看法、希拉里的性别、特朗普的做法，也不是不可能，但确实不容易。

希拉里·克林顿公开指责科米的信阻碍了她获胜的势头，害她输掉了选举。但为希拉里竞选团队服务的民调专家黛安娜·黑桑在竞选的最后几个月跟踪摇摆州中尚未打定主意的250名选民后发现，希拉里关于"一群无耻之徒"的言论比科米的信有更大的影响力。

总之，所有的解释都是尽可能地简化，但单一原因的解释就是过

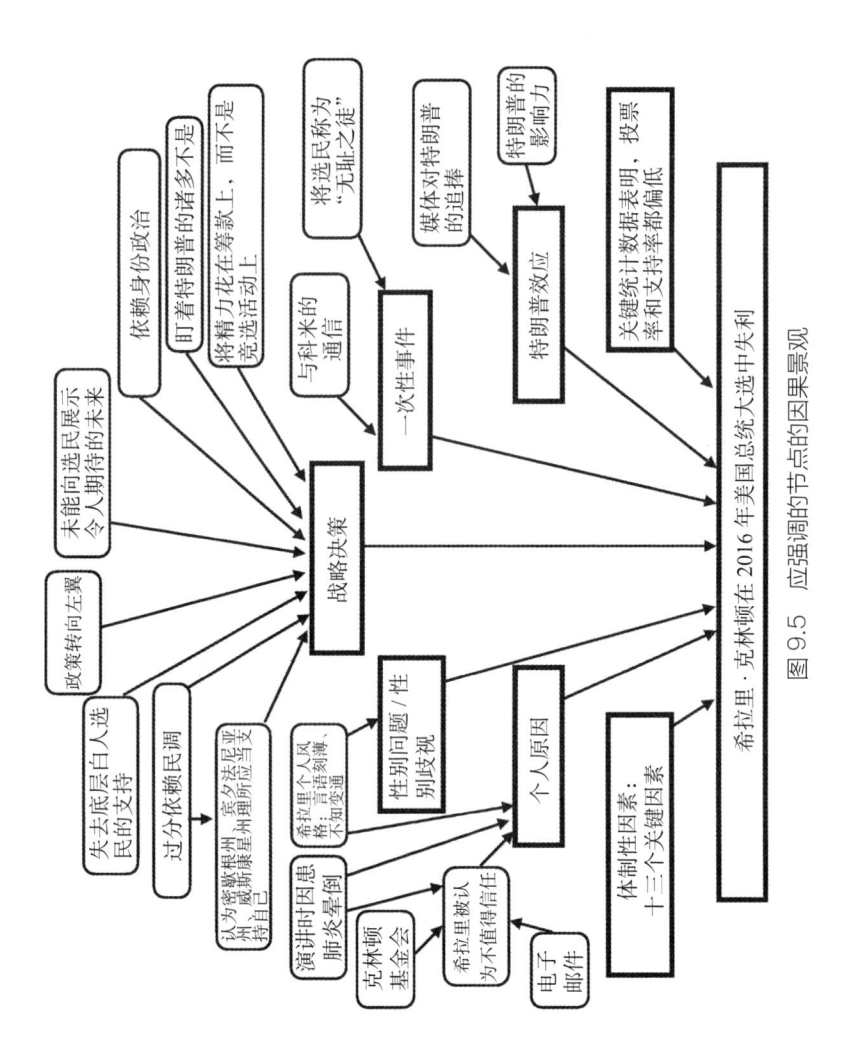

图9.5 应强调的节点的因果景观：希拉里·克林顿在2016年美国总统大选中失利

9 掀起浪潮——改进工具、提升策略

度简化，会造成误导。因果景观试图描绘各种各样的原因，因此不得不冒着呈现太多复杂性的风险。下一个阶段是关注可操作的解释，通过易于消除和可能产生影响这两项指标对原因进行过滤。

目标是建立一个合理的简化标准。若在影响范围内突出那些高回报的原因，我们便能够以正确的眼光看待事物。

如果我们在事后还不能变得更聪明，那我们就会受到不好的影响。当政治评论员寻求单一原因进行解释时，他们根本不是在帮我们。希望我们可以通过选举的事后检讨来学习如何在避免过度简化的情况下对原因进行简化。

——2016 年 12 月 6 日

想改变就够了吗？

为继续坚持而设计[1]

我们都知道做出一个艰难的改变有多不容易——尤其是坚持服药和改变惯常行为，是出了名的具有挑战性。这很容易让人怀疑是否真有可能做出改变。

在本文中，我们将从设计思维的角度出发，分享一些具有战术意义的工具，来切实解决坚持的问题。（我们将"坚持"理解为采取规定行动，以获得最大收益。）

本文介绍了为病人设计的坚持医疗方案的方法，但在这当中所得出的经验教训将在医疗领域之外的许多情况中适用，同时，本文呼吁

---

[1] 本文由 Marimo 咨询公司的德沃拉·克莱因和 Curiosity Atlas 设计公司的格蕾琴·乌斯特拉克共同撰写。这篇文章回答了我向他们提出的问题，即如何才能让人们改变行为方式并维持这些改变。

人们对自己的行为做出持久的改变。

坚持用药很重要，其原因不胜枚举。据估计，所有住院患者中有10%入院是由未能正确使用药物所致。在美国，处方药使用不当造成的成本损失每年超过1 000亿美元（Viswanathan et al.，2012）。

如何帮助患者正确服用处方药？十多年前我们就开始研究这个问题，当时我们还在全球设计咨询公司艾迪欧工作。（在此对艾迪欧公司给予我们的支持和鼓励表示感谢。）我们研究了需要坚持不同用药策略的各类情况，从人体免疫缺陷病毒药物到减肥计划，再到多发性硬化症、类风湿关节炎和勃起功能障碍（D. E. Klein，Wustrack，& Schwartz，2006）。我们还将这些工具应用于医疗以外的领域，包括金融服务、社会参与和环境管理领域的行为改变。

我们认为坚持用药取决于以下三个方面：

- 影响坚持的因素。
- 每个患者坚持过程的本质。
- 坚持循环。

影响坚持的因素

我们已经确定了影响坚持的四个因素：患者（患者的身份、患者的经历、患者的目标），病情及其对患者生活的影响，治疗方法（治疗方案、所需的资源、治疗持续的时间），以及朋友、家人、专业人员和专业机构的坚持。对于不同的患者，这些因素差异很大，因此了解相关背景很有必要。

坚持的过程

坚持的过程包括准备阶段、开始阶段和维持阶段三个阶段。

准备阶段包括患者对病情及其后果的了解（特别是不治疗的后果），对不同治疗方案的评估，以及知晓每种治疗方案的费用。

如果患者决定要开始一个疗程的治疗，这名患者就进入了准备阶段。这一阶段不仅包括实际考虑，如医疗保险的范围和预约专家看病的时间表，而且还包括后勤安排的实际问题，如是否能买到可靠的药物，以及治疗方案要与患者日常活动和治疗周期相协调所面临的挑战。

一旦患者遵循治疗方案达到了稳定状态，就进入了维持阶段，这一阶段要求患者按照既定的治疗流程进行治疗，并在出现不可避免的因素而坚持不下去时又能重新回到正轨。维持阶段包括与药物的副作用和病情的复发做斗争。因为患者的配合程度和投入程度时有增减，所以在这三个阶段中的表现会有起有伏。

影响坚持的四个因素在每个患者坚持过程的三个阶段中所发挥的作用皆不相同。

坚持循环

从患者的角度来看，坚持循环由六个部分组成（见图9.6）：
- 患者相信治疗的效果吗？
- 患者知道治疗方案（或做出改变的方案）将如何起作用吗？
- 患者知道如何运用治疗方案吗？
- 患者能在需要的时候对行为给予明示或引导吗？
- 患者是否有资源在治疗过程的不同阶段采取行动？
- 患者若对行为的加强和观念的强化进行了反馈，是否会得到有意义的奖励？

图9.6中，"相信"指的是相信自己真的遇到了这种情况，相信自己真的想改变（而不是别人告诉你要改变），相信治疗会有帮助，

相信自己会成功。

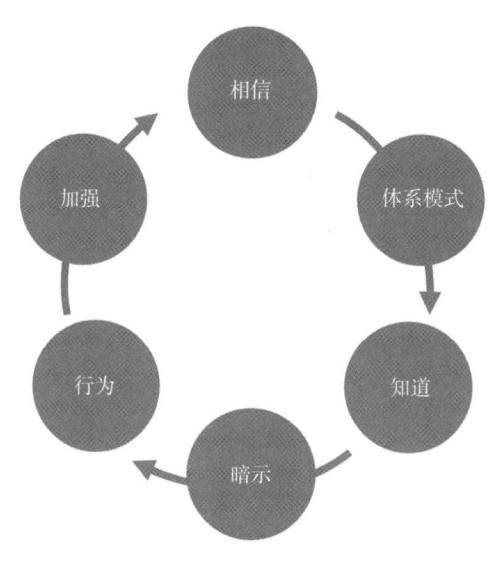

图 9.6　坚持循环

资料来源：经德沃拉·克莱因和格蕾琴·乌斯特拉克授权使用。

这些想法是心理模型的核心，它们将给接下来的部分提供支撑。

"体系模式"是指人们如何建立心理模型或框架体系，以了解变化将如何起作用。虽然大多数人都具备某种心理模型，但它可能准确，也可能不准确。心理模型越准确、越完整，就越会是一种强大的工具（H. A. Klein & Lippa，2012）。特别是当人处于压力下或需要以最优的方式进行权衡时，心理模型的可信性可以帮助我们做出最优的选择。

"知道"包含了完成治疗方案应遵守的规则和流程，还包含了解治疗的不同阶段会发生什么。对此的支持指的是判断患者是否得到的信息太多，确定患者是否得到了所需的信息，或者是否得到了错误的信息。

然而，仅仅知道该怎么做是不够的，患者还需要各种提示才能坚持下去，实现在正确的时间服药。这些提示应与患者的生活安排相适应。

"行为"指的是患者所需的资源，包括身体状况、认知状况、情感状况、社会条件和经济条件。这些资源的短缺将减少他们成功坚持的机会，是因为患者在身体上难以承受，还是因为治疗方法令患者尴尬或难为情而羞于启齿？

最重要的是，理想情况下，患者应该通过得到反馈来停止这个循环，并对相关想法及动机进行强化、给予奖励；理想情况下，这种反馈将显示即时而不是延迟的效果。患者应该得到自己每一个行为的反馈，以及随着时间的推移重复行为所产生的影响。而且，整个医疗团队也要对副作用提高警惕。

减重机构"慧俪轻体"拥有非常成功的减肥计划。使用"坚持循环"来理解慧俪轻体计划的各个方面是有指导意义的（见图9.7）。

我们所讲的坚持循环的六个方面应能使医护人员和患者提高坚持的成功率。反过来，这六个方面应该会让患者对他们正在使用的疗法更有信心，增加参与供应治疗材料的企业的收入，降低医疗保健系统

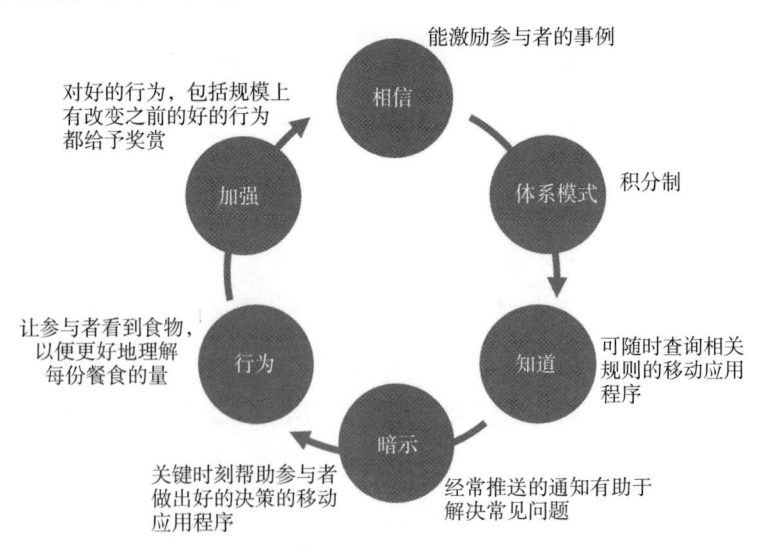

图9.7 "慧俪轻体"的坚持循环

资料来源：经德沃拉·克莱因和格蕾琴·乌斯特拉克授权使用。

的总体成本，以及缓解患者的病情。

这些工具的目标都是描述性的，可帮助我们理解在给定的情况下，遭到破坏的是坚持循环的哪些部分。同时，这些目标也是生成性的。它们的创建有助于设计新的措施，并提出设计原则：

相信：变得个性化。当优先事项和个人动机发生变化时，人生阶段就会发生转变。

体系模式：提供有意义的选择。帮助人们做出取舍，以找到适合自己的生活方式。

知道：阶段信息。在正确的时间提供正确的信息，以确保相关性且易于理解。

暗示：背靠背模式。设计与人们现有的每日、每周及每月的日常活动相吻合的系统。

行为：让天平倾斜。让积极的行为比消极的行为更容易实施、更有趣或更具吸引力。

加强：注意差距。为新行为提供即时的、切实的反馈、鼓励或奖励。

总结

我们认为这六个维度将有助于患者和医疗服务提供者识别并关注需要解决的关键的"坚持"问题，可以帮助医疗服务提供者更好地理解个体差异的作用并更好地在其他领域找到相似的解决方案。此外，这六个维度应该帮助患者和医疗服务提供者更好地理解治疗方法或治疗项目概况，识别和利用提供支持的服务网络，设计出在日常生活中行之有效的解决方案。

因此，坚持循环可以帮助人们确定需要克服的关键的"坚持"挑战。但其意义远不止这些，坚持循环还可以作为一种工具，通过指出患者面临的困境并为寻找解决方案提供指导，来帮助医疗服务提供者设计解决方案。坚持循环是一套专注于患者最大需求的缜密的设计，它的输出改变了我们处理坚持性挑战的方式。我们希望它也能帮到你。

——2019 年 9 月 20 日

事前检讨法

风险评估的实用方法

三十年前，为了帮助我自己的公司在执行项目时减少问题，我发明了事前检讨法。我们当时并未觉得这种方法有什么了不起。然而，在过去的几十年里，事前检讨法越来越受欢迎。它被用于公司董事会、野外灭火行动、军事项目以及华尔街的决策中。我在《街灯与阴影》《直觉定律》以及发表于《哈佛商业评论》的一篇短文中都描述过这种方法。播客节目《魔鬼经济学》和贾森·茨威格在《华尔街日报》的专栏都介绍过这种方法。

诺贝尔奖得主丹尼尔·卡尼曼和理查德·塞勒鼓励大家使用这种方法。事前检讨法的吸引力在于，它是一种有效的风险评估方法。

方法。事前检讨法（如图 9.8 所示）简单易行，只需 20~30 分钟即可完成。你在项目启动会中进行事前检讨，团队成员围坐在会议桌旁，已经对计划非常熟悉了，然后你告诉大家你要改主意了。就好像你正在看一个想象中的但绝对正确的"水晶球"，然后——哦，不！你从"水晶球"中看到，刚才讨论的计划失败了，且一败涂地，确定无疑。

接下来，你要求团队的每名成员花两分钟写出计划失败的原因。

两分钟一到，你就在房间里踱步，让每个人讲出自己认为的最重要的失败原因，然后再让下一个人说出不同的原因。再然后，把大家

事前检讨法

第一步：准备。
第二步：想象结局是失败的。
第三步：总结失败的原因，花两分钟将原因写出来。
第四步：确定失败原因清单，使用"三重过滤法"——影响力、可逆性、可能性。
第五步："怎么做才能挽回败局？"
第六步：重新审视计划。
第七步：定期回顾失败原因清单。

图 9.8　事前检讨法

提到的原因写在白板上，给每个人一个陈述自己想法的机会。从团队负责人开始，其可以树立开诚布公的榜样。

最后，你会看到一份异彩纷呈的原因清单。项目负责人和整个项目团队此时就会对可能出错的事情敏感起来（Klein，2007）。

相比之下，通常的项目启动会甚至可能不要求参会人员描述对项目的任何担忧。或者项目负责人可能会问："大家发现什么问题了？"在这类会议中，有一种无声的压力，要求不要提出可能会破坏团队和谐的疑虑。团队成员甚至想不出任何重要问题。

事前检讨法颠覆了这种状态——人们通过所提问题的质量来展示自己多么聪明。"水晶球"已经显示项目注定失败，这改变了每个人的思维模式。此时团队成员正利用自己的经验来想象这次失败是如何发生的。

这个方法有用吗？

评估。维恩诺特、克莱因和威金斯（2010）对事前检讨法和其他方法进行了比较。我们邀请了178名大学生，设计了一个假设情境，假设一场大流行正在席卷全国——甲型H1N1流感暴发了。（我们已领先当时的时代十年，这显示出"水晶球"的准确性。）在这种情境下，大学管理人员为保证学生安全制订了一个计划，并推进该计划，而学生必须对这一计划提出批评。结果显示：与仅仅进行批评或者提出赞成意见和反对意见相比，事前检讨条件下学生表现出的（过度）自信明显减少。

错误。保罗·松金、保罗·约翰逊和我发现了人们在进行事前检讨时常犯的一些错误：问一些没有挑战性的问题，如"会出什么问题？"，而不是用"水晶球"来确定那个计划注定是场灾难；或者让团队成员以缓慢、悠闲的节奏描述他们的项目，而不是快速地概述项目以保持旺盛的精力；或者让一个人（通常是团队的高级成员）主导会议，完成他表上所列出的所有项目，而不是让团队所有成员轮流发言。

改进。近些年来，我们也做了一些改变。为了不让大家感到受挫，我们现在改成让团队成员先看问题列表，然后再让每个成员花两分钟来确定自己可以采取行动来解决的问题。

收益。采用事前检讨法除了能发现计划中的问题点、减少过度自信和促进发现之外，还有其他好处，比如可以加强成员在听取他人意见时的心理模型。当团队成员听到自己未曾想到的想法时，便可以增加团队成员对彼此的赞赏。它还有助于创造一种坦诚和信任的文化。

——2021年1月14日

决策记分卡

<u>让我们来评估员工的决策，而不是他们的素质</u>

人员测评是组织机构各项事务中令人头疼的事项之一。人员测评

常令人倍感沮丧、情绪低落、丧失动力。打着为将来的工作提供有用反馈和指导的幌子，人员测评通常会引起员工的戒备及不配合。这样的评估不仅不能令员工和组织机构间建立更紧密的关系，反而常常导致他们彼此的对立和信任的丧失。

各位读者可以想象一下我在评估自己新公司"影盒"的首席执行官科琳娜·赖特时的感受。科琳娜是在一年前被录用的，这是对她的第一次评估。在这一年里，我们进行了几次非正式的反馈讨论，但逃是逃不掉的——是时候进行正式评审了。我对进行这种评审毫无兴趣。科琳娜倒是很乐意，但对评审如何进行惴惴不安。我们都知道常规流程是对之前的目标进行回顾，然后制定出新目标。我们都知道，在一年的时间里，目标会发生变化。被测评者对规劝会慢慢淡忘，但对批评却不会——随着时间的推移，这些批评往往会让被测评者越来越痛苦，甚至心生怨怼。我真的要对科琳娜进行这样的测评吗？

不，不要。

无奈之下，我想出了一个不同的办法。我让科琳娜拟一张清单，列出她在这一年中做的所有重要决策。我也列出了同样的清单——尽量回忆起她做过的决策。接下来，我们把这两张清单合在一起，然后对其中的每项决策进行独立评判。两个对号（√√）就表示这项决策非常成功。一个对号（√）表示该决策正确。一个叉号（×）表示决策结果不理想。对于我们俩都觉得后悔的决策，要打两个叉号（××）。如果对某项决策的质量或过程不确定，就打个问号（？）。

对于那些当时认为正确，但由于无法预见的原因而未能奏效的决策，我们会谨慎地给予高分。而给那些事后回想起来很糟糕，但出于运气结果还不错的决策打了低分。

然后，科琳娜和我面对面地聊了聊，进行了一次精彩的讨论。我学到了很多，我想她也一样。在讨论的过程中，我们俩经常笑。我们改了分数——我改过，她也改过。有一个我认为非常糟糕的决策（××），后来改成了一个叉号。有几项决策科琳娜给自己打的分太低，我说服她把分数改了，因为她对自己要求太严了。我认为她的决策没错，虽然结果并不好，但不是她的错。

谈话是双向的。对于一个有争议的决策，科琳娜抓住这次机会解释了为什么她觉得我没有给她想要的支持（可能是她应得的）。得到这样的反馈，对我来说很重要。

讨论结束后，我们不得不参加其他已安排好的活动，我想我们都对没有给这次谈话留出更多的时间而感到遗憾。我们没有迫不及待地想它快点结束，反而为不得不这么快结束而感到遗憾，因为这次讨论颇有成效。

最后的打分结果远不及我们之间的交谈重要，但对记录分数的人来说，在我刚开始给出评分时科琳娜的平均得分是 0.667，而在我们讨论结束后改成了 0.821。显然，她工作做得不错。

为什么这次人员测评进行得这么顺利？一个原因是科琳娜如此坦率、开诚布公，所以我对她很认可。而另一个原因是测评的形式。科琳娜和我都没有把这些评论放在心上。我认为这种形式强调的是决策，而不是决策者，这使我们能够更加客观地了解彼此的观点。这是一次不掺杂个人观点的人员测评。

能开这样一个测评会，也许是我们的幸运。这可能是一种更有效的评估方式，最终可以更好地对观点进行修正。这个方法会帮助团队更好地理解他们是如何做出决策的，因为它使用真实事件——一种将团队的内省和经验总结集于一身的会议。

——2015 年 9 月 21 日

发现式管理

有时我们需要放弃最初的目标

若对自己的目的地不十分明确，便难以保证最终会停在何处。时间紧迫，资源有限，没有多少精力可供浪费。商界领袖或许有大展宏图的计划，但一旦计划得以实施，负责计划和项目的相关管理人员就必须在资金预算和时间范围内将任务完成。

标准的计划安排遵循以下目标管理版本：确定最终的期望目标，然后再向前倒推，明确必要的任务，为每个任务制订时间表，再为团队成员分配职责，接下来便开始工作。

要是所有的事务都能如此完成就好了。意想不到之事总会使最精心制订的计划陷入混乱。有经验的管理者必须能够适应这些意外变化，并能在不同目标和限制之间进行权衡。

此外，还有一些棘手问题要应对：目标无法事先确定，目的无法预先明确。这些都是没有"正确"解决方案的问题。美国医疗系统的修复就是一个典型的棘手问题，因为不同利益相关者若需求相互冲突，他们便会对所有方案的优点和缺点都争论不休。刚开始没有足够的信息来明确列出目标的所有特征，或者没有最佳的解决方案，或者涉及不同的利益相关群体，或者快速变化的环境可能会使最初的目标变得不再重要，这些都很可能会引发更严重的问题。

级别较低的管理者通常接触到的是目标明确的简单项目，只有当他们晋升至权力更大的职位时，他们才更有可能与棘手难办的问题斗智斗勇。不幸的是，他们以前在坚持追求最初目标方面取得的成功现在却可能成为他们的绊脚石，因为需要修改的不是计划和任务，而是目标本身。有研究表明，大多数中层管理人员仍然会坚持最初的目标，即使他们很清楚这些目标已过时。

这就到"发现式管理"（见图 9.9）发挥作用的时候了。如果项目或计划足够重要，管理者们将不得不继续执行，即使目标已不太清晰。如果他们能在执行过程中对目标进行调整，不断取得发现，而不是死守最初的目标，就更有可能获得一个大家都能接受的结果。

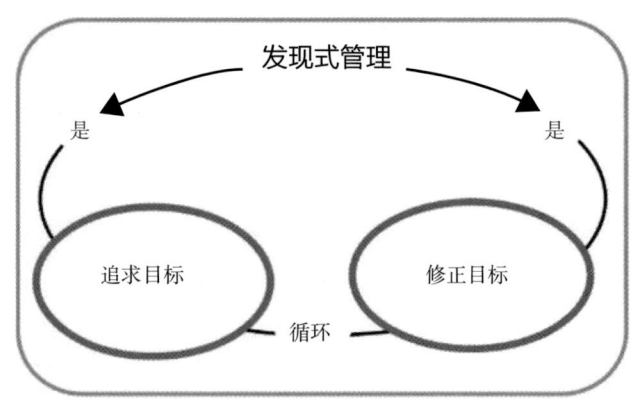

图 9.9　发现式管理

资料来源：加里·克莱因，《街灯与阴影》（麻省理工学院出版社，2009 年）。

"发现式管理"是指适应性的领导者和管理者在追求目标的过程中，也尽量更多地了解目标。棘手的难题不会自行解决。取得进展的唯一途径是通过努力、学习和适应来了解目标。（克莱顿·克里斯坦森在《创新者的窘境》一书中称"发现式管理"为"在发现的基础上做计划"。）如果"发现式管理"让传统的管理者感到不舒服，那么他们应该看看软件行业是怎么做的。在多年的成本超支和产品被拒后，软件公司开创了快速审查和更新周期的技术，以适应发现过程。

但其他行业却似乎无法摆脱传统的制订计划的思维模式。这些行业的做法，诸如将款项支付与最初的项目进度表绑定在一起，并进行进度审查，以衡量原始计划中规定的成本和支出。这些做法适用于完成井然有序的任务，但当面对棘手的问题时，它们却会成为所需的洞察力和发现的阻碍。我在《街灯与阴影》一书中描述了"发现式管理"。我在关于洞察力的研究（如《洞察力的秘密》）中发现，洞察结果能够改变我们的所思、所行、所见、所感及所需。"发现式管理"针对的恰恰是这最后一个"所需"，"发现式管理"就是要了解我们想要什么。

——2014 年 10 月 12 日

提高组织机构运营效果的九大方法

改变行为的不同方法

当组织机构想要做出改变时，会有几种选择。我已确定了其中的九种——我们可以把这九种方法视为用来获得影响力的手段。

方法一：明确目标。我们可以通过明确目标来提高运营效果。文献（Heath & Heath, 2010）描述了目标管理原则（SMART）的概念，即具体的、可测量的、可操作的、相关的和及时的目标。上一篇文章描述了"发现式管理"，它可以帮助人们在处理棘手问题时调整自己的目标。目标越清晰，或越能适应环境，决策质量就越高。

方法二：建构决策。我们可以找到更好的方法来处理我们面临的选择。塞勒和桑斯坦（2009）描述了几种实现前述目标的方法：设置默认值（例如，询问人们是否拒绝捐献器官，而不是询问他们在发生车祸并死亡后是否愿意捐献器官）；设置锚点（通过提供更准确的锚点来影响人们的预估，从而进行调整）；将损失最小化，这样你就不会再厌恶损失（例如，从未来的工资增长中提取进行退休投资的资金，而不是从当前的工资中提取）；减少选项（因为当人们被要求在太多选项中做出选择时，就会感到沮丧）。文献（Heath & Heath, 2010）还提到了其他方法。一种是使用沉没成本，即在人们完成一项任务之前就给予他们部分的完成奖励。德韦克已经证明了认同自己的身份所产生的影响，鼓励学生将自己看作勤奋的人，而不是总在考试中取得好成绩的人，鼓励运用将脑力看作一种影响力而非拥有固定能力的设备的心理模型。沿着这些思路，文献（Heath & Heath, 2010）讨论了通过回答三个问题来重构身份：我是谁？目前是什么情况？像我这样的人在这种情况下会怎么做？例如，帮助住户与更具公民意识的邻居进行比较，可以使住户以更有公民意识的方式行事。这有助于他们改变一贯立场。

方法三：培训。有效培训的原则已经相当完善。然而，培训仍是代价最高昂的方法之一。在大多数情况下，人们没有时间参加培训。因此，我们可能会采用其他方法，如在职学习（Fadde & Klein, 2010），人们可以利用亲身工作经历来提高技能。技能水平越高，决策表现越好。

方法四：清单。在大多数情况下，诸如清单之类的辅助工具可增强培训效果，甚至替代培训。清单对于飞机起飞这样的程序性任务特别有价值，而在充满干扰的环境中，这些任务却很容易被打乱。加万德（2010）描述了提升清单效果的不同方式。然而，当情况更为复杂、更难以辨清时，清单就不那么管用了。

方法五：激励。如果人们得到适当的激励，便会更加努力地做出更好的决策。比如，给予贵宾待遇是可见的、直接的、针对个人的激励措施。激励虽是最受欢迎的方法之一，但因它很难将行为与结果相联系，所以在大多数情况下，这一方法出人意料地无效。如果激励措施过于简单，我们就会冒着员工为完成目标而偷工减料的风险，这意味着整体绩效的下降。

方法六：行为设计。如果我们更巧妙地设计选项，防止错误，而不是设置规则和限制，决策质量就会提高。不妨想想木工设备的设计，如电锯有内置的安全设计，这样操作者就不太可能失去手指。经过深思熟虑完成的设计比张贴关于电锯危险的告示效果更好。当一个一岁的孩子爬到贵重物品附近时，我们将贵重物品移至他够不着的地方比告诉他"不能碰"更有效。

方法七：选对人。这也许是最有用的方法，但却最不被理解，也极少被应用。我们如果能找到选出有才华员工的方法，就不必再为培训、激励、明确目标等问题担心了。

方法八：信息技术。如果人们能够获得所需的信息，他们就会做得更好，但技术必须与决策方式相匹配。米利泰洛和同事描述了认知系统设计的原理（Militello，Lintern，Dominguez，& Klein，2009）。

方法九：设计更好的组织机构。其他八种方法能否奏效都将取决于组织机构，即取决于组织机构是能促进优秀决策的制定，还是为决策的制定设置障碍。运转不畅的组织机构经常强调员工无差错的工作表现以及对标准的严格遵守，即使这些做法会使员工难以增长专业知识。运转不畅的组织机构可能提供的指导太少，以至于让员工感到困惑，工作难以取得任何进展。运转不畅的组织机构还有可能角色固定、职能僵化，以及缺乏适应性。

我们不必拘泥于只使用一种方法，比如培训或激励。相反，我们可以通过采用不同的方法或综合使用几种方法来提高适应性。

——2015年8月23日

变政策为行动

仅仅发布指令还不够

各组织经常发布关于人们应该如何开展各类活动的政策声明。政策声明通常是精心拟定的，有时是关于事情完成步骤的详细指示。军事领域类似的声明也非常正式，往往列出要遵循的步骤，有时还写明这些步骤的顺序。航空领域靠的是一张张的清单。医疗领域则会对最佳实践进行编纂整理。

这些努力为我们提供了宝贵的指导。它们还将不同人，甚至是素未谋面的人的行为标准化，这样做有助于协调配合，因为每个人都会遵照相同的规程。这些努力还帮助我们把控了质量。对于各类政策声明的好处，争议不应存在。在许多情况下，这些政策声明很有必要，关于这一点我们都应当认同。

然而，只有政策声明还不够。我要在本文中提出的正是这一点。绝大多数组织机构和个人都相信他们要做的就是发布政策，当人们未能按照预期遵循政策时，这种错觉便会导致失望、沮丧和指责。

政策声明中少了什么？

政策声明中所缺少的是我们身处环境的复杂性及细微差别。而试图抓住政策中这些复杂性和细微差别的做法却很少会成功。世界的变化远非我们所能应对，比我们制定政策时能想到的还要多，而在政策制定好以后，环境会以不可预测的方式不断发展，更多的变化便会出现。试图把握这些复杂性和细微差别的做法不太可能成功，而且往往会适得其反，因为这番努力会干扰政策想要传达的明确信息。

其他三项内容

本书第二部分有一篇文章叫《心理模型矩阵》。我们可以将该矩阵应用于实施政策中面临挑战的应对（见表9.1）。政策声明本身对应于"系统如何运转"一项内容，该项内容对于应发生之事进行了说明。表中其他三项内容反映了经常出现的两难困境。

表9.1 心理模型矩阵

	能力	局限性
系统	系统如何运转： 系统各部分、连接、因果关系、过程控制逻辑	系统出现故障的原因： 常见故障和局限性（如边界条件）
用户	维护系统运转： 检测异常、评估系统的反应能力、执行替代方案、适应变化	用户感到困惑的原因： 人人都有可能犯的几类错误

资料来源：改编自约瑟夫·博德斯的表格。

政策制定者经常忽略这三项内容，因而制定的政策很可能有局限性，即表9.1中"系统出现故障的原因"这一项内容。而员工则需要通过经验和技能来调整政策，以适应不同的情况，即表9.1中"维护系统运转"这一项内容。政策制定者可以尝试预测人们可能会出现困惑的情况，即表9.1中"用户感到困惑的原因"这一项内容。

因此，为促进政策成功执行，组织机构除了要考虑这三项内容，还需要考虑每一项内容中的策略及干预措施。

场景

一种策略是通过设计场景来帮助员工预测问题并适应问题。本书第二部分描述的"影子对手训练"就可以以这种方式来运用，当然还有许多其他的场景技术。

当然，组织机构并不想为每一项政策都设计场景。在大多数情况下，回报不足以证明所需成本和时间的合理性。只有在判断政策足够重要并且不遵循该政策可能会造成严重后果时，组织机构才会采取额外步骤，使用场景来辅助政策的实施。但也有更为简单的策略可供使用。

病人出院

让我们看一个简单的例子。一个病人在住院几天后准备出院了，负责办理出院的护士仔细告诉病人要遵循的术后护理方案。也许这位护士已经将病人需要遵循的自我护理流程打印出来了。

艾森伯格和马哈尔（2019）认为，这种常规的做法是不够的。仅仅发布指令、说明政策，并将打印出来的文件交给病人并不能确保病人了解未来会出现什么状况。办理出院的护士需要进一步判断病人是否理解自己该做什么。

对此，我想进一步予以说明。如果办理出院的护士确实想让病人遵守这些指令，我建议可以对病人可能会遇到的各种令他束手无策的情形进行提前预测。比如模拟一些简单的场景来具体说明病人可能要做的决定（例如，"应每六个小时服用一次某种液体药剂。如果正好在工作，没有勺子来测量剂量，该怎么做？"）。办理出院的护士有相关经验，因而能够理解心理模型矩阵中其他三项内容里的常见问题。同时，护士还可以用简单的例子（微场景）让病人理解出院后该如何护理，这样病人就更容易康复，还可以减少不得不再次住院的情况。

结论

政策通常是必要的，但很少是充分的。如果组织机构能够真正将政策转化为行动，并且如果政策足够重要，那么使用像场景设计这样的技术，即便简单，也可能产生巨大价值。

——2021 年 3 月 17 日

让改变发生的人

领导者是如何改变组织机构文化的

许多组织机构养成的习惯与其最初的想法完全背道而驰。这些习惯可能是在其无意识的情况下逐渐形成的，而一段时间后，它们就成了标准——成了组织机构运作的方式，最后，竟成了现状。

美斯达医疗集团的首席创新官马克·史密斯描述了现状的力量，以及安于现状是如何阻碍进步的。员工们太习惯于现状了，因而会抵制改变，因为改变是一种威胁，改变需要做更多的工作，改变需要员工们以他们无法预测的方式适应。只有知道如何完成目前的工作，工作人员才能感到安全，而改变会带来不安全感。

组织机构的领导者可能会尽力解释改变的好处。他们可能会陈述自己的价值观，以及对创新的渴望。但是，现状却会不动声色地挫败为创新所做的种种尝试。

然而，有一些领导者却能成功地改变现状。他们能对自己所在组织机构的文化产生持久的影响。找出几位这样的领导者之后，我想知道他们的秘诀是什么。我没有进行任何详尽的分析，只是做了个简单的比较，看看能从中学到什么。我意识到这种事后分析在很多方面都存在缺陷。比如，我指出的任何一种行为也有可能出现在那些未能改变企业文化的领导者身上。此外，我只研究了四位领导者。因此，我不能保证已找到方法来解决现状造成的障碍。我只是在试图找到改变文化的有用方法，并在此基础上分享自己的推测。

我确实发现了一个常见的策略。但在对其进行描述之前，我想向各位读者介绍四位我认为的能让改变发生的人，即罗斯特·施密德尔、约翰·马丁利、艾伦·穆拉利和朱迪思·古德汉德。

绰号"雄鸡"的罗斯特·施密德尔是一名海军陆战队战斗机飞行员。（出于特殊原因，军队飞行员必须起五花八门的绰号，施密德尔橙红色的头发为他赢得了"雄鸡"这个绰号。）我认识"雄鸡"大约在二十年前，当时他是一名海军中校（现在已是海军中将，还取得了哲学博士学位）。我当时正在观看代号为"猎人-勇士"的高能见度海上演习，该演习旨在对数字技术的应用进行评估，以全面缩短指挥链和野战部队的反应时间。演习原定于几周后开始，但演习人员尚未做好准备。前任演习执行官刚因效率低下而被解雇。每个人都认为演习注定失败。施密德尔出任新的演习执行官，他就像一股自然的力量。

指挥所里坐满了海军陆战队队员，他们坐在工作台上被动地接收和发送消息。而这并不是施密德尔想要的。他走到一名海军陆战队队员面前，要这名队员发出一条消息。然后，施密德尔让这名海军陆战队队员站起来，走到房间后面正在接收消息的海军陆战队队员面前——两人以前从未见过面。施密德尔让两名队员讨论这条消息的含义，以及此消息为何重要。再然后，施密德尔又让第二名陆战队队员发出一条消息，同样走到接收消息的陆战队队员面前。这样的练习一直往下进行，直到每人都轮了一遍。很快，指挥所里的每名队员都明白了该如何与其他队员一起工作。施密德尔从未发表过任何关于团队协作的演讲。他只是让每名海军陆战队队员知道发送和接收消息的都是谁。"猎人-勇士"演习取得了巨大成功，帮助海军陆战队完成了向信息技术时代的过渡。

约翰·马丁利是纽约市儿童服务管理局的局长。他负责的这家由社会工作者组成的机构做出了我所见到过的最艰难的选择——是将一个身处风险之中的孩子从母亲身边带走,还是让这个家庭保持完整,冒着孩子会在未来受到伤害的风险。我是在2011年认识马丁利的,当时我正在做一个关于社会工作者如何进行决策的项目。我了解到马丁利和他的副手简·弗洛里是如何引入几项令人兴奋的创新之举的——我在这里提到的是其中一项——在孩子被送到领养家庭之前,领养家庭、社会工作者、监督方和协调人需召开团队决策会议,就孩子的安全问题做出决策。这些会议让领养家庭参与有关孩子的关键决策,改变了传统的决策方式。但是,马丁利怎么能确定社会工作者们会安排召开团队决策会议呢?马丁利找了个简单易行的策略。他通知法律工作人员,若不召开团队决策会议,他们便不能批准任何将儿童带走的请求。这个办法的确奏效。他筑起了一道"防火墙"。在短时间内,召开团队决策会议成了标准——新的现状。

艾伦·穆拉利曾是波音公司的执行副总裁,后来又做了福特汽车公司的首席执行官。布莱斯·霍夫曼在2012年出版的《美国偶像》一书中讲了一个关于穆拉利的故事。穆拉利进入福特汽车公司时,公司正陷入危机。2006年第三季度,福特汽车公司亏损60亿美元,这还是在2007—2008年经济衰退之前。该公司特权文化导致一些人员工资高涨、福利飙升,甚至催生出一种将个人发展凌驾于公司需求之上的自我推销的思维模式。高管们一边运用手段谋取权力,一边依靠手下员工完成工作。穆拉利推行了一系列改革,其中一项正与文化变革相关。在穆拉利上任几周后的第一次高管会议上,他解释说,以后每周的例会上,高管可以带助理,但助理不得在会上发言。以前,高管们靠自己的助理来回答棘手的问题,这种情况不能再出现了。现在,每个高管都得知道该怎么回答这些问题，即便不是在这一周，那么也会在下一周。一阵不适感在会议室里蔓延开来。谈论问责制是一回事，但通过新规定来加强问责制则是另一回事。

1992年，朱迪思·古德汉德被任命为俄亥俄州克利夫兰市凯霍加县儿童与家庭服务部的新主任。（我是从古德汉德的继任者之一帕特·赖德奥特那里听说的。）为了应对一场危机，这个部门作为一个独立的儿童福利机构（而不是较大部门的一个分支）刚刚成立，古德汉德是该机构的第一任负责人。她最早遇到的问题之一是，许多需要进入看护中心的孩子在一天结束后没有地方可以去。有些孩子甚至在该机构的大楼里过夜，等待领养家庭确认身份。古德汉德因这个问题没有给大家带来紧迫感而倍感担忧，因为自己的员工晚上都回了家，而刚刚从父母身边被带走的孩子们却只能在办公楼里过夜，孩子们很可能又害怕又难过。古德汉德认为，如果她要改变这家机构的企业文化，就要让员工们从"只是投入时间"转变到为孩子们争取权益，这将是一个很好的开始。

因此，她制定了一项简单的新政策：只要办公大楼里还有一个等待安置的孩子，所有的高层工作人员就不能回家。

不用说，新政策的出台带来了巨大的改变，因为所有的目光都集中在那些尚未被安置的孩子身上。才过了几天，就再也没有孩子睡在该机构的办公大楼里了。

这四个例子最让我印象深刻的是，每个例子的领导者进行的都是最低程度的干预。其他因素当然也起了作用，比如个人魅力和周围人的信任。然而，这些领导者并没有试图依靠个人品质来实现对组织机构的改变。他们想要的是迅速完成企业文化的改变，以及思维模式的转变。为实现这一目标，他们都引入了新颖的形式。施密德尔用了一个多小时带领海军陆战队队员在指挥中心转了一圈，以便队员们能够了解该如何完成任务。马丁利建立了一个小型"防火墙"，以防止社会工作者故态复萌，跳过团队决策会议。穆拉利施策保证了他的高管们掌握各自所在部门的项目细节。古德汉德确保她的高级员工能够亲身感受到安全安置所有儿童的紧迫性。

在我看来，这些让改变发生的人意识到了现状让人难以接受，并判断出企业文化需要做何改变，最后设计出了最低程度的干预。最低程度的干预不仅会打破现状，还会使组织机构日后不再出现如今运转不畅的状态。这些让改变发生的人都是行为工程师。

演讲、讲座、价值观陈述，所有这些产生的影响都极为有限。重要的是，找到一种改变现状的方法，这样它就不会给你的进步造成阻碍。

——2016 年 8 月 10 日

反思

自然主义决策不是一门学科。自然主义决策在大学里确实有许多支持者，但它出现且主要扎根于应用环境中，而应用环境正是行动的基础——用于训练决策技能和获得更高水平的专业知识，用于设计旨在增加而不是破坏专业知识的系统，便于各组织机构进行干预，并专注于寻求增长专业知识而不是减少错误的方法。

第九部分第一篇文章提供了让自然主义决策发挥作用的不同想法，并提出了几种工具和策略，我们可以将它们作为可借鉴的实例。第九部分的第一篇文章列出了四十二种工具。这些工具可分为九大类：知识获取工具，指定和表示任务认知需求的方法，训练方法，系统设计方法，评估技术，团队协作辅助，风险评估方法，测量技术，以及认知不同方面的概念模型。如果各位读者正在寻找一种自然主义决策方法来帮助完成既定任务，那么这套工具汇编似乎是个不错的选择。但该篇文章只列出了一个清单，第九部分的其余文章提供了关于一些特定工具和方法的更多细节。

其中一些工具和方法旨在提高决策能力和直觉能力——比如，当你根据自己的直觉做出判断时，不妨将卡尼曼的建议与我的建议进行对比。第九部分第三篇文章揭示了什么才叫了解自己。一旦超越原先的陈旧想法，自我认识就会变得比我们想象的更复杂，且取决于我们理解他人的能力。

那篇关于"做白日梦"的文章引起了相当大的争议。它针对的是毕业典礼上的一种老生常谈，即演讲者倾向于劝诫毕业生追随自己的激情。也许这类建议并不是好主意。

第九部分第五篇文章对因果景观进行了描述，这是一种摆脱过于简单化的解释而不陷入过度简化的泥沼的方法。因果景观对这一目标的实现通过以下步骤完成：考虑导致一个结果的多种原因（从而反对只考虑单一原因的倾向），然后优先考虑最容易消除的原因，消除此类原因可能会对结果产生最大的影响（从而提供实际的行动方案）。有些事听上去可能很有道理，但切不可自欺欺人。回顾一下关于希拉里·克林顿为什么会输掉 2016 年美国大选的文章。许多人，也许还是绝大多数人，都有一个"最喜欢"理论——从本质上说，就是偏爱单一原因。当我在这篇文章中介绍了越来越多引起结果发生的原因时，各位读者的反应是什么？我怀疑许多读者都感到有些沮丧。额外的原因与他们的"最喜欢"理论形成了对立。这种反应说明了我们倾向于选择单一原因，即使明知可能会有多个原因牵涉其中。这就是我们可以从因果景观这样的方法中受益的原因，因果景观能将我们从单一原因的思维模式中拉出来。

第九部分第七篇文章讨论了如何做出持久改变这一棘手问题，它不是指很快就消失的短期修复，而是指长期持久的改变。该篇文章关注的是坚持用药，但这种方法同样适用于想要持久改变自己行为的情况。我们相信改变会起作用，促成改变发生的知识，以及维持行动的资源、激励和奖励，是"坚持模型"仰仗的基础。

第九部分第八篇文章检查了团队和组织机构这一层面而非个人层面所使用的工具和方法。该篇文章描述了事前检讨法，并列举了组织机构在进行事前检讨分析时常犯的一些错误——我认为这些错误会极大地降低事前检讨产生的影响。错误之一便是简单地问"会出什么问题？"，而不是建立想象计划已经失败的思维模式。这二者看似区别不大，但我们所做的研究表明，这一区别非常重要。

第九部分第九篇文章介绍了采用"决策记分卡"进行人员测评的方法——将主管和下属间围绕目标、行为和结果的谈话转变为主管和下属共同回想下属过去一年所做的艰难选择，这样主管和下属就可以共同思考从过去的这些选择中能学到什么。

第九部分第十篇文章介绍了"发现式管理"。标准的管理策略力求确定项目的目标和为实现这些目标而计划好的步骤。如果项目要解决的是棘手的问题（许多项目都是如此），那么随着团队对真正要完成任务的深入了解，目标可能会发生改变。因此，比起将管理者锁定在对目标初步理解上的思维模式，"发现式管理"的思维模式会更有效。

第十一篇文章列出了组织机构可以用来提高运营效果的九种常见方法。这篇文章虽未提出什么特别的看法，但可能有助于领导者和管理者摆脱之前的一些套路，减少对培训和激励等手段的主动依赖。他们能选的要比他们想象的多。

  第九部分还探讨了将政策转化为行动带来的挑战。高管们常常认为，仅仅通过发布指令——政策声明——就能实现自己的目标。这种想法纯属一厢情愿。为了帮助人们适应不同的环境和政策下的限制条件，从而保障政策的有效实施，我们还需要做很多额外的工作。如果各组织机构对待政策的态度是严肃认真的，这类工作将必不可少。

  第九部分最后一篇文章的节奏有所变化，这篇文章也算是灵感之作。仅有工具和策略还不够，我们还需要能够运用这些工具和策略的人。这篇文章讲述了四位领导者的故事，他们实现了重大而持久的改变。因此，我们看到，影响是有可能产生的，个人的领导能力和远见可以促成这种影响。也许，我们可以从中受到启发，得以运用我们的能力来了解认知，并调动力量之源来改变我们自己。

后　记

　　本书的九个部分包含了很多想法。但我写这本书的目的不是展示这些想法，而是帮助各位读者更容易、更清楚地了解认知。在这一点上，我想让各位读者在更好地理解认知维度的同时也弄明白认知维度为何如此重要，却又为何如此轻易被忽视。我希望各位读者能适应被各组织机构所惯常忽略的认知挑战。

　　你是否觉得以下情况已然出现了？你对形势的感知与还没读本书时相比是否有所不同？你是否注意到了以前可能忽略的东西？你是否提出了更恰当、更深入、更有用的问题？你是否更善于欣赏他人对某一情况的看法？

　　希望各位的答案会是"是"。我承认这些问题都不好答，再找回以前拥有的能力亦非易事。

　　至少，本书可以作为一个起点，引导各位读者向着适应认知维度的方向前进，即使其他人对看到的事件和显而易见的说法深信不疑。祝愿各位在探索中积累自己的经验和故事。

　　本书分九个部分，共八十多篇文章，如果我们回顾一篇篇文章，就可以看到一段发展进程。从本书的结尾处，我们便可清楚地看到整本书的叙事轨迹。本书从对认知维度及其不同方面的描述开始。为了使这一描述更清晰，接下来的部分将认知维度与传统的分析解释进行了对比，展示了两者的不同之处，并指出了传统解释的一些局限性。再往后，通过检查传统的分析解释如何借由对专业知识不充分的评估来影响人工智能系统，本书解释了为何需要技术来支持专业知识而非对其进行干扰，并探讨了传统分析解释的不利方面。

这就提出了一个问题，即我们所说的专业知识究竟是什么。因此，本书第五部分探讨了一些需要明确凸显的而不是可有可无的专业知识的特征。专业知识的一个方面是提升洞察力、获得发现，这也是第六部分的主题。但我们如何增加专业知识、培养洞察力，这是专讲培训的第七部分所探讨的问题。此外，我们不仅要提升自己及下属的专业知识，还要提升他人的专业知识——我们需要考虑他人的观点，第八部分探讨的正是这些。最后，第九部分通过描述各种可以提升个人、团队和组织机构工作效果的工具及策略来总结所有这些问题。

面对如此广泛的话题，各位读者难免会发现自己与我不一致的一些主张和观点。这是再正常不过的了。这些分歧或许会帮助各位强化自己的观点。我猜赞同会多于反对。至少，这些文章会帮助各位读者拓展自己的认知和心理模型。

我还想向各位保证，我并未打算利用这些文章进行煽动，提出各种主张只是为了从读者那里获得情感回应。对一些读者来说，这些文章可能显得有些不入流，因为我并不认同分析性的、无语境的理性至上的主流观点。我认为这种观点是理性主义者的狂热梦想，有时看上去颇具吸引力，但在许多方面都有局限性。因此，这些文章反映了一种既真诚又真实的视角差异。

本书所有文章的另一个目标便是，证明还存在另一种观点，阐述此种观点，并探讨其深意。读者应该能感觉到，这种认知视角，这种自然主义决策的视角，可能比纯粹的分析视角更有价值、更实用，且应用起来更直接。在这一点上，读者会感觉到，这种认知视角可以给研究人员、各行业从业人员乃至整个社会带来帮助。

本书也是向各位读者发出的邀请，无论您是不是研究人员，是否认同认知视角，或者只想进一步对其进行审视，抑或只是将其中对自己有价值、有意义的方面予以应用。

致　谢

一本书的致谢部分是作者向每一个为其写作做出贡献的人表示感谢的机会。这一部分，作为因果景观的一种形式（见第九部分第五篇文章），回顾了那些在成书中发挥作用的人，并在一定程度上通过表达谢意来讲述他们所做贡献的性质及重要性。

《掌控思维》这本书收录的文章数量众多，写作时间跨度也很大——从 2013 年到 2022 年，几乎整整十年，为它做出贡献的人来自各行各业。

首先要感谢我的女儿德沃拉·克莱因，是她最先提出了写书的建议。她敦促我收集为《今日心理学》博客写的文章，将它们出版。德沃拉还在我写书的过程中做出了许多其他贡献，各位读者会在下文中再次见到她的名字，没有她的建议和鼓励，就没有这本书。

我还要感谢公共事务出版社的约翰·马哈尼和他的同事们，他们首先为我安排了《今日心理学》博客。他们最开始的想法是利用我博客上的文章来吸引更多读者关注我的前一本书——《洞察力的秘密》，所以我刚开始发在博客上的文章都是关于洞察力本质的。但后来，我开始拓展自己的领域，写与认知心理学相关的文章，再后来写的文章都围绕自己感兴趣的话题，从铁路事故到教学方法、体育运动，再到为应届毕业生提供职业咨询。

《今日心理学》的编辑德文·弗赖伊在我将博客中的文章写进这本书时，耐心地给我提供了诸多帮助。

菲尔·劳克林是麻省理工学院出版社与我合作的编辑之一，他支持出版这本书，并在这本书的组织编排方面提供了宝贵的建议，还将一篇篇独立的文章组合成一个连贯的故事。我为介绍这本书和书中各部分，以及每部分结尾专门写了相关的文章，而菲尔正是这些文章的幕后推动者。菲尔负责本书的最终定稿。他还安排了四名审稿人员对初稿提出意见。我虽不知道这几名审稿人员的姓名，但他们应该知道，他们的意见和建议对我的帮助有多大。

德博拉·坎托-亚当斯是麻省理工学院出版社与我合作的产品编辑。在我前五本书的出版过程中，我和许多不同的编辑打过交道，相处的过程并不总是愉快的，但是和德博拉共事很愉快。我想我不会再写书了，但如果是德博拉做编辑，我可能会重新考虑。

在这本书的准备过程中，我拜托"影盒"公司的同事亚当·扎雷姆斯基，将在线博客上的文章编成一份条理清晰的文稿。我于2014年创立了"影盒"公司。本该我自己做的事亚当都替我做了，甚至我没想到的事亚当也帮我做了。所有的事亚当都能按时完成，而且常常提前完成，有时还会催我快点儿。幸好有他帮我。

"影盒"公司的另一位同事卡里·霍伊对本书最早的初稿进行了完整的编辑，做出了重要贡献。

书中的许多图表都是我的朋友迈克尔·弗莱什曼设计的。我们在一起工作了三十多年，我很看重他的创作才能和专业技术水平。我还要提一下戴维·斯威尼，他绘制了第二部分第二篇文章中最早的认知能力来源图。

在我们这个非正式的因果景观中，接下来要感谢的是所有为书中文章做出贡献的人，他们是文章的作者，包括文章的合著者——赫布·贝尔、罗恩·贝苏伊、约瑟夫·博德斯、德沃拉·克莱因、谢恩·米勒、约翰·施米特、本·施奈德曼和格蕾琴·乌斯特拉克。除了他们，我还要感谢对我个人的文章做出重大贡献的朋友及同事，包括洛伦佐·巴韦里斯·卡诺尼科、斯特林·张伯伦、利亚·迪拜罗、特里·费尔班克斯、比尔·弗格森、特雷弗·哈德利、尼尔·欣策、罗伯特·霍夫曼、彼得·卡姆斯特拉、丹尼斯·克莱因、丽贝卡·克莱因、戴夫·莱曼、芭芭拉·梅勒斯、安德鲁·米尔斯、肖娜·佩里、简·马尔滕·施拉根、斯科特·斯努克、菲尔·泰洛克和科琳娜·赖特。

在此，我应向丹尼尔·卡尼曼表示感谢。二十年来，我们各自秉持不同观点，但仍不乏合作，我觉得我们双方都认为这种合作富有成效。如果丹尼尔读了这本书的话，大部分文章都会让他讨厌（我当然希望他不会）。由于我知道他可能会读，所以我在写作时尽量做到更公平、更公正。

本书的主要主题之一是自然主义决策领域的重要性，我想在此对朱迪思·奥拉萨努表示感谢，她对本书的出版提供了赞助并对出版工作进行了指导。感谢自然主义决策运动目前的核心成员，包括约瑟夫·博德斯、辛迪·多明格斯、罗娜·弗兰、朱莉·戈尔、罗伯特·霍夫曼、罗布·赫顿、劳拉·米利泰洛、布赖恩·穆恩、尼兰·纳卡尔、埃米莉·罗思、约翰·施米特、简·马尔滕·施拉根、乔尔·萨斯、保罗·沃德、威廉·翁和戴维·伍兹。还要感谢玛丽·奥莫代伊对自然主义决策运动的贡献，遗憾的是，玛丽·奥莫代伊已于2021年去世。

非常感谢"影盒"公司同事们的支持，感谢他们给我提出的很多新观念、建设性的意见和建议，感谢他们愿意为我提出的不同想法做参谋，他们是：约瑟夫·博德斯、卡里·霍伊、列扎·贾莱伊恩、劳拉·米利泰洛、埃米莉·纽瑟姆、约翰·施米特、亚当·扎雷姆斯基，以及一直与我并肩作战的埃米莉·法恩和德沃拉·克莱因。

我是不是该说一说我的孙辈雅各布·劳勒、露丝·贾德森、乔纳森·劳勒和哈罗德·贾德森？他们——最大的只有十一岁——没有做出任何直接的贡献，但在我撰写手稿时，孩子们为我提供了无尽的、令人愉快的消遣和情感。我还写了一篇文章，讲述了疫情期间我和他们在网上下棋时学到的东西。

最后，我要感谢我的妻子海伦，感谢她在我们结婚后对我的全力支持，感谢她的耐心，感谢她作为同事和合作者给我的工作带来的快乐，感谢她的智慧，感谢她付出的爱。很多年前有人问我，海伦吸引我的地方是什么，我想了一会儿，答道："我喜欢逗她笑。"我一直在朝这个方向努力。

参考文献

Ariely, D., & Jones, S. (2008). *Predictably irrational*. New York: Harper Audio.

Arkes, H. (1981). Impediments to accurate clinical judgment and possible ways to minimize their impact. *Journal of Consulting and Clinical Psychology, 49*, 323–330.

Balogh, E. P., Miller, B. T., & Ball, J. R. (2015). *Improving diagnosis in health care*. Washington, D.C.: National Academies Press.

Barra, A. (2011, September 27). The many problems with "Moneyball." *The Atlantic*.

Beach, L. R. (2019). *The structure of conscious experience*. Newcastle upon Tyne, UK: Cambridge Scholars Publishing.

Berg, N., & Gigerenzer, G. (2010). As-if behavioral economics: Neoclassical economics in disguise? *History of Economic Ideas, 18*(1), 133–166.

Bonde, A. (2013, October 18). Defining small data [blog]. Retrieved from https://smalldatagroup.com/2013/10/18/defining-small-data.

Borders, J., Klein, G., & Besuijen, R. (2019, June). An operational account of mental models: A pilot study. In *Proceedings of the 2019 International Conference on Naturalistic Decision Making*, San Francisco, CA.

Boser, U. (2019). What do teachers know about the science of learning? The Learning Agency, Washington, DC. Retrieved from https://www.the-learning-agency.com/insights/what-do-teachers-know-about-the-science-of-learning.

Brafman, O., & Brafman, R. (2008). *Sway: The irresistible pull of irrational behavior*. New York: Doubleday.

Chi, M. T. H., Roy, M., & Hausmann, R. G. M. (2008). Observing tutorial dialogues collaboratively: Insights about human tutoring effectiveness from vicarious learning. *Cognitive Science, 32*, 301–341.

Chi, M. T. H., Siler, S., & Jeong, H. (2004). Can tutors monitor student's understanding accurately? *Cognitive and Instruction, 22*, 363–387.

Chi, M. T. H., & Wylie, R. (2014). The ICAP framework: Linking cognitive engagement to active learning outcomes. *Educational Psychologist, 49*(4), 219–243.

Chinn, C. A., & Brewer, W. F. (1993). The role of anomalous data in knowledge acquisition: A Theoretical framework and implications for science instruction. *Review of Educational Research, 63*(1), 1–49.

Christensen, C. M. (2013). *The innovator's dilemma: When new technologies cause great firms to fail*. Boston, MA: Harvard Business Review Press.

Coffield, F., Moseley, D., Hall, E., & Ecclestone, K. (2004). *Learning styles and pedagogy in post-16 learning: A systematic review*. London: Learning and Skills Research Center. Retrieved from https://www.voced.edu.au/content/ngv%3A13692.

Cohen, M., Freeman, J. T., & Thompson, B. (1997). Training the naturalistic decision maker. In C. E. Zsambok & G. Klein (Eds.), *Naturalistic decision making* (pp. 257–268). Mahwah, NJ: Erlbaum.

Crispen, P., & Hoffman, R. R. (2016). How many experts?, *IEEE Intelligent Systems* (November/December), 56–62.

Crosskerry, P. (2003). The importance of cognitive errors in diagnosis and strategies to minimize them. *Academic Medicine, 78*, 75–780.

Dawes, R. (2001). *Everyday irrationality: How pseudo-scientists, lunatics, and the rest of us systematically fail to think rationally*. Boulder, CO: Westview.

De Keyser, V., & Woods, D. D. (1990). Fixation errors: Failures to revise situation assessment in dynamic and risky systems." In A. Colombo & A. Bustamante (Eds.), *Systems reliability assessment* (pp. 231–251). Dordrecht: Springer.

Devine, P. G., Hirt, E. R., & Gehrke. E. M. (1990). Diagnostic and confirmation strategies in trait hypothesis testing. *Journal of Personality and Social Psychology, 58*, 952–963.

Dweck, C. S. (2006). *Mindset: The new psychology of success*. New York: Random House Digital, Inc.

Eisenberg, E. M., & Mahar, S. E. (2019). *Stop wasting words: Leading through conscious communication*. Charleston, SC: Advantage Press.

Ericsson, K. A., Hoffman, R. R., Kozbelt, A., & Williams, A. M. (Eds.). (2018). *The Cambridge handbook of expertise and expert performance*. Cambridge: Cambridge University Press.

Eyal, T., Steffel, J., & Epley, N. (2018). Perspective mistaking: Accurately understanding the mind of another requires getting perspective, not taking perspective. *Journal of Personality and Social Psychology, 114*, 547–571.

Fadde, P. J., & Klein, G. (2010). Deliberate performance: Accelerating expertise in natural settings. *Performance Improvement, 49*(9), 5–14.

Fadde, P. J., & Klein, G. (2012). Accelerating expertise using action learning activities. *Cognitive Technology, 17*(1), 11–18.

Feltovich, P. J., Coulson, R. L., & Spiro, R. J. (2001). Learners' (mis)understanding of important and difficult concepts: A challenge to smart machines in education. In K. D. Forbus & P. J. Feltovich (Eds.), *Smart machines in education* (pp. 349–375). Cambridge, MA: MIT Press.

Feltovich, P. J., Hoffman, R. R., Woods, D., & Roesler, A. (2004). Keeping it too simple: How the reductive tendency affects cognitive engineering. *IEEE Intelligent Systems, 19*(3), 90–94.

Fischhoff, B., & Beyth-Marom, R. (1983). Hypothesis evaluation from a Bayesian perspective. *Psychological Review, 90*, 239–260.

Frazier, I. (2013, May 13). Form and fungus. *The New Yorker.*

Fugelsang, J. A., Stein, C. B., Green, A. E., & Dunbar, K. N. (2004). Theory and data interactions of the scientific mind: Evidence from the molecular and the cognitive laboratory. *Canadian Journal of Experimental Psychology, 58*, 86–95.

Gawande, A. (2010). *The checklist manifesto.* New York: Picadur.

Gigerenzer, G. (2019). Expert intuition is not rational choice. *American Journal of Psychology, 132*, 475–480.

Gigerenzer, G. (2022). *How to stay smart in a smart world.* Cambridge, MA: MIT Press.

Gladwell, M. (2014, March 31). Sacred and profane: How not to negotiate with believers. *The New Yorker.*

Gopher, D., Weil, M., & Bareket, T. (1994). Transfer of skill from a computer game trainer to flight. *Human Factors, 36*, 387–405.

Griggs, R. A., & Cox, J. R. (1982). The elusive thematic-materials effect in Wason's selection task. *British Journal of Psychology, 73*, 407–420.

Hall, K. G., Domingues, D. A., & Cavazos, R. (1994). Contextual interference effects with skilled baseball players. *Perceptual and Motor Skills, 78*(3), 835–841. Retrieved from https://doi.org/10.1177/003151259407800331.

Halpern, D. F. (2007). The nature and nurture of critical thinking. In R. J. Sternberg, H. L. Roediger III, & D. F. Halpern (Eds.), *Critical thinking in psychology* (pp. 1–14). New York: Cambridge University Press.

Heath, C., & Heath, D. (2010). *Switch: How to change things when change is hard.* New York: Crown.

Higgins, T. R., Staszewski, J., Herman, H., Flanigan, V., Falmier, O., & Hancock,

R. A. (2008). *Warfighter research in mine detection: Improved clutter rejection with the An/PSS-14*. Land Mine Detection Research Center Report, Lincoln University.

Hoffman, B. G. (2012). *American icon: Alan Mulally and the fight to save Ford Motor Company*. New York: Three Rivers Press.

Hoffman, R., Klein, G., & Miller, J. (2011). Naturalistic investigations and models of reasoning about complex indeterminate causation. *Information Knowledge Systems Management, 10*(1–4), 397–425.

Hoffman, R. R., Mueller, S. T., Klein, G., & Litman, L. (2018). *Metrics for Explainable AI: Challenges and prospects* (Technical report, Explainable AI Program, DARPA). Washington, DC: DARPA. Retrieved from https://arxiv.org/abs/1812.04608.

Hoffman, R. R., Ward, P., Feltovich, P. J., DiBello, L., Fiore, S. M., & Andrews, D. (2014). *Accelerated expertise: Training for high proficiency in a complex world*. New York: Psychology Press.

Johnson, S. (2010). *Where good ideas come from: The natural history of innovation*. New York: Penguin.

Jones, R. V. (1978). *The wizard war: British scientific intelligence, 1939–1945*. New York: Coward, McCann & Geoghegan.

Kahneman, D. (2011). *Thinking fast and slow*. New York: Farrar, Straus and Giroux.

Kahneman, D., & Frederick, S. (2002). Representativeness revisited: Attribute substitution in intuitive judgment. In T. Gilovich, D. Griffin, & D. Kahneman (Eds.), *Heuristics and biases: The psychology of intuitive judgment* (pp. 49–81). Cambridge: Cambridge University Press.

Kahneman, D., & Klein, G. (2009). Conditions for intuitive expertise: A failure to disagree. *American Psychologist, 64*(6), 515.

Kahneman, D., & Tversky, A. (1972). Subjective probability: A judgment of representativeness. *Cognitive Psychology, 3,* 30–454.

Kiefer, C. F., & Constable, M. (2013). *The art of insight: How to have more aha! moments*. Oakland, CA: Berrett-Koehler Publishers.

Klayman, J., & Ha, Y.-W. (1987). Confirmation, disconfirmation, and information in hypothesis testing. *Psychological Review, 94,* 211–228.

Klein, D. E., Woods, D. D., Klein, G., & Perry, S. J. (2016). Can we trust best practices? Six cognitive challenges of evidence-based approaches. *Journal of Cognitive Engineering and Decision Making*, 10(3), 244–254.

Klein, D. E., Woods, D., Klein, G., & Perry, S. (2018). EBM: rationalist fever dreams. *Journal of Cognitive Engineering and Decision Making, 12*(3), 227–230.

Klein, D. E., Wustrack, G., & Schwartz, A. (2006). Medication adherence: Many conditions, a common problem. *Proceedings of the 50th Annual Meeting of the Human Factors and Ergonomics Society, San Francisco* (pp. 1088–1092). Santa Monica, CA: Human Factors and Ergonomics Society.

Klein, G. A. (1993). A recognition-primed decision (RPD) model of rapid decision making. In G. A. Klein, J. Orasanu, R. Calderwood, & C. E. Zsambok (Eds.), *Decision making in action: Models and methods* (pp. 138–147). Norwood, NJ: Ablex.

Klein, G. (1998/2017). *Sources of power: How people make decisions.* Cambridge, MA: MIT Press.

Klein, G. (2007). Performing a project premortem. *Harvard Business Review, 85*(9), 18–19.

Klein, G. (2008). Naturalistic decision making. *Human Factors, 50*(3), 456–460.

Klein, G. (2009). *Streetlights and shadows: Searching for the keys to adaptive decision making.* Cambridge, MA: MIT Press.

Klein, G. (2011). Critical thoughts about critical thinking. *Theoretical Issues in Ergonomics Science*, 12(3), 210–224.

Klein, G. (2013). *Seeing what others don't: The remarkable ways we gain insights.* New York: Public Affairs.

Klein, G., & Borders, J. (2016). The ShadowBox approach to cognitive skills training. *Journal of Cognitive Engineering and Decision Making, 10*, 268–280.

Klein, G., Calderwood, R., & Clinton-Cirocco, A. (1986/2010). Rapid decision making on the fire ground: The original study plus a postscript. *Journal of Cognitive Engineering and Decision Making, 4*(3), 186–209.

Klein, G., Feltovich, P. J., Bradshaw, J. M., & Woods, D. D. (2005). Common ground and coordination in joint activity. In W. B. Rouse, & K. R. Boff (Eds.), *Organizational simulation* (pp. 139–184). New York: Wiley.

Klein, G. A., & Hoffman, R. R. (1992). Seeing the invisible: Perceptual-cognitive aspects of expertise. In M. Rabinowitz (Ed.), *Cognitive science foundations of instruction* (pp. 203–226). Mahwah, NJ: Erlbaum.

Klein, G., Hoffman, R. R., & Mueller, S. T. (2020). *Scorecard for self-explaining capabilities of AI systems* (Technical report, Explainable AI Program, DARPA). Washington, DC: DARPA.

Klein, G., & Jarosz, A. (2011). A naturalistic study of insight. *Journal of Cognitive Engineering and Decision Making*, 5(4), 335–351.

Klein, G., & Militello, L. (2004). The knowledge audit as a method for cognitive task analysis. In H. Montgomery, R. Lipshitz, & B. Brehmer (Eds.), *How professionals make decisions* (pp. 335–342). Mahwah, NJ: Erlbaum.

Klein, G., Moon, B., & Hoffman, R. R. (2006). Making sense of sensemaking 2: A macrocognitive model. *IEEE Intelligent Systems, 21*(5), 88–92.

Klein, G., Phillips, J. K., Rall, E. L., & Peluso, D. A. (2007). A data-frame theory of sensemaking. In R. R. Hoffman (Ed.), *Expertise out of context: Proceedings of the 6th International Conference on Naturalistic Decision Making, January 2007* (pp. 113–155). New York: Erlbaum.

Klein, G., Pliske, R. M., Crandall, B., & Woods, D. (2005). Problem detection. *Cognition, Technology, and Work, 7,* 14–28.

Klein, G., Ross, K. G., Moon, B. M., Klein, D. E., Hoffman, R. R., & Hollnagel, E. (2003). Macrocognition. *IEEE Intelligent Systems, 18*(3), 81–85.

Klein, G., Shneiderman, B., Hoffman, R. R., & Ford, K. M. (2017). Why expertise matters: A response to the challenges. *IEEE Intelligent Systems, 32*(6), 67–73.

Klein, G., Shneiderman, B., Hoffman, R. R., & Wears, R. L. (2018). The "war" on expertise: Five communities that seek to discredit experts. In P. Ward, J. M. Schraagen, J. Gore, & E. M. Roth (Eds.), *The Oxford handbook of expertise* (pp. 1158–1191). New York: Oxford University Press.

Klein, G. A., Wolf, S., Militello, L., & Zsambok, C. (1995). Characteristics of skilled option generation in chess. *Organizational Behavior and Human Decision Processes, 62*(1), 63–69.

Klein, H. A., & Lippa, K. D. (2012). Assuming control after system failure: Type II diabetes self-management. *Cognition, Technology & Work, 14*(3), 243–251.

Kontzer, T. (2016). Deep learning drops error rate for breast cancer diagnoses by 85%. Retrieved from Nvidia blog: https://blogs.nvidia.com/blog/2016/09/19/deeplearning-breast-cancer-diagnosis.

Kornell, N., & Bjork, R. A. (2008). Learning concepts and categories: Is spacing the "enemy of induction"? *Psychological Science, 19*(6), 585–592. Retrieved from https:// doi.org/10.1111/j.1467-9280.2008.02127.x.

Kotovsky, K., Hayes, J. R., & Simon, H. A. (1985). Why are some problems hard? Evidence from Tower of Hanoi. *Cognitive Psychology, 17,* 248–294.

Kounios, J., & Beeman, M. (2009). The aha! moment: The cognitive neuroscience of insight. *Current Directions in Psychological Science 18*(4), 210–216.

Kunda, Z. (1999). *Social cognition: Making sense of people.* Cambridge, MA: MIT Press.

Kurzweil, R. (2005). *The singularity is near: When humans transcend biology.* New York: Viking Press.

Langer, E. J. (2014). *Mindfulness*. Boston: Da Capo Lifelong Books.

Lanir, Z. (1986). *Fundamental surprise*. Eugene, OR: Decision Research.

Lewis, M. (2004). *Moneyball: The art of winning an unfair game*. W. W. Norton.

Lichtenstein, S., Slovic, P., Fischhoff, B., Layman, M., & Combs, B. (1978). Judged frequency of lethal events. *Journal of Experimental Psychology: Human Learning and Memory, 4,* 551–578.

Lilienfeld, S. O., Ammirati, R., & Landfield, K. (2009). Giving debiasing away: Can psychological research on correcting cognitive errors promote human welfare?, *Perspectives on Psychological Science, 4,* 390–398.

Lindstrom, M. (2016). *Small data: The tiny clues that uncover huge trends*. New York: St. Martin's Press.

Loewenstein, G. (1994). The psychology of curiosity: A review and reinterpretation. *Psychological Bulletin, 116,* 75–98.

Lopes, L. L. (1991). The rhetoric of irrationality. *Theory & Psychology, 1*(1), 65–82.

Marcus, G. (2018). Deep learning: A critical appraisal. Retrieved from https://arxiv.org/abs/1801.00631.

Mauboussin, M. J. (2012). *Think twice: Harnessing the power of counterintuition*. Brighton, MA: Harvard Business Review Press.

McDaniel, M. A., & Butler, A. C. (2011). A contextual framework for understanding when difficulties are desirable. In A. S. Benjamin (Ed.), *Successful remembering and successful forgetting: A festschrift in honor of Robert A. Bjork* (pp. 175–198). New York: Psychology Press.

McNeil, B. J., Pauker, S. G., Sox, H. C. Jr., & Tversky, A. (1982). On the elicitation of preferences for alternative therapies. *New England Journal of Medicine, 306* (21), 1259–1262.

Meehl, P. E. (1954). *Clinical versus statistical prediction: A theoretical analysis and a review of the evidence*. Minneapolis: University of Minnesota Press.

Militello, L. G., & Hutton, R. J. B. (1998). Applied cognitive task analysis (ACTA): A practitioner's toolkit for understanding cognitive task demands. *Ergonomics, 41,* 1618–1641.

Militello, L. G., Lintem, G., Dominguez, C. O., & Klein, G. (2009). Cognitive systems engineering for system design. *INCOSE INSIGHT, 12*(1), 11–14.

Minsky, M. (1988). *The society of mind*. New York: Simon and Schuster.

Mueller, J. S., Melwani, S. & Goncalo, J. A. (2012). The bias against creativity: Why people desire but reject creative ideas. *Psychological Science, 23*(1), 13–17.

Mueller, S. T., & Klein, G. (2011). Improving users' mental models of intelligent software tools. *IEEE Intelligent Systems 26*(2), 77–83.

Mumaw, R. J., Roth, E. M., Vicente, K. J., & Burns, C. M. (2000). There is more to monitoring a nuclear power plant than meets the eye. *Human Factors, 42*(1), 36–55.

National Assessment of Education Progress. (1983). *A nation at risk.* US Government Printing Office, Washington, DC.

National Transportation Safety Board. (2016). *Railroad accident report: Derailment of Amtrak passenger train 188, Philadelphia, PA, May 12, 2015* (NTSB/RAR-16/02, PB2016-103218).

O'Donnell, R. D., Moise, M., & Schmidt, R. (2004). *Comprehensive computerized cognitive assessment battery* (Final Report for the Office of Naval Research under contract N00140-01-M-0064).

Pashler, H., McDaniel, M., Rohrer, D., & Bjork, R. (2009). Learning styles: Concepts and evidence. *Psychological Science in the Public Interest, 9*(3), 105–119.

Perrow, C. (1984). *Normal accidents: Living with high-risk technologies.* New York: Basic Books.

Pines, J. M. (2006). Confirmation bias in emergency medicine. *Academic Emergency Medicine, 13*, 90–94.

Polanyi, M. (1958). *Personal knowledge.* Chicago: University of Chicago Press.

Rohrer, D., Dedrick, R. F., & Stershic, S. (2015). Interleaved practice improves mathematics learning. *Journal of Educational Psychology, 107*(3), 900–908. Retrieved from https://doi.org/10.1037/edu0000001.

Rosenberg, L., Willcox, G., Halabi, S., Lungren, M., Baltaxe, D., & Lyons, M. (2018). Artificial swarm intelligence employed to amplify diagnostic accuracy in radiology. Paper presented at IEMCON 2018: 9th Annual Information Technology, Electronics, and Mobile Communication Conference.

Rouse, W. B., & Morris, N. M. (1986). On looking into the black box: Prospects and limits in the search for mental models. *Psychological Bulletin, 100*(3), 349–363.

Schmidt, R. A., & Wulf, G. (1997). Continuous concurrent feedback degrades skill learning: Implications for training and simulation. *Human Factors, 39*(4), 509–525.

Seligman, M., & Csikszentmihalyi, M. (2000). Positive psychology. An introduction. *The American Psychologist, 55*(1), 5–14.

Shaer, M. (2016, January 31). The wreck of Amtrak 188. *The New York Times Magazine*, 49–55.

Shanteau, J. (1992). Competence in experts: The role of task characteristics. *Organizational Behavior and Human Decision Processes, 53*, 252–262.

Shanteau, J. (2015). Why task domains (still) matter for understanding expertise. *Journal of Applied Research in Memory and Cognition, 4,* 169–175.

Siddiqui, G. (2018, October 15). Why doctors reject tools that make their job easier. *Scientific American,* Observations Newsletter.

Simon, H. A. (1975). The functional equivalence of problem solving skills. *Cognitive Psychology, 7,* 268–288.

Smith, P. (2018). Making brittle technologies useful. In P. J. Smith & R. R. Hoffman (Eds.), *Cognitive systems engineering: The future of a changing world.* Boca Raton, FL: CRC Press.

Snook, S. A. (2002). *Friendly fire: The accidental shootdown of US Black Hawks over Northern Iraq.* Princeton, NJ: Princeton University Press.

Stanton, D. (2009). *Horse soldiers: The extraordinary story of a band of US soldiers who rode to victory in Afghanistan.* New York: Scribner.

Staszewski, J. (2004). Models of expertise as blueprints for cognitive engineering: Applications to landmine detection. *Proceedings of the 48th Annual Meeting of the Human Factors and Ergonomics Society, New Orleans, LA, September 20–24, 2004.* Santa Monica: Human Factors and Ergonomics Society.

Taleb, N. N. (2007). *The black swan: The impact of the highly improbable.* New York: Random House.

Tetlock, P. E. (2005). *Expert local judgment: How good is it? How can we know?* Princeton, NJ: Princeton University Press.

Tetlock, P. E., & Gardner, D. (2016). *Superforecasting: The art and science of prediction.* New York: Random House.

Thaler, R. H., & Sunstein, C. R. (2009). *Nudge: Improving decisions about health, wealth, and happiness.* New York: Penguin.

TNTP. (2018). The opportunity myth: What students can show us about how school is letting them down—and how to fix it. Retrieved from https://tntp.org/assets/documents/TNTP_The-Opportunity-Myth_Web.pdf.

Trope, Y., & Bassok, M. (1982). Confirmatory and diagnosing strategies in social information gathering. *Journal of Personality and Social Psychology, 43,* 22–34.

Tversky, A., & Kahneman, D. (1971). Belief in the law of small numbers. *Psychological Bulletin, 76*(2), 105–110.

Tversky, A., & Kahneman, D. (1974). Judgment under uncertainty: Heuristics and biases. *Science, 185*(4157), 1124–1131.

Van Hecke, M. L. (2009). *Blind spots: Why smart people do dumb things.* Amherst, NY: Prometheus Books.

Veinott, B., Klein, G., & Wiggins, S. (2010). Evaluating the effectiveness of the premortem technique on plan confidence. In S. French, B. M. Tomaszewski, & C. W. Zobel (Eds.), *Proceedings of the 7th International ISCRAM Conference, Seattle, May 2010*, 1–29.

Vinge, V. (1993). The coming technological singularity: How to survive in the post human era. Paper presented at the VISION-21 Symposium, March 30–31.

Viswanathan, M., Golin, C. E., Jones, C. D., Ashok, M., Blalock, S. J., Wines, R. C., Coker-Schwimmer, E. J., Rosen, D. L., Sista, P., & Lohr, K. N. (2012). Interventions to improve adherence to self-administered medications for chronic diseases in the United States: A systematic review. *Annals of Internal Medicine, 157*, 785–795.

Wallas, G. (1926). *The art of thought*. London: Jonathan Cape.

Walters, K. (1994). *Re-thinking reason: New perspectives in critical thinking*. Albany: SUNY Press.

Wang, D., Khosla, A., Gargeya, R., Irshad, H., & Beck, A. H. (2016). Deep learning for identifying metastatic breast cancer. Retrieved from arXiv:1606.05718.

Ward, P., Gore, J., Hutton, R., Conway, G., & Robert, H. (2018). Adaptive skill as the conditio sine qua non of expertise. *Journal of Applied Research in Memory and Cognition, 7*(1), 35–50. Retrieved from https://doi.org/10.1016/j.jarmac.2018.01.009.

Wason, P. C. (1960). On the failure to eliminate hypotheses in a conceptual task. *The Quarterly Journal of Experimental Psychology, 12,* 129–140.

Wason, P. C. (1968). Reasoning about a rule. *The Quarterly Journal of Experimental Psychology, 20*, 273–281.

Willingham, D. T., Hughes, E. M., & Dobolyi, D. G. (2015). The scientific status of learning styles theories. *Teaching of Psychology, 42*(3), 266–271. doi: 10.1177/0098628315589505.

Woodruff, P. (2006). *First democracy: The challenge of an ancient idea*. New York: Oxford University Press.

Woods, D. D., & Sarter, N. (2000). Learning from automation surprises and going sour accidents. In N. Sarter and R. Amalberti (Eds.), *Cognitive engineering in the aviation domain* (pp. 327–353). Mahwah, NJ: Erlbaum.